송일준 PD
제주도 한 달 살기

송일준 PD 제주도 한 달 살기

초판 1쇄 발행   2021년 5월 30일
초판 7쇄 발행   2021년 8월 13일

지은이   송일준
그린이   이민
펴낸이   김상철
발행처   스타북스
등록번호   제300-2006-00104호
주소   서울시 종로구 종로 19 르메이에르종로타운 B동 920호
전화   02) 735-1312
팩스   02) 735-5501
이메일   starbooks22@naver.com
ISBN   979-11-5795-592-3 03980

송일준 PD
제주도 한 달 살기

글·사진 **송일준** | 그림 **이민**

스타북스

떠나고 싶은 마음이 있다면 당장 짐을 쌀 일이다

37년을 숨 가쁘게 달려온 방송 인생. 광주MBC 사장 퇴임 며칠 후 전격적으로 제주도에서 한 달 살기를 시작했다. 평생 처음 갖게 된 여유였다.

제주도에서 보낸 한 달은 더 이상 좋을 수 없었다. 매일 아름다운 경치를 감상하고, 화산섬 특유의 지질과 지형을 탐방하고, 맛있는 것을 먹고, 좋은 사람들을 만났다. 매일 적잖은 거리를 걸은 덕분에 몸의 지방이 제법 줄어들었고 다리 근육에 힘이 붙었고 몸매가 조금 날씬해졌다.

책에서 읽어 단편적으로만 알고 있던 제주도의 역사도 조금 더 깊이 있게 알게 됐다. 건국신화부터 현대사에 이르기까지. 뭍에 들어선 권력의 종속변수로 살아올 수밖에 없었던 제주도 사람들의 삶이 때로 가슴을 뭉클하게 했다.

서귀포 법환마을에 거처를 정하고 한 달 남짓 제주도 여기저기를 다니며 보고 느낀 것을 매일 일기처럼 페북에 적었다. 그 내용을 모아 책으로 내게 되었다. 책으로 묶어내려면 일정한 분량 이상은 되어야 할 텐데 하며 매일 밤 또는 새벽에 글을 썼다.

그러다 보니 오히려 양이 너무 많이 넘치고 말았다. 다른 책처럼 대

폭 양을 줄일까 고민도 했지만 그대로 내기로 했다. 쉽게 줄줄 읽히는지라 두께에 비해 읽는 데 걸리는 시간은 그리 많지 않을 것이다.

　제주도 한 달 살기를 꿈꾸는 이들이 많다. 한참 일할 때는, 시간이 없거나 혹은 생활하고 아이들 키우느라 여유가 없어서 실행하기 어려울 것이다. 하지만 퇴직을 하고 제2의 인생을 시작하는 사람들, 나 같은 베이비부머들이라면 사정이 다르다.

　혹시라도 생각이 있다면 당장 시행하고 볼 일이다. 이 생각 저 생각 하다 보면 떠날 수 없는 이유가 산처럼 많다. 두 눈 질끈 감고 화끈하게 결행할 일이다. 더 나이가 들면 여행을 하고 싶어도 못한다. 결국 가슴은 떨리지 않고 다리만 후들거리는 상황이 될 것이고, 영영 불가능해질 것이다. 떠나고 싶은 마음이 있다면 당장 짐을 쌀 일이다. 아름다운 제주도가 기다리고 있다

2021년 5월 10일
나주혁신도시 호수공원이 내려다보이는 호텔 방에서

CONTENTS ─────────

서울   완도항   제주항   법환포구

❚ ─────────

완도. 심야 2시 반에 출항하는 제주행 배를 기다리고 있다.

카페 248에서 라떼 한 잔. 원래는 유명하다는 카페 달스윗에서 쉬려고 했는데 사람들이 가득했다. 앗 뜨거라 하고 바로 나왔다. 뒷골목에 아늑하고 따뜻한 느낌의 카페가 눈에 띄었다. 사람들도 없었다. 여기서 쉬자. 관광객들은 안 오는 동네 카페. 잘 선택했다.

내일부터 제주 한 달 살기를 시작한다. 차에 한 달 살이에 필요한 것들을 잔뜩 싣고 고속도로 휴게소마다 들르며 쉬엄쉬엄 여섯 시간 이상 달렸다. 넘치는 게 시간인 백수 신세인데 서두를 이유 따위 있을 리 없다. 목포로 갈까 하다가 기왕이면 더 남쪽, 제주도랑 더 가까운 완도까지 가자.

금강산도 식후경. 전복으로 유명한 완도 아닌가. 그래, 오늘은 전복 코스요리다. 어떤 것인지 궁금하기도 했다. 전복회, 전복물회, 전복 간장구이, 삶은 전복, 전복탕수, 전복죽, 그리고 다른 반찬들. 대체로 깔끔하고 맛있었다. 전복 코스요리가 이런 거구나. 한 번은 먹어볼 만하다. 제주 사는 동안 걷기 열심히 해서 기필코 살을 빼고 말 거야. 각오를 다지며 서울을 떠났는데 첫날부터 어겼다.

'아니지. 아직 제주도에 상륙한 건 아니잖아. 완도까지 왔는데 전복 요릴 안 먹어본대서야 말이 되나. 내일부터는 정말로 하루에 두 끼만 먹고 열심히 운동해야지. 한 달 동안 최소 몇 킬로는 줄여야지.'

전복. 질리도록 맛봤다. 담부턴 그냥 전복죽 하나면 충분하겠다. 오늘 저녁. 결국 또 걸신한테 졌다. 내일부턴 기필코 이기고 말 것이다.

2 ───────

"세상 차암 좁다."

배에 차를 싣고 나오다 차를 정리하는 이에게 왜 차량 티켓과 승객 티켓을 따로따로 끊어야 하느냐고 물었다. 세월호 사고 이후 승선자를 정확히 파악하기 위해 그렇게 하고 있다는 대답. 그리고 덧붙인다.

"MBC에 계시지 않는가요?"

"예. 그렇습니다만. 어떻게 알아보시고?"

"실은 아까 티켓 끊으실 때 낯익다 생각했는데 이름 대시는 걸 보고 알았어요."

하!

MBC 차량부에서 9년 정도 일하고 2017년 그만뒀다는 이훈재 씨. 자격증을 따 낚싯배를 운행했는데 생각대로 되지 않았단다. 무엇보다 체력이 달렸다고. 전라도엔 아무 연고도 없지만 조금 있으면 가족 모두 내려와 완도에서 살 작정이란다. 이것저것 다른 할 일을 생각하고 있는데 현재는 배에 선적하는 차량을 정리하고 있다. 얼마 전 영상기자협회장이 된 나준영 기자도 잘 안다며 다른 이름들도 댄다.

"광주로 내려가셨지요?"

내 소식을 알고 있다.

"예. 근데, 지난주 막 퇴임했어요. 지금은 제주도 한 달 살기 하러 가는 길이고요."

"벌써 3년이나 됐나요. 그러시군요. 잘 다녀오십시오."

대합실에서 기다리던 아내에게 자초지종을 얘기하고 세상 참 좁다고 말했더니 돌아온 말.

"당신 알아보는 사람이 많다는 거지? 쓸데없이. 좋으시겠네. 근데, 어디 가서 나쁜 짓은 못 하겠구만."

이것은 칭찬? 아니면 핀잔?

3

새벽 5시 10분.

"승객 여러분. 제주에 도착했습니다. 하선하실 준비해 주세요."

선내 방송에 이어 선실에 불이 켜졌다.

2시간 40분의 항해. 비몽사몽 가수면 상태에서 보냈다. 온갖 개꿈들 속에서 헤매다 깬 탓인지 머릿속은 개운하지 않다.

주차칸으로 내려가기 전 출구. 하얀 방호복을 입은 사람들이 승객 한 사람 한 사람 빼놓지 않고 체온을 재고 있다. 팬데믹을 다룬 영화의 한 장면 같다. 왠지 비현실적으로 느껴진다.

주차칸. 헬멧을 쓴 건장한 사내들이 허리를 숙이고 부지런히 몸을 놀린다. 차량을 바닥에 단단히 묶어 놓은 줄들을 풀고 있다. 세월호 사고 이후 차량 묶기(고박固縛*)는 철저히 행해지는 듯하다.

배를 빠져 나와 서귀포를 향해 차를 몰기 한 시간여. 목적지인 법환 포구에 도착했다.

5층 아파트의 4층. 창문 밖으로 시원하게 바다가 펼쳐져 있다. 와우! 환타스틱! 드디어 제주 한 달 살이의 시작이다. 앞에 어떤 스토리들이 기다리고 있을까. 가슴이 설렌다.

---

* 고박(固縛) = 단단히 묶기. 일본식 한자어다. 어렵다. 우리말 또는 우리식 한자어로 고쳐 쓸 필요가 있다. 차량 묶기? 차량 매기? 차량 결박?

첫날부터 열흘째까지

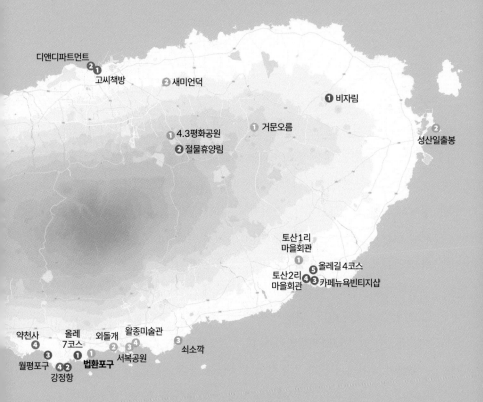

디앤디파트먼트
②①
고씨책방

② 새미언덕

① 비자림

① 거문오름

① 4.3평화공원
② 절물휴양림

②
성산일출봉

토산1리
마을회관
①
토산2리   **⑤** 올레길 4코스
마을회관   **④③** 카페뉴욕빈티지샵

약천사   올레   외돌개   왈종미술관
④   7코스   **②**   **③**
월평포구   **①**   서복공원   쇠소깍
          ④② **법환포구**
          강정항

서귀포 법환마을, 짐을 풀다 첫날

제주도 한 달 살기 첫날.

심야에 배 타고 오느라 잠을 제대로 못 잤다. 서귀포 거처에 도착하자 잠이 밀려왔다. 대충 씻고 소파에 누웠다. 그대로 곯아떨어졌다.

서너 시간을 잤는데도 시간은 오전 11시. 마트에서 생필품을 사고 해장국으로 점심을 해결했다. 거처에서 내려다보이는 법환포구. 고려말 최영 장군이 갯가에 막사를 설치하고 왜구를 무찌른 적이 있어 막숙개라는 이름으로도 불린다. 첫날이니 우선은 동네 탐방부터.

법환마을. 서귀포 최남단 마을로 제주도에서 좀녀(잠녀=해녀)가 가장 많고 활발히 활동한다. 바닷가에는 해녀조각상과 상징물들이 설치된 잠녀광장이 있고 해녀체험관이 있다.

자연이 빚어낸 경관과 인공적으로 조성한 공간. 아름답고 흥미롭다. 올레길을 걷다가 혹은 제주 여행을 하다가 지친 몸을 추스르며 편히 쉬었다 가기에 좋은 곳이다.

서귀포 법환마을, 짐을 풀다

서귀포 최남단 마을인 법환마을. 멀리 한라산이 보인다. 정상에서부터 날카롭지 않고 완만하게 흘러내리는 능선이 무등산을 닮았다.

제주 아니랄까봐 과연 바람이 세다. 눌러쓴 캡이 날아갈 정도라 때로 앞뒤를 바꾸어 써야 했다. 멀리 보이는 한라산. 정상에서 흘러내리는 능선이 무등산을 닮았다. 날카롭지 않고 완만하게 흘러내리는 곡선이 주는 편안함. 무등산도 한라산도 왜 어머니산인지 알겠다.

바다에 떠 있는 작은 섬들. 새섬 문섬 범섬 서건도 등등. 약간 오른쪽에 보이는 두 섬. 하나는 크고 또 하나는 작다. 5:1 정도? 범섬이다. 호랑이를 닮아서 붙은 이름이라는데 자기 눈엔 그렇게 안 보인다고 투덜거리는 이가 있을 수도 있겠다.

작은 마을이지만 개성 있는 카페들과 음식점들이 있고 게스트하우스, 호텔, 펜션들두 있다. 조금만 차를 타고 나가면 이마트도 있고 맥도날드, 스타벅스도 보이는데 가까이에 서귀포 혁신도시가 있어서일 것

• 법환포구

이다.

올레길 7코스가 법환포구를 지난다. 정방폭포, 외돌개, 약천사, 중문 대포해안 주상절리대 등을 볼 수 있는 바닷가 아름다운 길이다. 법환포구를 중심으로 좌우의 올레코스 약간과 마을 구석구석을 탐험했다. 바람은 부는데 몸에선 땀이 난다. 6천보쯤 걸었다고 스마트워치가 알려준다. 첫날부터 무리하다 문제가 생기지 않도록 오늘은 이 정도로 마치자.

샤워를 마치고 잠깐 누웠는데 벨소리가 울린다.

"어이, 일준이, 나주에 자네 팬들이 많대이."

전화기 저 편에서 들려오는 뜬금없는 소리. 나주중학교 동창이다.

"여차하면 자넬 돕겠다는 친구들이 많어. 아까 ○○한테서도 전화 왔대."

"하이고, 무슨 말을 들었길래. 그라고 뭔 팬이랑가, 어릴 적 친구라고 좋게 생각해서 그런 것이었제."

"좌우지간 조만간 소주 한 잔 하세."

다짜고짜 자기 하고 싶은 말을 좌악 다하는 것. 고향 친구들 특징이

다. 어머니도 그러시긴 하지만.

"나 지금 제주야. 한 달 살이 하러 오늘 막 왔어."

"그래? 어디? 서귀포? 그럼 내가 일간에 서귀포로 한 번 내려 가게. 거기서 소주 한 잔 하세."

"어… 어…."

딸깍. 얘기 끝.

거참. 서귀포에서의 첫날이 이렇게 지나간다.

페북에 올리는 글. 주로 스마트폰에 검지 손가락만으로 쓰는데 지금은 아니다. 낮에 사온 블루투스 자판기로 쓰고 있다. 정말 편하다. 진작 사서 쓸걸. 전혀 생각도 못 하고 있었는데 광주MBC 조현성 보도국장이 가르쳐줘 알았다.

법환마을에는 해녀조각상과 상징물들이 설치된 잠녀광장이 있고 해녀체험관이 있다.

"사장님, 스마트폰에 직접 쓰셔요? (헐! 하는 표정 뒤에) 블루투스 자판기로 스마트폰에 연결해 쓰면 편합니다."

"어어… 그런가…."

그동안 독수리 타법으로 쓰느라 검지 손가락 끝이 얼얼해지고 힘들었는데 써보니 정말 좋다. 인간이 만물의 영장이 될 수 있었던 것은 도구를 만들고 쓸 줄 알았기 때문이다. 인간끼리의 경쟁도 디지털 도구를 다루는 능력에 크게 좌우되는 시대가 되었음을 실감한다. 블루투스 키보드 덕분에 앞으로 매일 쓰게 될 제주도 한 달 살기의 기록을 더 쉽고 편하게 쓸 수 있게 됐다. 그야말로 문명의 이기다.

오늘은 여기까지. 굿나잇 앤 굿럭!

토산리 마을회관　성산일출봉　쇠소깍(하효동)　갤러리카페

아침부터 대략 오후 세 시까지 이슬비와 보슬비가 내렸다 그쳤다 했다. 빗속에 올레길도 그렇고 해서 두어 군데 명소 탐방을 하기로 했다.

그 전에 먼저 나주시청에 근무하는 후배가 가르쳐 준 표선면 토산리 본향당부터 찾아가 보자. 본향당은 제주도에서 마을의 토지와 안전을 관장하는 신을 모시는 신당이다. 각 본향당에는 본풀이가 있는데 어떻게 해서 해당 신이 그곳에 좌정하게 되었는지 알려주는 스토리다. 그런데, 왜 뜬금없이 토산리 본향당? 거기 모신 신이 바다를 건너온 나주 금성산신, 귀달린 뱀이기 때문이다.

태조 왕건이 고려를 건국할 때 금성산신의 도움을 받았다는 말이 전해질 만큼 나주의 진산인 금성산은 신령한 산으로 소문났다. 고려왕조 시대에는 전국 7대 명산 중 하나였으며 다섯 개의 산신 사당이 있었다. 금성산신이었던 귀달린 뱀이 험한 바다를 건너 이곳 토산리 본향당의 신이 되었다는 전설. 나주 출신으로 어찌 가보지 않을 수 있겠는가.

법환리부터 표선면 토산리까지 근 50분 보슬비 속을 달렸다. 바닷가에 가까운 쪽 도로엔 벚꽃이 만개하기 시작했다. 높은 산길엔 안개가 자욱했다.

토산1리 마을회관 앞에 도착. 간판에 그려진 마을 지도에서 본향당을 발견, 차를 세워놓고 걸었다. 그런데 지도에 그려진 곳을 아무리 찾아봐도 신당일 것 같은 건물은 없었다.

주차해놓은 곳으로 돌아와 만난 중년 여성.

"저도 외지 사람이라 잘 몰라요. 원주민에게 물어보셔요."

다시 또 지도에 표시된 곳으로.

귤밭 위 작은 가건물이 하나 있고 자물쇠가 채워져 있다.

'설마 이것? 에이, 아니겠지.'

나주의 후배에게 카톡으로 SOS를 쳤다.

"큰 나무들이 있고, 분명 집이 있을 텐디요."

"도처에 큰 나무들이고, 신당 비슷한 집조차 없다니까."

하는 수 없지. 다음을 기약하는 수밖에. 떨어지지 않는 발길을 돌려 주차된 차의 시동을 켰다. 다음 목적지인 성산 일출봉으로 가자.

다시 토산1리 마을회관을 지날 때 몇 명의 중년 사내들이 보였다. 얼른 차를 멈추고 물었다.

"아, 본향당이요? 그거 옛날에 헐어버렸어요. 근데 마을 사람들이 그래도 제사는 지내야 하지 않겠느냐고 해서 원래 자리에 가건물을 하나 지어놨어요. 제사는 1년에 한 번 지내고요."

"그 귤밭 위 자물쇠 채워진 작은 건물이요?"

그랬다. 이것일 리 없다고 했던 바로 그 작은 농막 같은 건물이 본향당이었다. 차를 돌렸다. 사진은 찍어야지.

찍은 사진들을 후배한테 보냈다. 이것이 나주 금성산신을 모신 본향당이라네.

후배한테서 전화가 왔다.

"제주 역사에 정통한 분이 계신데요, 공무원 퇴직하고 지금 서귀포에 사셔요. 전화 해서 사장님 말씀 해드렸더니 직접 만나 제주에 관한 깊은 얘기를 해드릴 수 있다네요. 토산리 본향당 얘기도요. 한 번 만나보셔요."

오후. 윤봉택 선생과 통화했다.

"예? 토산1리 본향당에 가셨다고요? 나주 금성산신을 모신 곳은 토산2리 본향당인데요. 바닷가에 있어요."

예? 흐걱! 바닷가라고요? 토산1리는 바닷가에서 한참 떨어져 있다.

"본향당이라고 해서 꼭 무슨 집이 있는 것도 아니어요. 제주도에서는 큰 나무나 동굴, 바위 밑 같은 델 신당으로 삼아 신을 모시는 경우가 많아요. 건물이 있는 곳은 몇 군데 안 돼요."

밀려오는 허탈감과 민망함. 토산1리 마을 지도에 본향당이 그려져 있어 이것이겠거니 했던 것이 실패의 원인이었다. 제주도에는 마을마다 수호신을 모시는 본향당이 있다는 사실을 읽어서 알면서도 왜 토산2리는 확인할 생각을 안 했지?

"제가 수요일부터 시간이 납니다. 필요하시면 그때 안내해드릴 수 있어요. 저도 가본 지 오래돼서 정확한 위치와 현재 상태는 아는 사람한테 물어봐야 되겠지만요."

"으이그, 당신이 어떻게 방송 피디와 사장 일을 잘했다는 건지 도무지 이해가 안 되네. 게다가 평생 미신같은 건 안 믿는 사람이 갑자기 또 무슨 전설 따라 삼천리?"

아내의 잔소리를 한 귀로 흘리며 윤봉택 선생에게 큰 소리로 대답했다.

"감사합니다. 수요일 오전에 서로 연락하시게요."

2 ————

다음 목적지는 성산 일출봉.

멀리서도 보여야 할 일출봉은 사라지고 없었다. 안개가 자욱했다. 일출봉 아래 타운은 중국인 관광객들로 북적였을 터인데 귀를 쫑긋해도 중국말은 들리지 않았다. 코로나 속. 관광객 대부분이 한국사람이었다. 주차장에 차들이 빼곡했다.

배에서 꼬르륵 소리가 났다. 토산리에서 헤매느라 점심이 늦어졌다. 짬뽕이라고 쓰인 간판이 눈에 띄었다. 보말짬뽕과 해산물짜장을 주문했다. 보말짬뽕은 보말우동이라고 하는 게 더 맞을 것 같았다. 빨갛지도 맵지도 않았다. 시장이 반찬이었다. 뚝딱 한 그릇을 해치웠다.

입장료를 내고 오르는 길. 끝없이 이어지는 계단에 숨이 턱까지 찼다. 때때로 마스크를 내려야 했다. 산이라 할 것도 없는 작은 봉우리를 오르는데도 이렇게 힘들다니. 나이 탓만은 아니다. 운동을 안 해도 너무 안 했다. 올라가도 올라가도 안개에 싸인 꼭대기는 자태를 드러내지 않았다. 몸을 돌려 아래를 내려다봐도 마찬가지였다.

멀리서도 보여야 할 성산 일출봉은 사라지고 없었다. 안개가 자욱했다. 오른쪽은 등경돌 바위.

일출봉 꼭대기엔 정상이라는 표지가 있었다. 없었다면 어디가 꼭대기인가 했을 것이다. 사방이 모두 나무 데크였다. 하도 많은 이들이 정상을 밟는지라 보호하기 위해서, 또 쉴 곳을 마련하기 위해서, 깔았을 것이다. 그래도 나무 계단들로 뒤덮인 정상이라니. 이상했다.

정상에 올랐으니 이제 하산이다. 산은 오를 때보다 내려갈 때가 더 위험한 법. 가파른 계단을 한 걸음 한 걸음 조심스레 내려가야 한다.

순간 우리네 인생도 그렇지 하는 생각이 들었다. 승승장구 올라갈 때보다 자리에서 내려올 때가 더 위험한 법이다. 올라가다 넘어지는 건 대수롭지 않으나 내려올 때 자빠지면 목숨이 위태로울 수 있다. 간혹 내려올 때를 알지 못하거나 미련을 버리지 못해 추해지는 사람들도 있다.

주변 경치는 안개에 묻혀 하나도 보이지 않았다. 맑은 날씨였으면 장관이었을 텐데. 저 아래 바닷가. 해녀의 집이 보였다. 그 앞 바다는 해녀

제주도 탐방, 허탕의 시작

들의 물질 공연장이다.

가파른 계단을 내려갔다. 좌판 할머니한테 산 해산물에 소주를 곁들이는 사람들이 있었다. 검은 바위투성이인 바닷가에도 사람들이 있었다. 엄마 아빠 아이들이 함께 온 가족, 갓 결혼한 것으로 보이는 젊은 남녀들, 연인들. 눈을 들면 검은 절벽이 보였다. 화산이 폭발한 후 어떤 일이 벌어졌는지 독해해낼 수 있는 응회암으로 된 벼랑. 그 위에 있어야 할 일출봉은 여전히 안개에 숨어 자태를 드러내지 않고 있었다.

해녀들의 공연은 없었다.

"코로나 땀시 헐 수가 없단마시."

좌판에서 해산물을 파는 할망이 말했다.

주차장으로 내려오자 빗방울이 굵어졌다. 서둘러 시동을 켜고 차를 몰아 섭지코지로 향했다. 차를 탄 채 한 바퀴 돌아본 뒤 다음 목적지로 향했다.

3

쇠소깍. 재미있는 이름이다. 한라산에서 흘러내린 물이 바다에 닿기 전 큰 못에 머무르며 아쉬움을 달래는 곳. 소 모양을 닮은 못이라고 쇠소. 거기에 제주도 말로 끝을 의미하는 깍이 붙어 쇠소깍이란다.

하효동. 바닷가에 검은 모래밭이 길게 펼쳐져 있다. 백사장 아닌 흑사장인 셈이다. 구명조끼를 입은 한 떼의 사람들. 어디로 가는가 했더니 나무로 된 계단을 내려간다.

저 밑에 작은 배들과 제주도 전통 고기잡이 뗏목인 테우가 보인다.

테우에는 사람들이 가득하고 작은 목선들은 앞뒤로 두 사람이 타고 있다. 쇠소깍 위쪽, 물이 솟는 곳까지 올라갔다 내려오는 코스. 직접 배를 타고 보는 쇠소깍의 경치는 위에서 내려다보는 것보다 더 장관일 것이다. 그렇다고 차례가 오기까지 한참을 기다렸다 뱃놀이를 할 기분은 들지 않는다.

쇠소깍을 내려다보는 절벽 위에 조성된 길고 좁은 나무데크길을 따라 산책한다. 군데 군데 쉬며 구경할 수 있는 넓은 공간도 있다. 산책 코스 도중에 있는 간판들. 본향당과 해신당 자리라고 알려준다. 과연 윤봉택 선생 말처럼 따로 집이 있는 게 아니라 그냥 커다란 나무 밑이나 바위 밑이 마을 수호신과 해신을 모시는 신당이다.

쇠소깍이 있는 하효동. 멀리 방파제에 빨간 등대와 하얀 등대가 보인다. 빨간 등대로 가는 길. 착시효과를 일으키는 그림을 커다랗게 그려 놓았다. 사진 찍을 위치를 알려주는 카메라 그림도 그려져 있다. 벽에 그려진 작은 그림이 시키는 대로 하니 과연 착각을 불러 일으키는 사진이 찍힌다.

귀가하는 길. 비는 완전히 그쳤다.

저녁. 집.

스마트워치 기록을 확인하니 만오천보 정도 걸었다. 많이 걷고 힘뺐으니 조금은 먹어도 되지 않겠냐며 아무리 유혹해도 아내는 꼼짝하지 않는다. 할 수 없이 혼자서 법환포구로 내려갔다.

황금손가락 초밥집에서 가장 양이 적고 싼 메뉴를 시켰다. 초밥 11점에 약간의 우동과 튀김 하나로 된 세트. 맛은 탁월하진 않았지만 그런대로 먹을 만했다. 만이천 원. 가성비가 괜찮았다.

제주도 탐방, 허탕의 시작

한라산에서 흘러내린 물이 바다에 닿기 전 큰 못에 머무르며 아쉬움을 달래는 곳. 소 모양을 닮은 못이라고 쇠소. 거기에 제주도 말로 끝을 의미하는 깍이 붙어 쇠소깍이란다.

아내의 핀잔.

"그렇게 해서 살 뺄 수 있겠어."

내 대답.

"평소보다 운동은 엄청 많이 하고 먹기는 더 적게 먹은 거야. 내일부터 더 열심히 하면 되지."

엑스트라 ─────

어제 저녁. 혼자서 초밥을 먹고 식후 라떼를 위해 들른 갤러리카페. 펜션도 겸하고 있다. 커피는 갤러리카페에서도, 주방이 있는 마룻방에서도 마실 수 있다. 주문 받는 여성이 친절하다는 느낌이 없었다. 마스크

탓에 표정을 읽을 수 없어서인 탓도 있을 것이다.

'나이 든 남자 혼자라서 반갑지 않은가. 혼자세요? 하는 질문이 그래서 쌀쌀하게 들렸나? 설마. 뭔가 짜증나는 일이라도 있겠지. 혹 끝날 시간에 온 건가? 나도 젊은 친구들처럼, 혼자, 카페에서, 키보드를 두드리며, 공부라도 하는 것처럼, 분위기를 잡아보고 싶었는데, 그냥 집에서 쓸 걸 그랬나?'

찰나에 여러 생각이 스치며 살짝 후회가 들었다.

새삼 느낀다. 서비스업에서 가장 중요한 건 친절이다. 응대가 상냥하면 웬만한 건 용납할 수 있다.

가지고 간 블루투스 키보드를 스마트폰과 연결했다. 방바닥에 방석 두 개를 겹쳐 깔고 글을 쓰기 시작했다. 제법 넓은 공간에 나 혼자다. 전세냈다.

책상다리를 하고 작은 스마트폰 화면을 들여다보며 글을 쓰자니 얼마 못 가 허리가 아파왔다. 눈도 피곤해졌다. 글자들이 흐느적거리기 시작했다.

대충 한 시간쯤 지났을까. 아홉시도 안 된 것 같은데 웬지 느낌이 이상하다. 영업을 마무리하는 분위기다. 키보드와 스마트폰과 스마트폰 거치대를 챙겨 일어섰다. 아니나 다를까. 갤러리카페의 의자들이 뒤집힌 채 모두 테이블 위로 올라가 있다. 주머니에 들어가지 않는 키보드를 손에 들고 집으로 돌아왔다.

아내의 핀잔.

"그걸 들고 나갔어? 핑크색 키보드를?"

그랬다. 블루투스 키보드를 살 때 검정 하양 핑크 중 핑크를 골랐었

다. 기왕이면 스마트폰에 붙인 핑크피쉬*
그립이랑 색깔을 통일하자는 생각이었다.
핑크피쉬만큼 노골적인 핑크가 아니기도
했다.

　"당신 호르몬 이상이야? 아무리 핑크피
쉬 방송한 사람이래도 그렇지. 으이그."

* 2018~2020년에 걸쳐 방송된 광주MBC의 11부작 홍어 전문 다큐멘터리 시리즈. 홍어에
대한 고정관념을 뒤엎는 참신한 기획과 높은 제작 수준으로 수많은 상을 수상했다.(연출
백채훈·최선영)

계속되는 허탕, 왈종미술관에서 만회하다

거문오름 외돌개 칠십리시공원 서북공원 왈종미술관

깨어나 가장 먼저 하는 일. 일기예보 확인이다. 제주 지역 오늘 날씨는 오전 강수확률 30% 오후 20%, 기온 8도에서 12도.

커튼을 젖히고 창밖을 내다본다. 앞바다에 떠있는 범섬의 윤곽이 또 렷하다. 집 앞 대나무들이 심하게 흔들리는 걸로 보아 제법 바람이 세 다.

느즈막이 일어났다. 출근 준비로 쫓길 일이 없으니 세상 여유롭다. 아침은 샐러드와 커피 한 잔.

차에 오른 시각 오전 11시. 목적지는 거문오름.

박정희가 죄수들을 동원해 만들었다는 5.16도로를 달린다. 구불구 불, 헤어핀커브의 연속이다. 오토바이라면 훨씬 좋았을 텐데 자동차는 재미가 없다. 도중 한라산 등반을 시작하는 성판악에서 잠시 쉴까 하고 주차장으로 들어갔다가 도로 나왔다. 차들이 꽉 차있었다. 인터넷으로 사전예약을 하고 와야 한다는데 사람들로 북적였다.

한 시간 이상을 달렸는데도 거문오름에 도착하지 못했다. 내비가 시키는 대로 대로를 벗어나 굴다리 밑을 지났더니 비좁은 산길이 나온다. 이상하다. 스마트폰을 들어올려 목적지를 확인한다. 어라, 근데 이게 뭐람. 거문오름이 아니라 검은오름으로 설정돼 있는 게 아닌가. 아뿔싸! 출발 전 아내에게 거문오름 입력해 줘라고 말하고 확인하지 않았다. 제주에는 거문오름 말고 검은오름도 있으니 조수를 탓할 일도 아니다. 거문오름으로 고쳐 입력하고 유턴. 무려 25킬로 이상을 더 달려야 했다.

도착한 거문오름 주차장. 위이윙. 바람소리가 시끄럽다. 전깃줄까지 흔들어대는 강풍이다. 동백나무에서 빨간 동백꽃들이 떨어져 굴렀다. 단단히 눌러쓴 모자가 벗겨져 날아갔다.

탐방 안내소 입구. 체온을 재고 큐알코드를 찍고 매표소로 입장하는데 뒤에서 들리는 대화.

"인터넷 예약 하셨어요? 안 하신 분은 탐방 못 하셔요."

엥? 인터넷으로 사전에 예약하고 와야 하는 거였어?

혹시나 해서 다시 매표소 직원에게 확인.

"예약 안 하시면 못 들어가요. 저기 있는 전시관은 그냥 보실 수 있어요."

꼬르륵. 영양보충할 시간이라는 신호다. 매점에서 산 땅콩과자 한 봉지와 물 한 병으로 임시처방을 한다.

"비자림 못 가 봤잖아. 거기 가자. 여기서 멀지도 않은데."

"그러지 뭐."

다시 차를 몰기 30분. 도착한 비자림 주차장. 뭔가 심상찮다. 주차요원이 앞차 보고 두 손으로 엑스자를 표시하며 돌아가라는 게 아닌가.

내 차례. 아니나 다를까. 오늘 정원이 다 차서 더 이상 입장불가란다. 아까 입구에서 본 플래카드가 어쩐지 불길하더라니.

"코로나로 정원의 50%만 입장을 허용하고 있습니다."

"몇 명까진데 벌써 끝났어요?"

"1,300명요. 진작 다 찼어요."

"여기도 사전 예약해야 돼요?"

"그런 거 없어요."

조수에게 묻는다.

"오늘이 무슨 요일이지?"

"일요일."

"그래서 그렇구나. 휴일에 관광명소를 찾아다니는 게 아니지. 오늘은 올레길을 걸어야 했어."

퇴직하고 나니 평일인지 휴일인지 감각이 없다. 긴장이 풀리면 사람이 흐물흐물해지고 금세 폭삭 늙는 거구나. 사회생활 할 때 못지않게 꼼꼼하게 계획을 세우고 뭐든 일을 만들어서라도 해나가야 하는 것이구나.

박근혜 정권 말기. 박사논문을 마무리하려고 1년간 휴직했다. 저녁식사 후에 하는 한 시간 정도의 산책을 제외하고 하루 종일 방에 틀어박혀 글을 쓰는 생활. 삼시 세끼를 집에서 먹었다. 삼식이가 된 것이다.

그때 겪은 마음 고생. 물론 집사람이 무슨 눈치를 준 건 없고 스스로 드는 자격지심이었지만, 정말이지 삼식이 생활은 할 게 못 된다는 사실

계속되는 허탕, 왈종미술관에서 만회하다

을 절감했다.

꼬르륵. 잠시 공복을 달래주던 땅콩과자의 유효시간이 끝난 모양이다. 거의 두 시가 다 됐다. 다시 차를 돌려 서귀포 쪽으로. 점심은 가는 도중에 해결하고 올레길이나 걷자.

길가의 큰 건물에 흑돼지라고 쓰인 커다란 간판이 걸려 있다. 주차장에 차를 세우고 내리려는 데 선글라스를 벗고 바꿔 써야 할 안경이 안 보였다.

"내 안경. 못 봤어? 분명 여기 있었는데. 아까 여기 물건들 만지지 않았어?"

"나는 안 건드렸는데."

"무슨 소리. 분명 여기 뒀잖아."

두 사람이서 차문을 열고, 의자를 젖혔다 세웠다, 허리를 굽혀 의자 밑을 들여다봤다, 대쉬보드 서랍을 열었다 닫았다, 한참 법석을 피웠다. 그러다 퍼뜩 스치는 생각. 참, 아침에 차 타기 전, 안에 입은 조끼 주머니에 넣었지.

"여기 있네. 의자 사이에."

"무슨 소리야. 없었는데. 당신 주머니에서 찾았지? 으이그. 창피해 죽겠네. 저기 창가에 앉은 사람들, 다 봤을 거 아니야."

덕분에 흑돼지 불고기전골을 먹는 동안 대화가 사라졌다. 1인분 만원. 얇게 썬 데다, 익으니 양이 푹 줄어든 흑돼지는 그런대로 먹을 만했다.

"집 근처에 흑돼지 ㄱ이집 있던데, 나중에 거기서 제대로 한 번 먹자."

"안 먹어. 당신 혼자 먹어."

허기가 사라지자 마음이 한결 느긋해졌다. 졸음이 쏟아졌다. 운전대를 아내에게 맡기고 조수석으로. 의자를 끝까지 제끼고 길게 누웠다. 바로 꿈 속으로 빠져들었다.

2 —————

눈을 뜨니 외돌개주차장이다. 여러 번 와본 외돌개는 크게 감흥이 없다. 여기 차를 세워두고 적당히 먼 데까지 걸어갔다 오자.

왈종미술관에 가보고 싶었다. 내비로 거리를 확인하니 2.6킬로. 왕복 5.2킬로. 휘익 외돌개를 둘러보고 걷기 시작했다. 길가를 따라 높이 쭉 뻗은 야자수들이 길게 늘어서 있다. 이국적 풍경이다. 잠시 여기가 우리나란가 착각한다.

함께 걸으며 하는 둘 간의 대화.

"우리나라에 제주도가 없었으면 어떡할 뻔했어. 대마도까지 우리 땅이면 얼마나 좋아. 일본보다 우리나라에 훨씬 가까운 덴데. 우리 조상들은 땅 욕심이 없었던 건지, 생각이 없었던 건지."

"경제적으로 대마도는 조선 없으면 살 수 없는 섬이었는데. 한일 관계에 파란이 일 때마다 대마도는 그 영향을 고스란히 받아야 했지. 임진왜란 때도 그랬고, 최근 한일 경제전쟁의 와중에도 그렇지."

"대마돈 볼 게 없어. 최익현 선생 기념비라든가 조선통신사 관련물이라든가 하는 것들은 있지만. 부산에서 가까워서 금세 배 타고 갈 수 있으니까 사람들이 몰려가는 거지. 거기 가게에서 일본 먹을거리나 기념품 같은 거도 사고."

야자수길이 끝나는 지점. 오른쪽 자그마한 카페 선샤인코스트. 전에 제주MBC 이승엽 사장이랑 둘이 들른 적이 있다. 제주에서 지역사장단 회의를 하고 하루 더 체류하며 올레길을 걸었었다.

남쪽 바다를 내려다보는 탁 트인 언덕. 햇빛이 넘치게 쏟아져 들어오는 작고 예쁜 카페. 인테리어에 주인의 취향이 묻어났다. 주인은 나이 든 여성이었다.

"커피 한 잔 하고 갈까?"

"그냥 가요."

"안이 예쁜데. 구경할 만해."

"그냥 가자니까."

여자가 남자보다 더 예쁜 카페 좋아하는 거 아닌가. 조금 더 가자 나타나는 펜션. 건물이 개성 있다.

"건물, 특이하네."

"그러네. 근데, 가우디 흉내냈네. 할 거면 제대로 하지. 좀 어설프네."

또 걷는다. 인도에 바짝 붙은, 초가지붕으로 엮은 집이 있다. 들어가는 입구가 아기자기하다. 깨끗하게 단장되어 있는 걸로 보아 사람이 살고 있는 듯하다. 도로 쪽이 돌담으로 둘러쳐진 집의 뒷쪽이고 집의 정면은 언덕을 향하고 있다. 집과 언덕 사이에 있는 마당이 비좁다. 누가 살까.

카페 블라썸을 지난다. 덕판배미술관을 둘러본다. 입주 예술가들의 작업실들이 있다.

바로 옆 칠십리시공원. 아기자기 잘 꾸며놓았다. 유명한 시들을 새긴

창작·전시공간 덕판배(왼쪽)와 바닷마을 사람들의 안전과 복을 지켜주는 할망신 신당 앞 할머니 얼굴상

시비들이 즐비하다. 저 멀리 한라산. 구름에 싸여 있다. 어깨 위로는 보이지 않는다. 신비롭다. 구멍 두개를 뚫어 놓은 큰 돌에 구상의 시 '한라산'이 새겨져 있다. 소리 내어 읽어 본다.

공원 옆을 깊은 계곡이 흐른다. 상류에 천지연폭포가 있다. 세찬 바람이 분다. 캡 위에 잠바에 달린 모자까지 뒤집어 쓴다.

바닷가쪽으로 향한다. 나무가 무성한 숲 사이로 가파른 나무계단이 있다. 조심스레 내려간다.

중간에 작은 절이 있다. 태고종의 사찰이다. 아까 오는 길에 본 '절로 가는 길'이라고 쓰인 리본. 이 절 때문이었구나. 제주도를 걷다 보면 종종 올레길 리본과 함께 '절로 가는 길' 리본을 만난다. 불교신문사라고 쓰여 있는 걸로 보아 올레길의 불교계 버전인 듯하다.

계단이 끝나자 나타나는 넓은 광장. 천지연폭포 주차장이다. 오른 쪽

계속되는 허탕, 왈종미술관에서 만회하다

은 항구다. 멀리 하얀 돛 모양을 한 새연교가 보인다. 새섬으로 들어가는 다리다.

"세상 볼 게 없는 게 천지연 폭포야. 폭포라면 나이아가라 정돈 돼야지."

천지연 폭포 못 본 지가 수십 년이라 나는 보고 싶었는데 바로 포기한다.

바닷가로 난 길을 따라 걷는다. 길가의 횟집과 술집들. 문을 닫았거나 손님이 거의 없다. 코로나 사태, 정말 빨리 끝나야지, 서민들 삶이 말이 아니다.

길가 커다란 나무 아래. 작은 건물이 웅크리고 있다. 돌로 된 큼지막한 할머니 얼굴상이 철망 안에 든 작은 돌들에 둘러싸여 있다. 특이한 모습이다. 아래 써있는 설명문.

"할머니에게 소원을 빌어 보세요."

뒤는 바닷마을 사람들의 안전과 복을 지켜주는 할망신을 모시는 신당이다. 문은 잠겨 있다.

칠십리음식특화거리라고 쓰인 커다란 기둥문이 설치된 거리가 끝나자 오른 쪽에 중국식 기둥문이 나온다. 서복공원이라 쓰여 있다. 올레길 6코스가 이 문을 통과한다. 오른쪽 아래로 내려가면 정방폭포로 갈수 있다.

서복(또는 서불). 기원 전 3세기 중국 사람. 진시황의 명을 받아 불로초를 구하러 어린 남녀 수천 명과 함께 동쪽 바다를 건넜다. 제주도 한라산에 올라 갖가지 약초를 구한 후 정방폭포 옆 바위에 서불과지(서불이 지나가다)라는 글을 남기고 떠났다. 서귀포라는 지명의 유래다.

작은 중국식 정원인 서복불로초공원에서는 한라산의 갖가지 약초들을 심어 가꾸고 있다.

　서복은 중국으로 돌아가지 않고 왜로 가 정착했다고 하는데 일본 여기저기에 서복과 관련된 기록과 이야기들이 전한다. 일본사람들도 서복을 기념하고 제사를 지낸다. 중국의 앞선 농사법과 기술을 전해준 은인이기 때문이다.

　바로 나타나는 작은 중국식 정원. 서복불로초공원이다. 한라산의 갖가지 약초들을 심어 가꾸고 있다. 불로초공원을 왼쪽으로 바라보며 왈종미술관 쪽으로 가는 길. 서복의 이야기를 그림으로 조각한 석판들로 세운 담장이 제법 길다.

　오른쪽 발뒤꿈치가 찌릿찌릿해온다. 전혀 운동을 안 하던 몸이다. 힘들고 지친다. 아내도 말이 없다. 바닷바람이 춥게 느껴진다.

　"왈종미술관, 이 쪽으로 가는 거 맞아?"

3 ——————

"저기 있네."

드디어 길 건너에 왈종미술관이 모습을 드러냈다. 아담한 사이즈에 개성 있는 디자인의 개인 미술관. 입구 왼쪽에 아트숍이 있고 들어가 오른쪽은 미술관 마당이다. 이왈종 화백의 조각 작품들이 군데 군데 놓여 있고 꽃나무와 화초가 가득하다. 활짝 피기 시작한 벚꽃, 지기 직전인 동백꽃, 노랑 과일들, 처마 끝에 앉아 두리번거리는 까치…. 이 화백의 그림에 나오는 것들, 색깔들이 한데 모여 있다.

입구를 들어서자 미디어아트가 맞는다. 가로로 긴 스크린 위에서 동영상으로 펼쳐지는 이 화백의 작품세계. 이층으로 올라가는 계단에 서서 한참을 감상한다. 계단 벽에도 작품들이 걸려 있다.

이층. 창밖으로 환하게 제주 바다가 펼쳐져 있다. 작품들은 대부분 이층에 전시돼 있다. 미디어아트가 상영되는 스크린, 크고 작은 그림들, 조각 작품들, 화려한 색들이 뿜어내는 강렬한 기운으로 가득찬 방. 걸어오느라 지친 몸과 마음에 순식간에 활기가 들어찬다.

'제주생활의 중도'.

이왈종 화백의 시리즈 작품명이다.

중도(中道)?

"삼라만상은 인과 연의 연기작용 속에서 끊임없이 변하는 것인바, 불변의 고정된 실체란 있을 수 없다. 고로, 인간의 이분법적 지식과 분별에서 비롯된 집착에서 벗어날 때 비로

소 참된 자유를 누릴 수 있다. 반야심경의 지혜에서 비롯된 중도철학은 이왈종의 생활철학이자 예술철학으로 그의 작품활동을 지탱해온 미학적 기반이다."*

그림에 등장하는 소재들이 재밌다. 꽃, 과일, 게, 새, 강아지, 물고기, 배, 요가하는 여인, 골프치는 사람, '그럴 수 있다 그것이 인생이다', '아고 바보야 죽으면 늙어야지' 같은 글귀, 알몸으로 엉킨 남녀….

바라보기만 해도 상쾌해지는 그림들. 작품속 세계만큼 작가의 제주 생활이 즐겁다는 뜻일 것이다. 너무 재밌어서 오래오래 살고 싶으신 모양이다. 전시된 접시에 쓰인 글과 그림이 노골적이다.

"사랑으로 체력을 단련해서 120살까지만 살자."

1945년 생이니 올해 나이 77세. 앞으로 43년은 더 살 것이니 좋은 작품들도 그만큼 더 많이 남을 것이다.

옥상으로 올라갔다. 멀리 바다가 시원스레 펼쳐진다. 옥상은 또 다른 전시장이다. 전부 조각 작품들이다. 많은 게 수탉들(?)이다. 색이며 소재며 한국 냄새가 물씬난다. 사찰 처마의 나무 조각, 단청, 탱화….

이 화백을 한국 민화를 현대적으로 재창조한 작가라고 평하는 까닭이다. 삶의 희로애락을 한국적 색채와 기법으로 해학적으로 그려내며 독특한 자기 만의 세계를 구축한 화가.

아트숍에 들렀다. 작가의 작품들을 모티브로 제작한 다양한 상품들. 벽시계, 스카프, 가방….

액자에 든 프린트. 50만 원에서 100만 원이 넘는다.

---

* 요약. 미술평론가 최광진.

계속되는 허탕, 왈종미술관에서 만회하다

이왈종은 삶의 희로애락을 한국적 색채와 기법으로 해학적으로 그려내며 독특한 자기 만의 세계를 구축했다.

"하나 갖고 싶네."

"그렇잖아도 방 셋 중 둘이 창곤데, 어디 두시려고요? 원본도 아니고."

"그냥 그렇다는 거지."

빈 손으로 나왔다. 오래전부터 한 번 가봐야지 했던 왈종미술관. 보고 나니 후련했다. 찾아온 보람이 있었다. 그런데 외돌개주차장까지 다시 걸어 돌아갈 일을 생각하니 막막하다.

'택시 타고 갈까' 잠시 망설이고 있는데 "걸어가야지. 운동하고 살도 빼야지."

아내가 말했다.

"발뒤꿈치가 아픈데. 족저근막염, 뭐 그런 거 같아."

말꼬리를 흐리며 터벅터벅 걷기 시작했다.

오토바이 라이더 카페 주인 허익

그림카페   오설록 티뮤지엄   카페 풀베개   약천사
제주항공우주박물관

1 ————

어제 무리한 모양이다. 종아리 근육이 당기고 아프다. 운동을 거의 하지 않다가 갑자기 연 며칠 걸었으니 그럴 만도 하다. 오늘은 조용히 쉬고 싶은데 혼자가 아니다.

날이 이렇게 좋은데 답답하게 집에 있을 수 없다고 성화다. 벌써 옷을 챙겨 입고 기다린다. 어쩔 수 없지. 딱히 정해진 목적지도 없으니 제주 취재 중인 조동성 피디(크리에이티비스트 대표)를 만나러 가자.

보내온 일정표를 보니 오후 2시 제주그림카페로 돼 있다. 법환에서 차로 30분쯤 걸린다.

지난주 조동성 피디랑 통화를 했었다. 이십수 년 전 도쿄 피디특파원으로 있을 때 일본 방송사 일을 하던 조 피디와 취재 현장에서 종종 마주쳤다. 내가 귀국한 지 얼마 후 그도 귀국했다. 일본 방송계에서 인재를 공급하는 일을 하는 회사의 한국 지사를 맡았다. 당시만 해도 한국

방송계에서는 생소한 일이었다. 상냥하고 성실한 사람이라 도와주고 싶었다.

조 피디는 나중에 독립피디협회 회원으로 활동했다. 자주 보고 만나면서 친해졌다. 서로 일본통(?)인지라 더 잘 통했다. 그 후 프로덕션을 차려 일하기 시작했다. 주로 일본 방송사들의 의뢰를 받아 한류, 여행, 음식, 화제들을 취재해 보낸다. 케이팝 아이돌 취재를 많이 했다. 지금은 일본에서 소니가 운영하는 M-On 채널에 케이팝 취재물을 공급한다. 국내에서는 일본 전문 케이블 채널인 J의 '한국인도 모르는 한국 여행'이라는 프로그램을 제작하고 있다.

내비는 제주항공우주박물관으로 안내했다. 여기 어디에 카페가 있다는 거지?

거대한 박물관 안으로 들어가자 바닥에 놓인 비행기, 천장에 매달린 비행기와 우주선들이 시선을 끈다. 항공우주와 관련된 전시관, 기념품

제주항공우주박물관 안으로 들어가자 바닥에 놓인 비행기, 천장에 매달린 비행기와 우주선들이 시선을 끈다. 항공우주와 관련된 전시관, 기념품샵이 있어 아이들한테는 최고의 놀이터이자 교육장이겠다.

샵이 있다. 아이들한테는 최고의 놀이터이자 교육장이겠다. 4층 카페로 가는 엘리베이터. 영화에서 보는 우주선의 문 같은 그림으로 테이핑돼 있다. 우주선에 오르는 기분이다.

"와, 특이하다." 터져 나오는 감탄.

"나는 자연 속 예쁜 카페가 좋은데, 뭘 이런 델 다와." 했던 조금 전의 불만은 온 데 간 데 없다. 창이며 의자며 테이블이며 기둥이며 바닥이며, 온통 흑백 두 가지 색의 중세 유럽풍 그림들로만 된 카페. 어디에 앉아도 그림 속에 들어가 있는 듯한 착각이 든다. 젊은이들 몇 쌍이 들고 날뿐 한산하다. 코로나에 월요일인 탓도 있을 것이다. 홀로 제주를 여행하는 젊은 여성들 사이에서 인스타에 올리기 좋은 사진이 나오는 이른바 인스타그래머블한 카페로 유명하단다. 나이 든 사람은 알기 어려운 곳이다.

'한국인도 모르는 한국 여행'이 선택한 까닭이 있었다.

창문으로 보이는 뷰. 멀리는 제주 바다고 가까이는 온통 녹색의 넓은 차밭이다. 오설록 티뮤지엄이 멀지 않다.

커피를 마시고 사진을 찍고 그래도 시간이 남았다. 밖으로 나오는데 조 피디한테 도착했다는 전화가 온다. 오랜만의 해후. 그새 나잇살이 붙었다. 프로덕션 사장인데 제작진과 함께 움직이며 프로듀서, 운전기사, 매니저, 짐꾼, 코디네이터, 닥치는 대로 일한다.

진행자는 MBC의 '대한외국인'에 출연하여 유명해진 사토 모에카다. 벌써 카메라 앞에서 리포팅을 하고 있다.

조동성 피디/내표. 은퇴한 내가 무얼 하든 도움 되는 일이면 하겠단다. 나는 뭘 도와준 적도 없는데. 고마운 말이다.

제주항공우주박물관 4층의 제주그림카페는 창이며 의자며 테이블이며 기둥이며 바닥이며 온통 흑백의 중세 유럽풍 그림들로만 돼 있다.

다음 목적지는 오설록 티뮤지엄. 종아리 근육도 풀 겸 오늘은 걷기보다 구경하며 가볍게 산책할 수 있는 곳 위주다.

오설록 차밭은 37년 전 신혼여행 때 들른 적이 있다. 아모레퍼시픽이 1979년에 차밭을 개간하고 1983년 첫 차를 수확했으니 바로 이듬해였다. 오설록티뮤지엄은 2001년에 개관했다. 기억이 가물가물하지만 차밭 주변의 풍경은 그 때랑은 완전히 달라졌다.

2 ——————

오설록 티뮤지엄. 사람들로 가득했다. 그림카페완 달리 남녀노소에게 인기가 있다. 구경하면서 짧은 산책을 하기에 좋다. 잘 가꾸어진 정원과 차밭이 선사하는 풍경이 아름답다. 벚꽃이 환하게 피었다.

한국 차문화의 명맥이 겨우 숨만 붙어 있을 때 이곳 제주에 차나무를

오토바이 라이더 카페 주인 허익

심고 가꾸어 다양한 차를 제조하고 차성분을 활용한 화장품이며 관련 상품을 개발해온 아모레퍼시픽 창업자 서성환회장의 혜안이 놀랍다. 요즘 화두인 농업의 6차산업화를 일찍부터 실천해 왔다.

늘 느끼는 것이지만 우리 일상 속에 차가 뿌리내렸으면 좋겠다. 일본이나 중국에서 부러운 것은 언제나 차를 마시는 생활이다. 특히 겨울. 한국의 어느 식당엘 가도 찬 물을 내놓는다. 따뜻한 주전자에 티백 하나라도 넣어 주면 얼마나 좋을까. 추위를 달래는 데도, 건강에도, 차가 좋다. 그게 그리 어려울까.

오설록 티뮤지엄에는 아모레퍼시픽에서 생산하는 이니스프리 화장품 매장 건물도 있다. 체험코너, 스탬프코너 같은 즐길 거리도 있어 아이들을 데려온 가족들도 많다.

그 옛날 황무지나 다름없던 산중에 조성한 차밭이 40여 년이 흐른 후 이렇게 엄청난 산업으로 발전하리라 확신한 사람이 서회장 말고 또 누가 있었을까. 비전과 추진력 있는 선구자의 소중함을 새삼 생각한다.

점심은 다음 목적지인 카페 풀베개로 가는 도중 발견한 길가의 냉면집에서 간단히 해결했다. 홍어무침 대신 황태무침을 넣은 황태비빔냉면을 주문했는데, 그냥저냥 먹을 만했다. 서빙하는 여성이 "맛있지요?" 하고 묻는데 "아, 예" 하고 넘겼다.

제주도를 대표하는 음식은 뭘까? 돔베고기? 해물뚝배기? 흑돼지구이? 자리돔 물회? 옥돔구이? 갈치구이와 조림?

카페는 안덕면 서광리 마을 가운데 있었다. 주차장 한 켠에서 오토바이에 오르려는 남자를 봤다. 혹시 저 사람? 주인이 오토바이 라이더라는 말을, 이곳을 소개해준 김희정 교수(전 광주 아시아연구원 콘텐츠사업본부장, 현 상명대교수)한테 들었던지라 찰나에 육감이 작동했다.

얼른 창문을 내리고 물었다.

"혹시 허익 씨 아니신가요?"

"예. 맞는데요. 아, 국장님!* 김희정 교수님한테 들었어요."

반갑게 반응한다.

"어디 가시려는 참인가 보네요?"

"예, 치과에 예약을 해놔서요."

"갔다 오셔요. 천천히 구경하고 커피 한 잔 하고 있을 테니."

"금세 갔다 오겠습니다. 가깝습니다."

키가 나보다 크고, 호리호리하고, 가죽 재킷에 라이더용 바지를 입은 중년의 사나이가 오토바이에 올라탄다. 나는 스마트폰을 들고 기다린다. 부우웅 하고 달려가는 모습을 연속으로 찍는다. 멋있다. 나도 타고 싶다.

3 ——

마을(도시)재생. 내 관심사다. 안덕면 서광리 마을 가운데 있는 카페 풀

---

* 광주에서 간혹 나를 국장님으로 부르는 사람들이 있었다. 아마 광주 KBS 책임자 타이틀이 총국장이어서 MBC도 그런 줄 아는 것 같다. MBC는 다르다. KBS는 직원 신분의 지역국 책임자가 서울에서 내려오는 반면, MBC는 지역사 사장이 되면 퇴직을 하고 취임한다. 임기가 끝나면 집으로 간다. KBS는 인사 발령이 나면 다시 서울로 가 퇴직할 때까지 근무한다. 허익 씨도 헷갈렸을 것이다. 국장으로 불려서 기분이 어쨌다는 얘기가 아니다. 나는 사장이라는 호칭보다 피디라고 불리는 게 더 좋은 사람이다. 어떤 일을 하든 프로듀서 마인드를 갖는 게 굉장히 중요하다고 새록새록 느낀다. 영원히 피디이고 싶다.

오토바이 라이더 카페 주인 허익

베개도 마을재생의 좋은 샘플이라 할 수 있다.

카페 풀베개 애기는 김희정 상명대 교수한테 들었다. 김 교수는 내가 광주 사장으로 취임한 직후 제안한 재일동포 전월선 초청 5.18 평화음악제 기획을 너무 좋다며 실현시켰다. 이거다 생각하면 일을 추진하는 힘이 대단했다. 광주 있을 때 친히 지냈다. 임기가 끝나 상명대로 복귀했다. 제주에 살러 간다는 말을 들은 김 교수가 꼭 만나보라고 소개한 사람이 허익 씨다. 치과에서 돌아온 허익 씨로부터 애기를 들었다.

"한 가지 일에 만족하지 못하는 성격이에요. 음대를 나와 바이올린을 했는데, 울산시립교향악단, 경기도립교향악단에서 단원으로 활동했어요. 음악을 하며 먹고 산다는 게 너무 힘들기도 하고, 싫증도 나서 사진 공부하러 영국 유학을 떠났지요.

돌아와 사진작가로 일하다 광주 아시아문화전당 사진을 전담하는 포토그래퍼가 되었어요. 김희정 교수님이랑 일 땜에 해외 출장도 같이 다니고 하면서 친해졌어요.

2년 전에 제주도에 내려왔습니다. 카페를 운영하면서 느긋하게 살고 싶었어요. 갖고 있던 컨셉에 맞는 후보 물건을 찾아 여기저기 돌아다니다 이곳에서 버려져 있던 폐가를 발견했습니다. 앞채, 뒤채, 우사, 돈사가 있는 제주도 가옥. 조금은 여유가 있는 사람이 사는 집이었어요. 서울 인테리어 사업자에게 컨셉을 이해시키고 계속 확인하면서 1년 걸려 고쳤어요. 1년 전에 오픈했는데 다녀간 사람들이 소문을 내 얼마 안 지나 사람들이 몰려오기 시작했어요."

바닷가나 산속이 아닌, 마을 안에 있는, 옆에 귤밭이 있는, 카페. 원래 있던 집의 뼈대를 그대로 남기고 최소한으로 고치고 보강했다. 인테

카페 풀베개는 원래 있던 집의 뼈대를 그대로 남기고 최소한으로 고치고 보강한 마을 재생의 좋은 샘플이다.

리어는 큰 돈 들이지 않고 소박하고 정갈하게, 그러면서도 주인의 컨셉이 분명히 드러나게 꾸몄다. 의자와 테이블은 안락함과는 거리가 멀다. 요즘 우리나라 젊은이들 사이에서 핫하다는 디앤디디파트먼트가 떠올랐다. 나가오카켄메이의 디자인 컨셉과 비슷하게 느껴진다. 유리창을 통해 제주 마을의 풍경과 분위기가 들어온다.

디지털 덕에 카페하기에 불리한 장소 같은 건 없어진 시대다. 독특한 매력이 있으면 어디고 찾아온다. SNS, 특히 손님들이 인스타그램에 올린 사진들 덕에 짧은 시간 안에 인기가 폭발했다. 제주도에 와 싸목싸목 일하며 여유 있게 살고 싶었는데 이젠 너무 바빠 쉴 시간조차 없다. 제주도의 자연을 온 몸으로 부딪히며 느끼고 싶어 오토바이까지 샀는데 좀처럼 멀리 오래 탈 기회가 없다.

젊은 여성들이 많다. 남이 올린 사진을 보고 따라 하는 이들도 있다. 노란 오렌지들이 주렁주렁 달린 나무 앞 의자에 앉아 오렌지를 머리 위

오토바이 라이더 카페 주인 허익

에 올려놓고 사진을 찍는다.

카페 안엔 개 두 마리가 서식하고 있다. 한 마리의 등에 명찰이 달려 있다. '풀베개 직원 영남이'. 손님들이 뭐라 하든 신경쓰지 않는다. 유 유자적. 내가 앉은 의자 밑에 반쯤 들어가 길게 눕더니 잠든다. 별 시끄 러운 소리가 나도 꿈쩍하지 않는다.

풀베개는 꼭 가봐야지 하고 마음 먹은 건 마을재생이 내 관심사인 것 도 있지만 김희정 교수가 던진 한 마디가 결정적이었다.

"카페 주인, 오토바이 라이더예요."

라이더들이 만났는데 오토바이 얘기가 빠질 수 없다. 둘 다 시간에 쫓기지 않았다면 하루 종일이라도 웃고 떠들었을 것이다.

허익 씨는 2년 전 제주에 내려온 후 오토바이를 배웠다. 트라이엄프 본느빌 1200cc를 샀다.

"가성비가 좋아요. 유지비도 싸게 들고요. 할리나 비엠에 비하면 부 품 값도 아주 싸요. 알리(바바)에서 주문하면 헐값이고요. 직접 바꾸고 달면 돼요."

요즘 오토바이는 트라이엄프가 대세란다.

모든 라이더들이 같다. 자기가 타는 오토바이가 최고다. 비엠더블유 라이더 중엔 할리도 오토바이냐고 하는 이들이 있다. 할리 라이더들은 다른 오토바이는 쏘울이 없다고 말한다. 나는? 할리와 비엠, 두 가지를 갖고 있다. 모두 중고로 산 것이니, 신차 한 대 값으로 충분했다. 180도 개성이 다른 두 종의 오토바이를 타는 맛이 좋다. 용도에 맞춰 탄다. 서 울엔 할리가, 나주엔 비엠이 있다. 서울 올라갈 때 친구 집에 맡겨두었 다. 케이티엑스 타고 나주까지 두 시간이면 족하다. 남도 투어링 하러

할리 몰고 내려가기는 쉽지 않아서다. 빨리 멀리 갈 땐 역시 비엠이어서기도 하다.

바쁜 사람 붙잡고 길게 얘기하기도 뭐해 작별 인사를 한다.

허익 씨.

"계시는 동안 같이 식사 한 번 하셔요. 머무시는 법환에 제가 아는 해녀가 운영하는 식당이 있어요. 알려드릴 테니 함 가보셔요."

김희정 교수에게 사진 몇 장을 보냈다.

김 교수의 문자.

"허익, 재밌지요?"

내 대답.

"아티스트!"

허익. 쉰 살. 바이올리니스트, 포토그래퍼, 카페 오너경영자, 오토바이 라이더… 또 모르는 정체성도 있을 것이다. 요샛말로 주캐 부캐를

오토바이 라이더 카페 주인 허익

따지는 건 의미 없는 일이다.

제주 오며 가져온 책 중 하나 '로컬 지향의 시대'에 나오는 일본의 지역재생 얘기들의 한국판을 보러 여기 저기 찾아다닌다. 카페 풀베개도 그런 곳이다. 이런 곳이 많아져야 한다. 단, 제주는 차고 넘친다. 갈수록 인구가 줄어드는 남도에 절실히 필요하다. 책 『로컬 지향의 시대』. 부제가 "마을이 우리를 구한다"이다.

집으로 돌아가는 길. 뭍에서 보기 힘든 이국적 풍경의 절이라는 약천사에 들르기로 했다.

4 ─────

약천사.* 뭍에서 보기 힘든 풍경의 절이다. 규모도 대단하다. 대적광전은 동양에서 제일 크단다.

주차장에서 보이는 원경. 노랑 유채꽃과 만개한 벚꽃 뒤로 보이는 야자수, 오렌지나무들, 그리고 절의 거대한 지붕. 환상적인 그림이다. 서울의 지인에게 사진을 보냈더니 "우와" 하고 감탄한다. 4월 초에 제주 가는 데 그때까지 피어 있을까요, 하고 묻는다.

절 마당에 줄지어 놓인 작은 돌 코끼리들이 재밌다. 대웅전 앞에 놓인 동상도 재밌다. 호리병을 든 손, 부푼 배, 활짝 웃는 얼굴. 특히 배가 반질반질하다. 사람들이 많이 쓰다듬는 모양이다. 나도 만져봤는데 동그란 곡선의 느낌이 풍만하다. 배꼽에 꼭지만 달리면 영낙없는 나주 배

---

* http://www.yakchunsa.org/

다. B급 프로모션으로 해볼 수 없을까. 요샛말로 투머치일 것이다. 그냥 한 번 해본 생각이다.

어느 새 황혼이다. 절을 나와 얼마 안 가 도로가에 서있는 재밌는 하르방을 만났다. 바로 차를 세운다. 사진을 찍어야지. 여행길에 나중은 없다. 오토바이 투어링을 하면서 익힌 철칙이다. 찍고 싶은 광경을 만나면 지체없이 오토바이를 세워야 한다. 찍고 싶다, 귀찮다, 두 감정 사이에서 갈등하다 지나쳐버리면 끝이다. 오는 길에 찍어야지? 그렇게는 안 된다. 잊어먹거나, 지쳐서 귀찮거나, 다른 길로 돌아오거나.

선글라스를 낀 돌하르방 자판기다. 재밌다. 귤제품을 생산하는 농사법인이 판매하는 제품을 품고 있다. 이런 아이디어를 내는 사람은 만나

약천사는 노랑 유채꽃과 벚꽃, 야자수가 한데 어우러져 있어 뭍에서 보기 힘든 풍경의 절이다.

오토바이 라이더 카페 주인 허익

보고 싶다. 농업을 6차산업이라고하는데 나
는 콘텐츠산업이라고 생각한다. 콘텐츠의 360
도 전개가 어느 때보다 필요한 시대. 모든 게
콘텐츠다. 지역에 부족한 관점이 바로 이것이
다. 지역을 콘텐츠 측면에서 바라보면 소재가
넘친다. 대도시에 없는 자원을 발굴해 매력적
인 콘텐츠로 만들어내야 한다. 서울 사람들.
무슨 신도시를 보러가는 게 아니다. 지역만의
개성이 있는, 재밌는, 사진찍기 좋은 콘텐츠

들이 있고, 맛있고 편안한 잠자리가 있는 곳을 찾아가는 것이다.

하르방 자판기를 보며 생각했다. 이걸 설치한 이도 유연하고 열린 사
고를 하는 사람일 것이다. 많이 보고 느끼고 배운 하루가 또 이렇게 지
나간다.

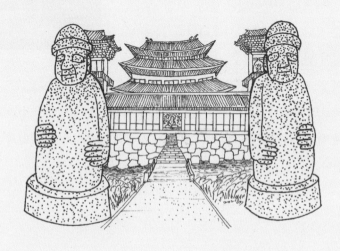

약천사

한옥, 책방으로 태어나다

고씨책방　　디앤디파트먼트　　꽂자왈도립공원　　강정항

▌————

오늘은 제주시다. 필요한 옷가지도 좀 사고 도심재생 사례인 고씨책방
도 둘러보고 핫플레이스라는 디앤디파트먼트도 구경하자.

롯데마트에서 봄옷을 몇 가지 샀다. 챙겨온다고 왔는데 막상 와보니
부족했다. 매일 같은 옷을 입을 수도 없고. 사람들이 거의 없었다. 코로
나 탓, 줄어든 관광객 탓, 온라인 쇼핑 성업 탓일 것이다.

제주시 탑동의 고씨책방. 내비에 찍어도 안 나온다. 대신 산지천갤
러리를 치면 된다. 좁은 골목을 끼고 붙어 있다. 헐릴 뻔한 집을 살려냈
다. 제주식 일본식이 섞인 독특한 가옥으로 보존가치가 있다고 판단했
다. 도심재생센터가 제주시 위탁을 받아 운영한다고 근무하는 여성이
말해줬다.

크고 작은 두 채로 돼 있다. 작은 채는 책방이다. 주민들이 모여 회의
도 하고 쉬기도 한다. 찾아오는 사람이 한 명도 없다. 커피라도 한 잔 하

면서 느긋하게 쉬었다 가고 싶은데 밖에서 사와 마시라고 한다. 이 집 만을 보러 오는 사람들이 많지는 않을지 모른다. 하지만 보존가치가 있는 역사 자원을 지키는 의미에 더해 이런 곳이 하나라도 더 많아지면 도시의 큰 매력자산이 된다.

점심은 고씨책방 가까운 음식점에서 했다. 그냥 걷다가 맘이 끌리는 곳으로 정했다. 곤밥 2. 오후 두 시인데도 사람들이 대기번호를 받고 기다린다. 나오는 손님에게 물으니 여기선 모두 정식을 먹는단다. 관광객보다는 주민들 위주인 듯하다. 30분이 넘게 기다려 겨우 자리를 잡았다. 들어갈 때 명단은 정확하게 적으라면서도 거리두기 같은 건 없다. 모든 테이블에 손님이 다 앉았다. 나오는 음식을 보니 왜 다들 정식을 주문하는지 알겠다. 1인분에 7,000원*인데 생선 튀김 세 마리와 돼지고기 두루치기 한 접시에 반찬들과 밥이 한 세트다. 특히 튀김이 맛있어 무슨 생선이냐 물었더니 옥돔이란다. 둘이서 만 4천 원. 가성비 짱이다. 근처 가실 일 있으면 들러보시라. 예약은 안 받는다.

다음 목적지 디앤디파트먼트. 맵을 보니 걸어서 갈 만한 거리다. 바닷가에서 가깝고 아라리오미술관에서 가깝다.

탑동 중심가. 깨끗하고 세련됐다. 국제적 관광명소답게 제주도는 확실히 수준이 높다. 다른 지역에서도 보고 배울 점이 많다. 특히 공영주차장. 군데군데 지하와 지상주차장이 많다. 관광시즌엔 모자랄지 모르겠지만 이용하는 데 불편함이 없다.

지역 도시의 중심가. 특히 구도심. 주차된 차들만 없으면 걷기 편해

---

* 제주도를 떠나는 날, 다시 들렀다. 그새 1,000원이 오른 8,000원이었다.

한옥, 책방으로 태어나다

고씨주택은 제주식 일본식이 섞인 독특한 가옥이다. 두 채 중 한 곳이 제주책방이다.

서 한결 매력적일 터인데 그러지 못한 곳들이 많다. 안타깝다. 상인들이 당장은 손해고 불편하다 할지 모르지만 길게 보면 이익이다. 천천히 안전하게 걸으면서 쇼핑이든 아이쇼핑이든 편하게 시간을 보낼 수 있도록 하는 게 중요하다.

디앤디파트먼트. 나가오카켄메이의 오래 쓰는 디자인 철학으로 새로운 소비 트렌드를 창조하고 있다. 진열된 상품들을 둘러보니 재활용 친환경 간소 최소, 그런 단어들이 떠오른다. 철거한 교실 건물에서 나온 폐목재로 프레임을 짠 거울. 이십수만 원이다. 싸지 않다. 서울 한남동에 있는 숍을 가봤는데 제주는 어떤지 궁금했다. 최근 제주 젊은이들뿐만 아니라 관광객들에게도 핫플레이스로 알려졌다.

2 ———

그새 오후 네 시가 됐다.

제주곶자왈도립공원에 들러 귀가하기로 했다. 한 시간 가까이 차를 몰았다. 곶자왈공원은 대정읍에 있다. 국제학교가 있는 곳이다. 자녀들 영어 교육을 위해 이곳에 내려와 사는 서울 사람들이 있다.

다섯 시. 곶자왈공원 도착. 주차장으로 들어가려는데 빗자루를 든 여성이 뭐라고 한다. 창문을 내리고 들어보니 입장 시간이 끝났단다.

"몇 시까진데요?"

"네 시까지라요."

헐!

제대로 된 게이트에서 철저하게 사람을 통제하고 있다. 뭔 공원이 이래. 불평해봐야 소용없다. 사전 체크 안 한 잘못이지. 제주는 확실히 다르다.

그대로 차를 돌려 귀가하는 길. 잠시 강정항에 들렀다. 서쪽으로 해가 기울고 있었다.

정박된 배의 이름이 재밌었다. BANGTAN FISHERMAN. 방탄어부. 방탄소년단이 유명해진 이후 만들어진 배인 모양이다.

등대가 있는 방파제에 올랐다. 가까이 빨간 등대. 저 멀리 다른 방파제엔 하얀 등대가 있다. 그림이 예쁘다. 등대엔 묘한 매력이 있다. 외로움 그리움 애틋함 노스탤지어…. 이런 감정을 불러 일으킨다.

한옥, 책방으로 태어나다

시인 김춘추는 이런 시를 썼다.

섬과 섬 사이에도
등대가 있고
등대 없는 섬은 사람보다 외롭다

괭이갈매기가 야옹야옹 하는 등대
괭이갈매기가 야옹야옹 안 하는 등대
가슴이 붉은 등대
머리가 하얀 등대
썰물엔 정강이가 시린 장다리 등대
밀물엔 숨이 차는 난쟁이 등대
꽃게랑 같이 사는 등대
태풍의 주먹에 눈알이 한 개 날아간 애꾸눈 등대
청맹과니 등대…

사람의 눈만치나 등대는 많지만
아직도 생선 기름으로 불 밝히는 나의 구식 등대는
그림자도 없는

나 홀로 짐승이어라

김춘추, 「등대」

빨간 등대 밑에서 로우앵글로 셀카 한 커트. 육십 중반 사내. 하는 짓이 열여덟 청춘이다. 스스로도 웃음이 난다. 그래도 민폐가 아니라면 하고 싶은 건 하고 살 것이다. 덧없는 인생. 주체적으루다가, 재미지게, 살아야 한다.

강정은 법환의 이웃 동네다. 걸어가도 되는 거리다. 하루 종일 많이 걷지는 않고 운전만 죽도록 했다. 이래서는 운동도 안 되고 살도 못 빼지.

차를 주차하고 곧바로 걷기다. 어스름이 내려앉기 시작했다. 바람이 차다. 티셔츠를 껴입었다.

동네 골목길을 돌고 빠져나가 바닷가 쪽으로. 한 시간 정도 걸었다. 그새 어두워진 바다엔 파도 소리만 들릴 뿐 아무 것도 보이지 않는다. 바닷가 카페와 레스토랑, 펜션의 불빛이 휘황했다. 법환포구 광장엔 부는 바람 속에 해녀 동상이 미동도 하지 않고 서있다. 동상의 얼굴이 건강하고 아름다웠다.

놀멍쉬멍하러 왔는데…

올레7코스   강정천   강정민군복합항   월평포구

I ———————

올레 7코스.

느즈막하게 아침을 먹고 천천히 움직이기로 한다. 발뒤꿈치도 아프고 종아리도 댕긴다. 어제 저녁을 건너뛰었는데도 몸은 그대로인 것 같다. 뱃살도 목뒷살도 조금도 줄어들지 않았다. 너무 기대가 빠른가?

"아이구 하나도 안 변하셨어요. 어쩜 옛날 그대로예요. 너무 동안이세요."

사람들의 말이 예의상 하는 상투적 표현이라는 걸 모를 정도로 둔하지 않다. 거울 보기 싫다. 눈가에 주름이 늘었고 볼살이 쳐지기 시작하는 게 보인다. 기왕이면 보기 좋게 늙어가고 싶다. 마음도 몸도. 정신만 단련할 게 아니라 육체도 단련해야 한다.

열한 시. 문을 나선다. 오늘은 차 타고 어디 가지 말고 올레길을 걷자. 법환은 올레길 7코스의 중심이다. 동서, 어느 쪽으로 걸어도 좋다. 며칠 전에는 외돌개에서 시작해 동쪽을 걸었으니 오늘은 서쪽으로 가 보자.

마을 뒤쪽 골목길에서 시작한다. 바닷가로 난 올레길은 아니지만 볼 게 많아 지루하지 않다. 하긴 제주도 어딜 가나 풍경 자체가 워낙 매력적이어서 지루할 틈은 없다. 돌담, 동백꽃, 유채꽃, 벚꽃, 고사리꽃, 용설란, 야자수, 새소리, 물소리, 멀리 머리에 구름을 이고 있는 한라산, 가까이 보이는 이름 모를 오름, 곧게 자란 나무들이 일렬로 서 있는 밭가의 방풍림.

한참을 걷다 보니 제법 넓은 계곡이 나온다. 물은 흐르지 않는다. 계곡 바닥은 노랑 유채꽃이 지천이다. 저절로 날아와 싹을 틔었을 것이다. 한라산 꼭대기는 여전히 구름에 싸여 있다. 머리를 길게 풀어헤치고 누워 있는 설문대할망이 보고 싶은데 좀처럼 보여주지 않는다.

올레 7코스를 걷다가 만난 계곡. 물은 흐르지 않지만 바닥에는 노랑 유채꽃이 지천이다.

놀멍쉬멍하러 왔는데…

길가에서 연한 핑크색 홑겹 동백꽃을 만났다. 다 지고 마지막 남은 한 송이다. 더 진하고 선명한 여러 겹 핑크색 동백꽃들도 만났다. 농도는 다르지만 빨강에 속하는 동백꽃들만 봤는데 핑크색 동백꽃이라니. 신기하고 예쁘다.

계곡을 따라 더 내려가자 물소리가 들린다. 바다에 가까워지며 땅속을 흐르던 물이 위로 올라온 모양이다. 올레길을 표시하는 리본을 만난다. 강정이다.

다리 난간이며 길가에 수많은 깃발, 입간판, 플래카드가 설치돼 있다. 강정해군기지 반대운동을 하던 시민들이 세운 것들이다. 커다란 컬러 장승들도 있다.

중국과 일본을 겨냥해 해군력을 강화해야 한다는 정부. 이웃나라 견제와 방어에는 별 효과도 없고 사람들의 터전을 파괴하고 외려 평화를 위태롭게 할 것이라는 시민들. 그 사이에서 강정은 큰 상처를 입었다.

해군기지건설 찬성 반대파로 갈려 강정은 갈갈이 찢어졌다. 정부는 극렬한 저항을 힘으로 물리치고 해군기지를 건설했다. 억겁의 세월 강정 해안을 지키던 구럼비 바위는 폭파되었다. 가까운 바다에서 놀던 돌고래도 떠나갔다.

입장에 따라 각자 할 말이 있겠지만 아쉬운 건 힘 대 힘의 충돌에서 빚어진 상처고 분열이다. 최근엔 또 해군기지 진입도로 공사가 환경을 파괴한다고 해서 시끄럽다. 조금 더 자연친화적 환경친화적 주민생활 친화적으로 할 수 있는데 공사를 밀어붙이기 식으로 한다는 것이다.

강정천 주변에 있는 주상절리늘이 무너져 내린 것, 강정천에 살던 원앙들 숫자가 줄어든 것, 모두 도로공사 때문으로 추정된단다. 강정의

강정에는 다리 난간이며 길가에 수많은 깃발, 입간판, 플래카드가 설치돼 있다. 강정해군기지 반대운동을 하던 시민들이 세운 것들이다.

도로에 환하게 핀 벚꽃들이 애잔했다.

2 ─────

강정민군복합항(해군기지)이라고 쓰인 표지판을 지나 걷는다. 오후 한 시를 넘었다. 시장기를 느낀다. 강정포구횟집이라고 쓰인 식당으로 들어간다. 올레길을 걷는 사람들 몇이 따라 들어온다. 얼큰한 매운탕이 먹고 싶다. 메로매운탕 1인분에 만 2천 원. 리즈너블하다.

메로는 대부분 남극해 주변에서 잡힌다. 입이 크고 이빨이 날카로운 생선인데 살이 맛있다. 일식집에서 메로구이로 주로 접해 일본말처럼 들리지만 영어다. 메로피쉬(mero fish). 파타고니아 치어(齒魚)(Patagonia toothfish)라고도 한다. 과연 매운탕도 맛있었다. 그냥 들어갔다가 맛있는

놀멍쉬멍하러 왔는데…

음식을 만나는 건 행운이다.

"다음엔 메로 지리(맑은 탕)를 드셔보세요. 맛있어요." 주인으로 보이는 중년 여성이 상냥하게 말한다.

이 참에 궁금증 하나를 해결해야지.

"집마당에서도, 거리에서도, 밭에서도, 많이 보이는 커다란 노란 과일. 귤보다 훨씬 크고, 천혜향이나 한라봉은 아니고, 오렌지 같기도 한 과일 이름이 뭔가요?"

"아, 그거요. 하귤이라고 하는 거예요. 제주에서는 길가에도 많이 심고요, 관상용으로도 많이 심어요. 지금은 시고 즙이 없어서 먹기 힘들고요, 장마철 지나면 즙이 많아지고 신 맛이 사라져서 맛있어요. 팔기도 하지만, 상품용으로 재배하는 양은 많지 않아요."

하귤! 그렇구나. 궁금증이 풀렸다.

강정의 해안 올레길을 걷는다. 올레 7코스가 제일 아름답다는 말이 괜한 소리가 아니다.

시커먼 현무암으로 덮인 넓은 바닷가. 어촌계에서 관광객들에게 시간을 정해 오픈하는 곳이다. 보말 채취 가능. 1킬로 한정. 간판에 써있는 설명문이다. 채취하는 사람은 보이지 않는다.

절벽 뒤쪽 몇 척의 배들이 정박해 있는 작은 포구가 나온다. 월평포구다.

다리가 너무 뻣뻣하다. 걷기 힘들다. 지도를 보니 상당히 먼 거리를 걸었다. 다시 걸어서 돌아갈 엄두가 나지 않는다.

횟집 앞마당에 있었던 하귤

바닷가에서 먼 방향으로 한참을 걷다가, "어라, 어디서 본 하르방인데?" 혼잣말을 했다. 골목끝을 도로가 달리고, 그 건너편에 귤자판기를 품고 있는 선글라스 낀 바로 그 하르방이 서 있었다. 괜시리 반갑다.

월평 버스정류장에서 쉬며 버스를 기다린다. 652번 버스가 온다. 타고 법환초등학교 앞에서 내렸다. 두 정류장을 더 타고 가 법환농협 앞에서 내렸어야 했다. 아무려면 어때, 누가 기다리는 것도 아니고, 다리도 풀겸 좀 걸으면 되지. 삼박사일 정해놓고 여행온 것도 아닌데.

집에 들어가기 전 궁금증 하나를 더 해결하기로 했다. 창문을 열면 바로 앞에 보이는 기와지붕. 그 뒤 대나무숲이 흔들리는 것으로 내가 아침마다 바람의 세기를 가늠하는 곳. 어떤 곳일까. 옛날 부잣집? 골목길로 조금 들어가자 바로 알았다. 아, 절이구나. 달랑 종루 하나, 대웅전 한 채로 된 작은 절. 비석 옆면에 절의 이력이 써있다. 혜광사. 두번 째 궁금증도 해소했다.

서울 집을 떠난 지 벌써 일주일 째다. 한 달 살기라 해봤자 금방 지나가게 생겼다. 친구인 김택환 교수한테 전화가 왔다.

"어이 친구, 뒹굴뒹굴 한가하게 푹 쉬었다 오소. 페북 보니까 너무 바빠. 평생 그렇게 살았는데. 좀 쉬어도 되잖어. 그럴 만한 자격 충분하잖어."

"혼자가 아니라서. 제주도서 나는 철저하게 서번트 역할에 충실하기로 했네."

그렇게 또 하루가 흘러간다.

이레째   # 〈인간시대〉의 추억, 비양도

비양도   한림항   차귀도   수월봉

1

비양도에 다녀왔다. 한림항에서 오전 11시 20분 출항 비양도호를 타고 들어갔다가 오후 1시 30분 배를 타고 나왔다. 비양도와 한림항을 왔다 갔다 하는 배는 비양도호와 천년호 두 척이 있고, 뱃시간은 다르다. 모두 비양도 주민들이 운영하고 요금은 관광객은 9,000원(왕복), 섬주민은 1,000원 덜 낸다.

한림항에서 손을 뻗으면 닿을 듯 가깝다. 배로 15분이면 도착한다. 도착 후 1시간 50분 정도의 여유가 있었다. 물론 나오는 시간을 늦추면 더 오래 머무를 수 있고 섬안에 민박집도 있으니 숙박하면서 느긋하게 쉴 수도 있다.

섬 둘레는 2.5킬로 정도 된다. 부담없이 걸을 수 있는 거리다. 경치가 대단히 빼어난 긴 아니시만 화산학적으로 매우 의미 있는 곳이 비양도다. 해안길을 걷다 보면 바닷가에 서있는 특이한 모양의 화산암들

비양도는 한림항에서 손을 뻗으면 닿을 듯 가까워 배로 15분이면 도착한다.

을 만난다. 가장 유명한 게 '애기 업은 돌'이다. 화산학 용어로 호니토 (hornito)라고 한다고 그림과 함께 쓰여있다. 내 눈에는 사람이 아니라 아기 곰을 안은 어미 곰으로 보였다. 코끼리 바위도 있는데, 원숭이, 늑대, 고릴라, 닭, 곰을 닮은 바위들도 보였다. 비양도의 바위들에서 숨은 그림(동물) 찾기를 하며 걷는 것도 재미있을 것 같다.

펄랑못이라는 재밌는 이름의 염습지도 있다.

있는 자원에 상상력을 더해 이야기를 만들고 그것을 셀링 포인트 삼아 지역을 프로모션하는 것. 비양도만이 아니라 어느 지역에서든 필요한 일이다. 많이들 발전했지만 여전히 부족하다.

애초에 비양도를 가고 싶었던 덴 이유가 있었다. 1987년이었을 것이다. 당대의 MBC 최고 인기 프로그램이었던 인간시대를 찍기 위해 비양

〈인간시대〉의 추억, 비양도

도에 들렀다. 어떻게 변했을까 보고 싶었다.

한림에서 이발관을 하는 조성기 씨가 인간시대 주인공이었다. 주말이면 산간 오지를 찾아다니며 이발 봉사를 다니는 착한 사람. 인간시대 주인공들 중엔 그런 사람들이 많았다. 지금 MBC사우회 상근부회장이자 사우회보 편집장으로 있는 김상옥 선배가 PD였고 나는 AD였다.

인간시대가 워낙 인기가 있자 독재자 전두환이 욕심을 냈다. 아니 정확히는 전두환에게 잘 보이고 싶은 청와대 누군가가 아이디어를 냈을 것이다.

각하에게 표창받은 착한 사람들을 인간시대에 출연시키고 그 사실을 알리면 덩달아 각하의 좋은 이미지를 국민들에게 심어줄 수 있지 않을까요.

한 달에 한 번 꼴로 그런 인물을 방송하라는 오더가 내려왔다. 피디나 기자나 독재정권에 부역해야 하는 건 마찬가지였다. 김상옥 선배가 고른 인물이 조성기 씨였다.

촬영 편집 완성제작까지 끝났는데 방송을 할 수 없는 사태가 생겼다. 1987년 6.10 시민항쟁 이후 사내에 방송 민주화 요구가 분출했다. 방민추(방송민주화추진위)가 결성되고 방송의 자유에 대한 억압이나 제한을 폐지하고, 사회의 부정과 비리를 고발할 수 있는 보도와 프로그램의 신설을 요구했다.

인간시대도 당연히 문제가 됐다. 전두환

애기 업은 돌

에게 표창받은 사실을 빼고 방송하겠다는 타협안에도 무조건 방송불가였다. 결국 조성기 씨 편은 1년 뒤 전파를 탈 수 있었다. 주인공에게 그 사실을 알렸는데 별로 기뻐하지 않았다. 나 TV 나온다고 동네방네 일가친척들에게 다 알려놨는데 안 나오는 이유를 일일이 설명할 수도 없었고 언제 방송될지도 알 수 없었기 때문에 엄청 속이 상했을 것이다. 사실 휴먼다큐까지 독재자 선전에 악용한 자들이 나쁜 것이지 좋은 일 했다고 당시 대통령한테 표창받은 이가 무슨 잘못이 있겠는가.

이발소에서 촬영하던 때가 기억난다. 주인공이 전두환에게 표창받은 사실을 프로그램에 넣어야 하는데 피디는 직설적으로 표현하기 싫었다. 아이디어를 냈다. 표창장을 이발 의자 앞 벽에 걸어놓고 이발하는 손님한테 부탁해 자연스레 물어보게 한다.

"조씨, 저 표창장은 뭡수꽈?(제주도 말 아니어도 양해바람. 분위기 내보려 하는 것이니.)"

"아, 저거 말이우꽈. 내가 주말이면 이발 봉사를 허러 다니는디 착헌 일 한다고 대통령이 표창을 다 주지 뭐임까."

카메라는 물어본 손님한테서 스윽 벽의 표창장으로 갔다가 다시 대답하는 조성기 씨 얼굴로. 커트 편집이었는지 패닝이었는지 기억나지 않지만 뭐 그런 식이었다. 아마 표창장만 커트로 인서트했을 것이다. 표창장 밑에 대통령 전두환이라고 큼지막하게 쓰여 있었다. 피디로선 그렇게 하는 게 최선이었다. 굳이 내레이션으로 말하지 않으면서 전두환 피알 명령은 수행하는 방식의 연출.

비양도는 이발 봉사를 가는 조성기 씨를 따라 들어갔다. 한적하고 가난하고 황량했던 작은 섬. 뒷쪽으로는 가기도 힘들었다. 지금은 시멘트

〈인간시대〉의 추억, 비양도

로 일주도로가 만들어져 있고 화산암들이 진열돼 있다. 화산 폭발로 어떻게 형성되었는지 설명해주는 입간판들도 있다.

번듯한 집들이 들어섰고 카페와 음식점들도 생겼다. 많을 땐 주말에 700~800명, 평일에도 200~300명이 찾는다. 코로나 사태 속에서도 엊그제 주말에는 450명 정도가 비양도를 방문했단다.

제주도에 올 때마다 인간시대 주인공 이발사 조성기 씨가 생각났다. 지금은 돌아가셨을까, 아니면 어디서 잘 살고 계실까. 예정대로 방송됐으면 그 후로 연락도 하고 살았을 수 있는데.

인간시대를 촬영하던 때의 비양도는 사라지고 없지만 에이디 시절의 추억은 남아 있다. 어린 시절 여자친구처럼 한 번은 꼭 다시 보고 싶었던 섬.

거의 한 바퀴를 다 돌자 배가 고팠다. 선착장 가까운 곳에 음식점들이 있었는데 거기까지 가긴 싫었다. 호객을 하고 있었고, 사람들이 북적였다.

지붕은 있지만 사방이 툭 트인 집마당 바깥 테이블에서 식사를 하고 있는 사람들이 보였다. 펜션이었다. 수풀에 가려져 잘 보이지 않는 이름, 봄날이라고 쓰여있었다. 물어보지도 않고 다짜고짜 갈치조림을 시켰다. 머뭇거리던 여인이 알았다고 집안으로 들어갔다. 그런데 먹을 수 없던 점심을 먹게 된 걸 나중에 여주인의 말을 듣고 알았다.

2 ——————

부엌으로 들어간 주인이 좀처럼 나올 생각을 않는다. 뱃시간은 아직 여유가 있지만 음식이 너무 늦다.

'이렇게 시간이 많이 걸려서 어떻게 장사를 하지?'

짜증이 나려할 즈음, 주인이 쟁반에 담아온 반찬들을 내려 놓고 곧이어 메인디쉬인 갈치조림과 밥을 가져온다.

"이 모자반, 미역, 다 여기 앞바다에서 딴 자연산이에요."

갈치조림도 깔끔하고 맛있다.

"갈치는 우리 시동생이 잡아 온 거예요. 갈치잡이 배를 몰거든요."

관광객들이 두어 팀 들어온다.

"점심 안 합니다."

그냥 돌려보낸다.

엥? 이게 무슨 소리? 의아하게 생각하고 있는데 여주인이 설명한다.

"사전에 예약한 손님만 받아요. 두 분도 안 받을까 잠깐 고민하다가 받은 거예요."

그랬다. 사전 예약도 없이 불쑥 들어와 다짜고자 갈치조림 2인분을 주문한 우릴 보고 한 순간 고민하다가 받아준 것이었다.

주인 강미선 씨. 5년 전 비양도에 와 펜션과 음식점을 시작했다. 남편의 고향이 비양도란다. 10년 전에 먼저 들어와 영업을 하던 전 소유주가 경영에 실패해 경매로 나온 집을 낙찰받았다.

"전 주인이 너무 일찍 이런 일을 시작한 게 문제였던 것 같아요. 조금만 늦게 시작했더라도 대박 났을 텐데. 지금은 코로나라 많이 줄긴 했지만 많을 때는 수십 명씩 와서 묵는지라 펜션 수입이 괜찮아요. 포구 가까운 데 이층으로 짓고 있는 건물 혹시 못 보셨어요? 우리 남편이 한 채 더 짓고 있는 민박집이에요."

〈인간시대〉의 추억, 비양도

사는 데 여유가 있는 것 같다. 생계를 위해 악착같이 일하는 느낌이
없다.

"동서가 들어와서 좀 도와주다가 나가버렸어요. 음식점 일이 생각보
다 힘들거든요."

그래서 숙박 손님과 사전 예약 손님들한테만 음식을 판다. 음식 솜씨
가 제법이다.

"몰랐어요. 감사해요. 다 맛있네요. 신선하고요."

"우리 집 반찬은 전부 비양도 바다에서 딴 거예요. 어머니가 해녀시
거든요. 지금 저기 보이는 해녀들 중 한 명이 우리 시어머니예요. 팔순
이신데 그만하라고 해도 기어코 나가셔요. 어머니가 계시면 설거지도
도와주고 해서 일하는 게 한결 수월한데."

스스럼없이 자기 나이가 올해 쉰둘이라고 얘기하면서 이젠 아이들이
다 커서 일하는 데 문제는 없다고 한다. 군대를 마친 큰 아들은 대학에
복학했단다.

"해녀들이 얼마나 되나요?"

"많이 줄었어요. 다 나이 든 분들인데 한 열댓 명 정도 돼요."

해녀 수는 점점 줄고 비양도 해녀의 명맥이 끊어질 판인데도 다른 지
역 해녀들은 절대 비양도에 못 들어오게 한단다. 한림쪽 해녀들은 공동
수역에서만 작업을 할 수 있다. 자칫 비양도 해녀 영역을 침범했다가는
큰 싸움이 벌어진다.

"나도 제주 사람이지만, 굉장히 배타적이고 폐쇄적이에요. 해녀를 하
고 싶어하는 여자들도 있는데 절대 안 받아줘요. 재밌는 게 며느리는 돼
도 딸은 안 된대요. 출가외인이라고요. 지금이 어느 땐데, 우습잖아요."

　결국 다 돈 때문일 것이다. 외려 가난했던 시절엔 서로 돕고 같이 살
지 않았을까.

　흥미진진하지만 끝도 없이 이어지는 얘기를 마냥 듣고 있을 수는 없
다. 걸어서 항구까지 가는 시간을 계산하고 일어선다.

　"언제든 사전에 전화만 주셔요. 음식 해드릴 테니까요."

　등뒤에서 친절한 목소리가 들렸다. 옛 추억도 반추하고, 무작정 들른
음식점에서 먹을 수 없었던 점심을 맛있게 먹고, 재밌는 얘기를 담뿍
듣고, 비양도는 만족스러웠다.

　방파제 위에서 노부부가 멀리 낚싯줄을 던져 넣고 좀처럼 잡히지 않
는 고기를 기다리고 있었고, 멀리서 배 한 척이 비양도를 향해 달려오
고 있었고, 하나둘 사람들이 항구로 모여들고 있었다.

　　　　　　　　　　　　　　〈인간시대〉의 추억, 비양도

3 ─────

비양도를 나와 차귀도로 향했다. 도착하면 세 시쯤 되겠지만 혹시 들어가는 배가 있을지도 몰라. 차귀도에 못 들어가면 바로 옆 수월봉 지질 트레일을 걸으면 되지. 차귀도 가는 배편은 두시반에 끊어지고 없었다. 김만진 피디가 꼭 한번 가서 트레킹을 해보시라 추천한 섬이다. 항구에서 보면 코앞이다. 한림항에서 보는 비양도보다 훨씬 가깝다.

포구 길가 긴 줄에 오징어들이 걸려 있다. 한쪽에선 마른 오징어를 거둬들이는 여인네가 있다. 가까이 보니 작다. 오징어가 아닌 한치였다. 차귀도 인근 바다에서 많이 잡힌단다.

차귀도는 길고 너른 큰 섬과 작은 섬들(바위들?)로 이루어져 있고 비양도보다 훨씬 다채로운 실루엣을 갖고 있다. 큰 섬 위는 넓고 평평하고 푸른 것이 초원 같다.

나중에 다시 오면 되지, 시간 많은데. 집사람은 아쉬운 모양이다.

"섬의 자태를 보니 비양도보다 차귀도가 훨씬 멋있네. 비양도에 가지 말고 차귀도로 왔어야지. 무슨 추억 어쩌고 저쩌고, 하여간 쓸 데 없이 감성적이야…"

"비양도는 화산학적으로 매우 의미 있는 섬이고, 추억도 있어서 늘 와보고 싶었고…"

내 변명은 아무런 힘을 쓰지 못한다. 수월봉 지질트레일로 차를 돌린다. 사람들이 제법 많다. 올레길을 걷는 사람들, 혹은 지질공원에 관심을 갖고 찾아온 사람들이다. 화산섬 제주도는 2010년 유네스코 세계 지질공원이 됐다. 총 열두 군데의 지질 명소들 중에서도 수월봉은 화산학 연구의 교과서로 불릴 만큼 다양한 화산 퇴적구조를 보이는 곳이다.

작년. 나는 코로나로 개최하지 못한 무등산권지오마라톤대회 대신 광주MBC가 마련한 국내 지질공원 탐방 프로그램 참관차 수월봉에 왔던 적이 있다. 단순히 경치 좋은 관광지를 구경하며 다니는 것보다 화산폭발로 형성된 제주도의 지질구조에 대한 해설을 들으며 하는 여행의 묘미가 아주 크다는 사실을 새삼 느꼈었다. 모를 때는 아무 감흥 없이 그냥 지나치지만 조금이라도 지식이 생기면 지질구조가 그렇게 흥미로울 수 없다. 아는 만큼 보이기 때문이다.

제주도 여행을 꼭 한번 지질 탐구 중심으로 해보시길 추천한다. 지질학적 관점에서 수월봉은 최고의 명소 중 하나지만 그 아래 바닷가길을 따라 멀리 차귀도를 바라보며 걷는 올레코스 또한 환상적이다. 수월봉에 대해 해설해 주는 지질공원 해설사들도 있어 사전에 신청하면 이용할 수 있다. 걷기 싫으면 전기 스쿠터를 타도 된다. 수월봉 안내소 옆에서 빌려준다. 타는 사람들은 주로 연인들, 친구들로 보였다.

〈인간시대〉의 추억, 비양도

수월봉은 화산학 연구의 교과서로 불릴 만큼 다양한 화산 퇴적구조를 보이는 곳이어서 올레길을 걸으려는 사람들뿐 아니라 지질공원에 관심이 있는 사람들까지 제법 많이 찾아온다.

　수월봉 절벽 아래 쪽엔 태평양전쟁 막바지에 일본군이 판 갱도 진지도 남아 있다. 제주도 전체를 철벽 요새로 만들어 미국과 끝까지 싸우겠다고 결의를 다지면서, 카이텐(回天)이라는 인간어뢰로 적함을 격침시키고 산화하겠다며 훈련도 했지만, 일왕 히로히토가 무조건 항복함으로써 일본은 패망했다. 전국 도처에, 제주도에, 일제가 남긴 상처가 너무 많다.

　차귀도와 수월봉 사이의 바다에선 여기저기 물질을 하는 해녀들이 많았다. 테왁들이 여기저기 떠있는 곳을 바라보고 있으면 물갈퀴가 보였다가 사람 머리가 보였다가 한다. 자맥질을 되풀이 하는 해녀들이다. 길에서 내려 바위들 위를 조심조심 걸어 가까이 다가가니 휘이 하는 휘파람 소리가 들린다. 숨을 참고 작업하다 수면 위로 올라온 해녀들이 내뿜는 긴 숨소리, 숨비소리였다. 휘이 휘이 휘이.

뭍에서 먼 쪽에서 물질을 하는 해녀들일수록 나이가 많고 가까운 쪽에서 작업하는 해녀들일수록 젊다고, 해설사로 보이는 남자가 한 떼의 여자들 앞에서 열변을 토하고 있었다. 경험이 많고 숙련된 해녀일수록 숨을 오래 참을 수 있기 때문에 더 깊은 물 속에서 작업할 수 있기 때문이라고.

한참 해녀들의 물질을 구경하고 있자니 배 한 척이 다가왔다. 해녀들을 실으러 온 배였다.

4 ─────

법환포구. 뜻밖의 만남.

윤지용 씨. 많은 페친들 가운데 특히 재치와 유머 넘치는 글을 쓰는 이다. 전혀 글을 안 쓰는 이들은 말할 필요도 없고, 쓰더라도 굳이 읽어볼 필요를 느끼지 못하는 글을 쓰는 이들이 대부분인데, 그는 다르다. 포스팅이 올라올 때 눈에 띄면 거의 빼놓지 않고 읽는다. 촌철살인의 풍자, 살짝 비틀어서 입가에 미소를 머금게 하는 재치, 그리고 유머가 있다. 톡 쏘는 짧은 문장. 보통 솜씨가 아니다. 과연 인사를 나누고 받은 명함에 써있는 대로 '이야기 기술자'다.

그런 윤지용 씨가 자기 '각시'(스스로 쓰는 표현이니 그대로 인용한다)랑 2박 3일 일정으로 제주도 여행을 왔다고 페북에 포스팅을 했다. 오프라인에서 대면한 적은 없지만 모처럼 같은 시기 제주도인데, 직접 만나보고 싶었다. 윤지용 씨도 내가 제주도 한 달 살기를 하고 있다는 걸 알고 있

〈인간시대〉의 추억, 비양도

을지도 몰라.

메신저로 전화를 걸었다. 만나뵙고 싶었지만 차마 먼저 전화하기가 뭐해 하지 않았다면서 반가운 목소리로 초대에 응했다. 수월봉에서 김정희 유배지(시간이 늦어 허탕)를 거쳐 법환으로 돌아오는 차안에서 시간과 장소를 약속했다.

법환에 있는 초밥집. 일전에 내가 그런대로 먹을 만한 초밥집이라고 소개했던 곳이다. 졸지에 2대 2로, 처음보는 사람들끼리 저녁을 먹고 맥주를 마시고 담소했다. 자주 페북에서 접하는지라 처음 만났는데도 오랜 지인처럼 서먹할 게 없었다. 커피숍으로 자리를 옮겨 계속된 담소는 유쾌하고 재밌었다. 살아온 이력을 털어놓고, 했던 일과 경험, 앞으로 할 일들에 관해 이야기했다. 어느 국회의원 보좌관 일을 했고, 여덟 번의 선거에 관여했다는 윤지용 씨는 정치판에 대해 아는 게 많았다.

제주에 머무는 동안 가보면 좋을 데로 어디가 있겠느냐는 질문에 나는 '빛의 벙커'를 추천했다. 나중에 물어보니 가지 않았단다. 다행이었다. 작품 교체 작업 땜에 당분간 휴관이란다.

옷깃만 스쳐도 인연이라는데, 페북에서 각자 쓴 글을 읽어주고, 때로 댓글을 달기도 하고, 필요하면 메신저로 커뮤니케이션을 한다. 보통 인연이 아닐 것이다. 내가 아는 이들 중에 그가 아는 이도 있다. 기회가 되면 공통으로 아는 이와 함께 광주에서 보기로 했다.

바다를 건너온 나주의 뱀, 토산리의 신이 되다

비자림   절물휴양림   토산2리 본향당   올레길 4코스

1 ────────

지난번 정원이 다 차 못 들어간 걸 기억하고 서둘러 열시반 쯤 도착했다. 주차장에 여유가 있었다. 입장권(1인 3천 원)을 사고, 열체크를 하고 들어간다.

설명 간판을 보니 작은 공원이다. 긴 A코스가 2.2킬로, 짧은 B코스는 1킬로다. 다 돌아도 3.2킬로밖에 안 된다. 자연적으로 자란 비자나무들이 숲을 이루고 있다. 나뭇잎이 한자로 비(非)자를 닮아 비자(榧子)라는 이름이 붙었단다. 비자나무 아래 무성한 풀을 보니 고사리다. 잎사귀가 비자를 닮았다. 고사리는 왜 비자초나 비초라고 하지 않았을까. 실없는 생각을 한다.

설명문엔 또 비자가 어디 어디에 좋은지 설명해 놓았다. 세상 만물 중에 전혀 쓸모가 없는 게 있긴 한 걸까. 독약도 잘 쓰면 약인데.

생태계는 그렇게 이뤄져 있다. 뭐에 좋다고 들여왔다가 생태계를 교

나뭇잎이 한자로 비(非)자를 닮아 비자(榧子)라는 이름이 붙었단다.

란하거나, 뭐에 안 좋다고 말살해 버리면 생태계 균형이 무너진다. 단일한 종만으로 이뤄진 생태계를 상상할 수 있을까. 인간사회도 섞여야 건강해진다. 순혈이란 없다. 그런 걸 강조하는 이들을 경계해야 한다. 김수로의 자손들 피엔 인도 여인 허황옥의 피가 흐르고, 덕수 장씨들의 피엔 아리비아의 피가 흐르고, 송씨들은 고려 중엽 중국에서 왔고.

사성 김씨는 임진왜란 때 부산에 상륙하자마자 귀순한 카토키요마사 휘하의 장군이었던 사야카의 후손들이다. 사야카는 김충선이라는 이름을 하사받고 전쟁에서 큰 공을 세웠다. 일본군 위안부 진실을 위해 싸움을 마다 않는 세종대 호사카 유지 교수는 현대판 사야카라고 생각한다. 일본에서도 사야카를 배신자라 하지 않고 명분없는 전쟁에 반대한 평화주의자로 기리는 사람들이 있다.

베트남에서 건너온 왕족이 이씨 성을 갖고 오랜 세월을 살아왔다. 이주 노동자들. 우리는 그들보다 먼저 이 땅에 온 사람들이다. 언제 어떻게 이땅에 정착했는지 모를 뿐이다.

자연생태계나 인간생태계나 똑같다. 서로 어울려 사이좋게 살아야 한다. 폐쇄적 배타적이면 망한다. 나라도 지역도 심지어 사람도 마찬가지다. 항상 열려 있어야 한다. 원래부터 순수한 조선민족? 그런 건 없다. 오래 어울려 살며 공유해온 자연 역사 문화가 만들어낸 산물일 뿐이다.

일본도 마찬가지다. 6, 7세기 인구 중 절반 이상이 도래인이었다. 선진 문물을 갖고가 상당수는 상류층이 되었다. 많은 백제 후손, 고구려 후손, 나중에는 신라 후손들이 일본에 정착했다. 나라가 멸망한 후 대거 몰려갔다. 순수한 야마토 민족? 그런 건 있을 수 없다. 극우정치가들 중에도 조상이 조선대륙에서 온 이들이 많다. 배신한 놈이 더 극렬하게 원소속 진영을 공격하는 심리와 비슷하다면 지나친 얘기가 되겠지만, 조선에서 온 걸 알면서도 굳이 말하지 않는다.

얘기가 샛길로 샜다. 비자림에서는 그럴 일 없다. 코스가 단순하다. 작은 나무, 엄청나게 오래돼 큰 나무들이 섞여 자란다. 물론 다른 나무들, 풀들도 있다. 피톤치드도 많이 나오고 테르펜도 많이 나온단다. 비자나무에서 많이 나오는 테르펜은 성격을 안정시키고 뇌기능을 향상시킨단다. 광화문에서 떼로 모여 악쓰는 이들, 국회에 많은 유체이탈된 이들이 찾으면 좋겠다.

길에 깔아놓은 붉은 색 흙은 송이(scoria)다.(일순 송이버섯 설명인가 생각했는데 아니었다.) 화산활동으로 만들어진 것으로 천연 세라믹인데 인체신진대사에 좋고 살균작용이 있고… 엄청 좋단다.

비자림을 한 번 걸으면 건강체로 재탄생하게 될 것 같다. 마스크를 내리고 크게 숨을 들이쉰다. 예덕나무를 설명한 간판을 읽는다. 들판의

바다를 건너온 나주의 뱀, 토산리의 신이 되다

비자림에는 작은 나무들과 엄청나게 오래돼 큰 나무들이 섞여 자란다.

오동나무라는 뜻으로 야동이라고 한다는 부분에서 빵 터졌다. 혼자 속
으로만.

시간이 조금 지나자 사람들이 몰려들어와 작은 공원에 가득차기 시
작했다. 어서 나가자.

비자림은 꼭 한 번 가볼만 하지만 기대했던 것만 못했다. 무엇보다
크기가 무척 작았다. 호젓이 심호흡을 하며 산길을 걷는 모습을 상상하
면 오산이다. 아무리 공기가 좋아도 사람들이 많아 마스크를 내리고 맘
껏 숨쉬기 쉽지 않다.

사랑나무라는 연리지 사진을 찍고, 엄청 큰 비자나무를 찍고, 동영상
도 찍고, 찍고, 찍고⋯. 비자림을 나왔다. 못내 아쉬움이 남았다. 한 번
왔다 퇴짜당한 적도 있어 기대가 부풀었던 탓도 있을 것이다.

"어디 한 군데 더 없을까. 오늘은 숲을 맘껏 걷고 싶은데."

"그래? 그럼 사려니 가려니?"

"뭐라고?"

"사려니숲 가려니?"

"헐!"

둘이 있으니 아재개그를 써먹을 일이 없다. 쓰면 핀잔이나 당하니 그럴 맘도 안 생긴다. 오랜만에 혼자 말하고 혼자 낄낄 웃었다. 예순이 훨씬 넘은 나이에 이러고 산다.

사려니숲으로 차를 돌렸다. 열두 시가 넘었지만 점심은 늦게 먹기로 하고.

2 ─────

사려니숲길 입구에 도착했다. 그런데 차를 세울 데가 없다. 지나쳤다가 유턴해서 돌아와서 자세히 보니 사려니숲길 주차장은 2킬로 이상 아래쪽으로 내려가야 한다고 쓰여 있다. 한참 직진하다 좌회전 하니 입구에서 2킬로 이상 떨어진 거리에 과연 주차장이 있다.

비자림로 봉개동 구간에서 조천읍 물찻오름을 지나 남원읍 사려니오름까지 가는 사려니숲길은 해발고도 550미터의 약 15킬로미터를 걷는 길이다. 갖가지 종류의 나무들이 내뿜는 좋은 성분이 세포 구석구석까지 스며들면 건강이 저절로 좋아진다고 해서 많은 사람들이 찾아온다.

그런데 망설여졌다. 숲길 입구까지 가는 데만 2킬로 이상이다. 물론 숲의 오솔길을 걷는 것이지만 선뜻 내키지 않는다. 잎사귀가 나지 않아 나무 줄기들만 빽빽하게 서있는 오솔길로 따가운 봄햇살이 그대로 내려 꽂히고 있었다. 조금만 가면 근처에 절물자연휴양림이 있는데 그리 가자. 바로 의견 일치. 차를 돌렸다.

국유림을 제주시가 맡아 관리한다. 입장료를 받는다. 1인당 1,000원, 주차비 3,000원. 하루 입장 인원을 1,000명으로 제한하고 있다.

휴양림 게이트를 통과하기 전 우측에 있는 편의점에 들렀다. 점심까지 잠시 허기를 달래두자. 펄럭이는 깃발에 쓰여 있는 제주돌빵 다섯 개와 블랙커피를 사들고 입장한다.

들어가자마자 돌로 포장된 길 좌우로 하늘을 향해 곧게 뻗은 나무들로 빽빽한 숲이 있다. 삼나무숲이다.

일본에서의 기억이 떠올랐다. 에도막부를 개창해 260년 평화시대를 연 초대 쇼군 토쿠카와 이에야스를 주신으로 모시고 제사지내는 일본 닛코의 동조궁(東照宮). 이에야스를 참배하러 가는 일본인들은 동조궁에 이르기 한참 전부터 아름드리 삼나무들이 양쪽으로 끝없이 이어지는 참배길(參道)을 통과해야 한다. 위대한 쇼군을 향해 예를 표하는 듯 차렷 자세로 반듯하게 서있는 삼나무들은 이에야스를 만나기도 전에 일본인들의 마음 속에 엄숙함과 경건함의 느낌을 불러일으킬 것이다. 일본말로 스기(杉)라고 하는 삼나무는 동조궁 참배길 말고도 일본 도처에 대단히 많이 심어져 있다. 봄이 되면 날리는 꽃가루에 하늘이 흐려질 정도다. 꽃가루 알레르기를 일으키는 주범이기도 해 봄이 되면 뉴스에서 따로 화분증(花粉症) 예보를 한다.

위쪽 숲에 여기저기 벤치들이 놓여 있다. 그늘진 벤치에 앉아 블랙커피와 제주돌빵을 먹는다. 제주돌빵이라니 어떤 걸까 궁금했는데 가운데 귤색 연노랑 크림이 들어 있는 동그랗고 검은 빵이다. 빵 표면에 작

은 구멍이 송송 뚫려 있다. 아하, 제주돌인 현무암이구나. 현무암빵이라 해도 될 것을 굳이 제주돌빵이라 한 것은 두 자 두 자로 된 단어가 석 자 한 자로 된 넉 자 단어보다 리듬감이 더 나아서일 것이다.

그런데로 맛있었다. 문제는 블랙커피였다. 맛이야 그렇다치고 너무 양이 적어 빵을 다 먹기도 전에 떨어져버렸다. 나머지 빵 한 개는 커피 없이 맨 입으로 먹었다. 목이 메었다. 절물휴양림 입구 편의점 아저씨, 커피 양 좀 많이 주세요. 돈 더 드는 것도 아닐 텐데.

왼쪽 숲 윗쪽으로 휴양림 시설들이 들어서 있다. 그 위로 봉긋하게 솟은 동산이 절물오름이다. 오솔길을 따라 가면 정상에 다다른다.

오른쪽으로 방향을 틀자 커다란 사천왕상들과 불상이 보인다. 작은 절이다. 약수암이라는 현판이 걸려 있다. 누구든 자유롭게 들러 커피나 음료 마음대로 드시라는 글이 붙어 있다. 무료다. 인스턴트 커피와 뜨거운 물이 나오는 통이 놓여 있다.

암자 입구와 안쪽에 있는 커다란 동백나무. 빨간 꽃들이 가득 달려 있다.

"어라, 동백꽃이 여태? 다 졌는데. 아하, 여기는 고도가 높은 데라 기온이 더 낮은 것이구나."

혼자 묻고 혼자 답한다.

어느 쪽으로 갈까 고민하다 오른쪽 길을 택했다. 장생의 숲길이라고 말뚝에 써 있다. 비자림과 달리 사람이 거의 없다.

바다를 건너온 나주의 뱀, 토산리의 신이 되다

"이게 진짜 숲길이지. 첨부터 이리 올걸 그랬어."

헐. 비자림 꼭 가고 싶다고 한 사람이 누군데.

드문드문 맞은 편에서 오는 사람과 스치며 호젓한 숲길을 걷는다. 들리느니 새소리들뿐이다. 한 구간에 이르자 까마귀들 울음소리가 요란하다. 나무들 사이를 곡예하듯 날며 쫓고 쫓긴다. 연애하는 중인가.

벤치에 앉아 쉬는데 두 놈이 종종걸음으로 가까이 다가온다. 사람을 전혀 겁내지 않는다.

도쿄 특파원으로 일본에 살 때 본 까마귀들이 생각났다. 쓰레기통을 뒤지다 사람이 다가가도 도망칠 생각을 않는다. 덩치도 보통 큰 게 아니어서 외려 사람이 겁이 날 지경이었다. 낮이면 시내에 나와 쓰레기통을 뒤지고 밤이면 공원으로 돌아가 나무 위에서 떼로 잠을 잤다.

장생의 숲길. 오래 걸으면 오래 살 것 같은 길이다. 그런데, 길다. 10킬로가 넘는다. 대충 간단히 걸을 길이 아니다. 적당한 지점에서 돌아가기

약수암 입구와 안쪽에 있는 커다란 동백나무에는 빨간 꽃들이 여태 피어 있었다.

로 한다. 같은 길을 되돌아오기 싫어 다른 길을 택한다. 나무 계단길이다. 위로 가면 절물오름이다. 정상까지 가야 맛인가. 이 정도면 됐지.

실은 배가 고팠다. 다리가 뻣뻣하기도 했다. 내려오는 길가. 이름모를 작은 꽃들이 피어 있다. 세상 모든 꽃들은 다 이쁘고 동물의 새끼들은 다 귀엽다. 그렇지 않으면 살아남는 데 문제가 생겨서일 것이다. 자연의 섭리다.

다음 번엔 절물휴양림에서 아예 하루를 보낼 생각을 하고 와야겠다. 절물오름도 오르고, 장생의 길도 끝까지 걷고, 도시락을 싸와 벤치에 앉아 먹고. 놀멍 쉬멍 시간 보내기에 좋은, 제주도의 명물 자연휴양림이다.

시계를 보니 두 시가 넘었다. 다음 목적지인 토산2리 본향당으로 가는 길에 점심을 먹자. 오늘 점심은 또 어떤 음식점에서 먹게 될까. 꼬르

바다를 건너온 나주의 뱀, 토산리의 신이 되다

륵. 배에서 뭐라고 한다. 뭐든 좋으니 어서 좀 넣어달라는 것이겠지.

3 ────────

지난번 실패한 본향당 찾기를 다시 하기로 했다. 나주 금성산신이었던 뱀을 신으로 모시는 제주의 신당. 기필코 눈으로 확인하고 싶었다. 나주 후배한테 소개받은 제주 토박이 윤봉택 선생이 자료와 사진을 보내 줬다.

내비에 토산2리를 찍고 서귀포 쪽을 향해 가는 길. 절물오름을 출발한 지 얼마 되지 않았는데 '토종닭 유통 특화지구 삼다수마을'이라고 쓰여 있는 커다란 간판을 만났다. 조천읍 교래리다. 주변에 음식점들이 제법 눈에 띈다.

"여기 어디서 먹을까?"

차를 세운다. 칼국수라고 쓰인 집에 끌린다. 문에 "저희 가게 김치 중국산 아닙니다. 직접 담근 김치입니다."라고 쓴 종이가 붙어 있다.

알몸으로 김치통에 들어가 일하는 중국인 남성의 사진이 어지간히 널리 퍼진 모양이다. 손님들이 얼마나 중국산 김치 아니냐 물어봤으면 아예 이런 종이를 문에 붙여 놨을까.

차제에 김치는 제발 직접 담근 걸 내놓는 식당이 많아졌으면 좋겠다. 어느 음식점엘 가나 같은 맛이 나는 싸구려 중국산 김치는 정말이지 먹고 싶지 않다. 음식만이 아니라 직접 담근 김치로 경쟁하는 문화가 생겼으면 좋겠다.

광주에서 먹다가 서울이나 다른 지역에 가면 김치부터 다르다. 광주

음식점들은 직접 김치를 담그고 반찬을 만드는 곳들이 많다. 음식도 맛있지만 김치와 반찬이 신선하고 깨끗하고 맛있으니 어느 식당엘 들어가도 만족도가 높다.

지인의 경험담. 광주 지사 발령을 받아 육개월쯤 근무하고 주말에 서울집에 가 아내가 차려주는 밥을 먹다가 자기도 모르게 "왜 이렇게 음식 맛이 없어?"라고 했단다. 바로 '아이고, 해선 안 될 말을 해버렸네.' 하고 아내 눈치를 보며 전전긍긍했단다. 아내가 딴 생각을 하고 있었는지 못들었길래 망정이지 하마터면 경을 칠 뻔했다면서, 광주에 와 살다 보니 입맛이 고급스러워져 큰 일이라고 웃었다.

메밀칼국수 7,000원, 닭칼국수 9,000원, 꿩칼국수 12,000원이라고 붙어 있다.

"제주도 하면 꿩이지. 기왕이면 꿩칼국수 함 먹어 보자."

25년 전쯤, 제주도 대유수렵장 사격장에서 친구인 티비아사히 서울 특파원 스나미 지국장이랑 클레이 사격을 한 적이 있다. 그때 꿩샤브샤 븐가 하는 걸 먹은 기억이 났다. 꿩고기가 어땠는지는 희미하다.

꿩 고기 몇 점에 굵직한 면발의 꿩메밀칼국수. 보통 메밀국수하고도, 보통 칼국수하고도, 달랐다. 메밀을 우동 면발처럼 굵게 뽑았고 국물은 텁텁했다. 맛은 강하지 않고 덤덤해서 건강에는 좋을 것 같다고 생각했다.

"고기가 너무 질기네."

과연 꿩고기는 질겼다. 간혹 놓아 먹이는 토종닭의 경우 푹 오래 삶지 않으면 사육한 닭보다 고기가 질겨 먹기 힘든 경우가 있는데 그것과 비슷했다. 꿩고기를 처음 먹어본 아내의 반응은 신통치 않았다. 값까지 다른 칼국수보다 비쌌으니 더욱 그랬을 것이다. 나는 그런대로 먹을 만했다.

"그래도 꿩고기가 어떤 건지 먹어봤잖아. 서울에서는 먹고 싶어도 먹기 힘든 거야."

배도 채웠겠다, 토산2리 마을회관으로 직행이다.

4 ————

나주의 진산인 금성산의 신이 건너와 좌정했다는 제주도 신당을 기어코 두 눈으로 확인하고 싶다.

토산2리 마을회관에 도착했다. 본관 옆 경로당에서 대여섯 명의 노인이 화투놀이를 하고 있다.

"말씀 좀 묻겠습니다. 여기 본향당이 어디 있는지 아셔요?"

"본향당? 그런 거 없수다."

"예? 있다던데. 바닷가 포구 어디에."

"아, 그거? 마을사람들이 없애버렸더니 무속인이 제사는 지내야 한다고 바닷가 포구 옆에 다 비닐하우스로 하나 지어놨어."

"예? 동네 사람들이 제사를 지내는 거 아니고요?"

"동네에서 제사 지내는 거 없어. 안 지낸 지 오래여."

마음이 화투에 가 있는지라 진지하게 대답할 의향이 없다.

본관 사무실에 덜 나이 들어 보이는 남자가 근무 중이다. '이 사람이라면 더 잘 알지도 몰라.' 나시 붙어봤다.

"본향당이요? 그런 거 이 동네엔 없어요. 토산1리에는 있어요."

아무것도 모른다.

내비에 토산포구를 찍는다. 바닷가 쪽을 향해 좁은 길을 구불구불 내려가자 조그만 포구가 나온다. 배 몇 척 대면 끝일 정도로 작다.

주위를 둘러보니, 있었다! 윤봉택 선생이 보내 준 사진 속 모습 그대로. 포구 한쪽 켠에 비닐하우스가 있고 자물쇠가 채워져 있다. 자물쇠 옆에 구멍이 뚫려 있었다. 안을 들여다보니 텅 비어 있다. 여기서 금성산신이었던 뱀신에게 어떤 무속인이 제사를 지내는 모양이다. 스마트폰을 집어 넣어 사진을 찍었다.

제주도에는 예로부터 '당 500 절 500'이라고 하는 말이 있을 정도로 수많은 신당이 있었다. 그것들이 급속하게 사라지고 있다. 더불어 옛 전설들도 잊혀지고 있다. 제주도의 뿌리가 통째로 뽑혀 나가고 있다 할 것이다.

토산2리 본향당. 누가 가르쳐주지 않으면 신당이라고 상상조차 하기

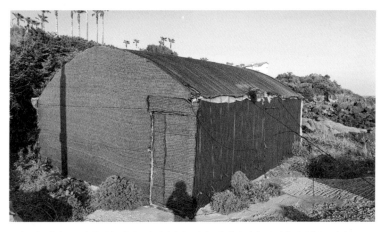

토산2리 본향당은 누가 가르쳐주지 않으면 신당이라고 상상조차 하기 어려운 초라한 비닐하우스였다.

　　　　　　　　　　　바다를 건너온 나주의 뱀, 토산리의 신이 되다

어려운 초라한 비닐하우스를 보며 생각했다. 나주와 제주를 이어주는 스토리가 영영 잊혀지기 전에 나주와 제주 사람들이 협력해서 본향당을 지키고, 알리고, 길이 전할 방법은 없을까.

본향당 위쪽으로 올레길 4코스가 지나고 있다. 제주소노캄리조트 앞을 지나는 올레길을 잠시 걸었다. 파노라마처럼 펼쳐지는 풍경이 너무도 아름다웠다.

올레길에서 바닷가 쪽으로 내려서면 만나는 돌로 지어진 작은 집. 멀리 바다에서 유영하는 고래들을 볼 수 있는 고래전망대였다. 고래를 그린 그림과 붉은 햇빛이 가득찬 바다 그림이 벽면을 가득 채우고 있었다.

고래전망대 위쪽, 소노캄리조트 앞에 이웃하는 나뭇가지들이 서로 어우러져 하늘을 배경으로 절묘하게 하트 모양의 공간을 만들어내는 곳이 있었다. 젊은 연인 한 쌍이 땅바닥에 휴대폰을 놓고 작은 단 위에 올라가 원격으로 앙각 사진을 찍었다. 여러 쌍의 연인들이 차례를 기다리고 있었다. 모두 SNS를 통해 알고 찾아왔을 것이다. 사진을 찍기 위해 여행을 하고 여행을 하면서 온통 사진 찍기에 열중한다.

예쁜 사진이 나오는 곳이면 어디든 사람들이 찾아온다. 세상이 변했다. 그걸 잘 이해하면 지역에서도 얼마든지 살 길을 찾을 수 있다. 이해하지 못하면? 그냥 그대로 사는 수밖에.

카페 뉴욕빈티지

I

토산2리 마을회관에 도착하기 전. 길가에 그려진 커다란 벽화가 확 눈길을 잡아끌었다. 모터사이클과 카페 뉴욕빈티지 50m라고 큼지막한 영어로 쓰여 있다. 눈을 돌리니 여러 명의 라이더들이 선 채로 담소 중이다.

"여기서 커피 한 잔 하고 가요. 당신 엄청 좋아하겠네."

아내가 말한다.

내가 먼저 제안했다가 "또 커피?" 하며 핀잔 줄까봐 아무 말 않고 지나가려 했는데, 내 맘을 귀신같이 짐작한다. 아까 꿩칼국수집 현관 휴게실에서 인스턴트 블랙커피를 한 잔씩 마신 참이다.

"커피 마셨잖어?"

"다른 거 마시면 되지."

불감청이언정 고소원이다(不敢請固所願).

"남편 오토바이 타는 거 걱정 안 되세요?" 가끔 아내에게 사람들이 묻는다.

"걱정되지만 할 수 없지요. 자기가 좋아하는 건데. 유일한 취미잖아요. 말린다고 안 할 사람도 아니고. 알아서 조심히 탈 거라고 믿어요."

그렇다. 청춘이 아니니 조심하면서 탄다. 초짜 시절에 유명산 고개에서 젊은 친구들 흉내내다 한 번 고꾸라진 이후, 대림에 근무했던 양완모 팀장 권유대로 라이딩스쿨에서 제대로 배우고 조심조심 탄다(그렇다고 생각한다).

돈 많이 드는 거 아닌가? 돈이 전혀 안 들기야 하겠는가. 하지만 사람 나름이다. 내 오토바이는 모두 중고로 산 것이고, 액세서리 같은 거 거의 안 하니 큰 돈이 들지 않는다. 외려 돈을 벌어주는 측면도 있다. 교통 복잡한 서울에서는 웬만한 이동은 다 오토바이로 하니 기름값 덜 드는 게 어딘가. 술은 맥주 두세 잔 소주 한두 잔 정도밖에 하지 않으니 술값

카페 뉴욕빈티지

들어갈 일 없고, 평생 담배도 안 피우고, 골프는 배웠지만 월급쟁이 처지에 제 돈 내고 치기 부담스러운 데다가 시간이 아까워 조금 치다 그만 뒀다. 또 오비난 공을 찾아 이리 뛰고 저리 뛰는 것에 자존심이 상한 것도 있다. 도대체 싱글을 치는 사람들은 뭐야? 돈과 시간을 얼마나 쏟아부은 건지 내 머리로는 이해가 안 갔다. 기자나 피디가 골프를 친다? 접대 받지 않고 제 돈으로 치려면 기껏해야 한 달에 한 번 정도일 것이다. 애초에 과분한 취미인 것이다.

이명박근혜 시대. 스트레스 관리를 한다고 하는데도 나도 모르게 화장실에서 고함을 지르는 경우가 있었다. 뭔가 화나는 일을 생각하고 있었을 것이다.

놀란 아내는 "왜 그래? 답답하면 오토바이 타고 바람이나 쐬고 와요"라고 말했다. 그 정도로 내가 오토바이 타기를 좋아한다는 걸 알고 인정했다.

MBC의 암흑기. 나를 지탱해 준 것은 오토바이와 박사 공부였다. 물론 공부는 스트레스가 쌓이는 일이고, 스트레스를 풀어주는 역할은 단연 오토바이 몫이었다. 다른 사원들도 나름대로 스트레스 해소법이 있었겠지만 적지 않은 사원들이 심리치료를 받았다. 나는 그런 일 없이 지나갔다. 참 스트레스 안 받는 스타일인 거 같아요, 라고 사람들이 말한다. 아니다. 자잘한 일, 불가항력인 일에 마음을 놔버리려 노력하는 것도 있지만 내게는 오토바이가 있었다.

차를 세우고 길을 건너 다가간다. 오토바이도 라이더도 다들 한 덩치 힌다. 가까이서 보니 실버라이더들이다. 라이딩기어를 제법 갖춰 입었다. 오토바이는 모두 할리다. 소프트테일 클래스인 것 같은데 커스터마

이징이 화려하다.

"동호횐가요?"

"아녀요. 그냥 좋아하는 친구들이어요."

"어디서 왔습니까?"

"모두 제주도 살아요."

"나도 오토바이 탑니다."

"아, 그래요. 반갑습니다. 제주도 오토바이 타기 좋아요. 어디서 왔습니까?"

"서울서요. 은퇴하고 한 달 살기 하러요."

"오토바이 갖고 왔어요?"

"아니요, 혼자 온 게 아니라. 꼭 오토바이 타고 다시 오고 싶어요."

모두 오팔년 개띠들이라고 나중에 카페 주인한테 들었다. 나이는 들었겠다, 돈도 시간도 있겠다. 둥둥거리는 엔진 고동소리를 들으며, 바람을 가르고, 맛있는 음식을 먹고, 친구들끼리 아재개그를 하며 킬킬대고…. 노후 최고의 취미다.

하나둘 안장 위에 오르더니 시동을 건다. 두두둥. 그런데, 헌팅캡(hunting cap, flat cap. 흔히 도리구찌라고 잘못 쓴다)을 쓴 채로다.

"헬멧 안 씁니까?"

내가 물었다.

"아, 깜빡했네."

뒷박스에서 헬멧을 꺼내 바꿔 쓴다.

두다다다당. 한 사람 두 사람, 바닷가쪽을 향해 멀어져간다. 부러어어업다.

카페 바깥에 국방색 로얄엔필드 한 대가 서 있다. 그 뒤에 다른 브랜드로 비슷한 카페레이서 한 대가 또 주차돼 있다. 그 앞. 영화 '캐리비언의 해적'에 나오는 잭 스패로 선장이 오가는 사람들과 차들을 내려다보고 있다. 배우 조니 뎁의 손을 잡고 사진을 찍는다.

문을 열고 카페 안으로 들어간다.

"우와아, 이게 뭐야."

2 ————

문을 열고 들어가자마자 펼쳐지는 광경. 라이더가 아니라도 저절로 감탄사가 나올 만했다. 너른 카페 안에 온갖 이국적 소품들이 가득했다. 라이더들을 위한 곳이라는 느낌이 확 들긴했지만 꼭 라이더 용품들만 있는 건 아니다.

주방에 예순쯤 되어 보이는 중년 남성이 혼자 일하고 있다.

"어이구, 대단하네요. 주인이신가요?"

"예."

"어디서 이런 걸 다 모은 거예요?"

"미국 것도 있고요, 유럽서도 사오고요. 파는 것들이에요."

"오토바이 타세요?"

"예. 할리 탑니다."

"저도 할리랑 비엠다블유 갖고 있어요. 중고로 산 것들이지만요."

주방 앞에 권의 창고(KWON'S STORAGE)라는 나무팻말이 붙어 있는 걸로 보아 권씨인 듯하다. 물어보니 미국 이름 제임스 권, 한국 이름 권광

훈 씨다. 미국에서 20년 가량 살다 귀국했다. 올해 나이 만 예순 하나. 쥐띠다. 나 보고 자기 동갑이거나 몇 살 적을 걸로 봤다고 한다.

원래 건설업을 했는데 은퇴했다. 쉬려고 온 제주에서 혼자 카페를 운영하는 게 쉬운 일은 아니지만 직원을 쓸 여유도, 생각도 없단다. 건설회사 경영할 때 직원들 모시는 게 너무 힘들었다고 한다.

"제주 출신이신가요?"

"아니요. 서울 토박이에요. 제기동에 살았어요. 고려대학교 앞."

"잘 알지요. 고대 다녔으니까."

맨 처음 제주에 왔을 때 다른 곳에 집을 사 살았단다. 두 번째 성읍민속마을 근처에 산 집은 엄청나게 컸다. 대문에서 집까지 100미터는 걸어야 했다. 모르는 사람들은 천국에 산다고 부러워했는데 정작 본인은

카페 뉴욕빈티지의 너른 카페 안에는 온갖 이국적 소품들이 가득했다.

카페 뉴욕빈티지

유지 관리하느라 너무 너무 힘들었단다.

"은퇴하고 전원생활 한다고 절대 큰 집 사는 거 아닙니다. 죽음이에요."

결국 오래 안 살고 팔아버렸다. 그리고 옮겨온 데가 표선. 길가에 있는 큰 창고를 사고 근처에 작은 집을 샀다. 2014년부터 혼자서 조금씩 천천히 창고를 고쳤다. 끝낼 때까지 4년이 걸렸다. 2018년 10월 모터사이클 라이더들을 위한 카페를 오픈했다. 오랜 미국 생활 경험이 있는 라이더였기 때문에 택한 자연스런 결정이었다.

"제주도 라이더들 여기 많이 옵니다. 아닌 사람들도 오고요."

미국에서 사는 자식 빼고 아내와 자식까지 내려와 같이 살아 외로울 일은 없다. 아내도 딱히 서울로 돌아가고 싶어하지 않는다.

은퇴자들이 부러워할 카페 오너 바리스타인데, 아닌 모양이다. 놀멍 쉬멍 적당히 일하고 적당히 쉬고 싶은데 생각보다 혼자서 하는 카페 일이 너무 힘들단다. 의외의 말이 흘러나왔다.

"여기 팔고 제주도 떠나고 싶어요."

애초 생각만큼 맘대로 오토바이도 못 타고, 섬이라 왠지 갇힌 느낌도 들고, 무엇보다 지역사람들이 배타적이어서 섞이기 힘들단다.

"가끔 여기 사람들은 대한민국 사람이 아닌 것 같은 생각이 들어요. 나라 생각보다 제주도가 우선이에요. 애국심이 약한 거 같아요."

이국땅 미국에서 오래 살아서 그런가. 이분, 약간 내셔널리스트 기질이 있는 것 같다. 어차피 기름이니 물하고 섞일 필요 뭐 있어 하고 생각하면 편하게 살 수 있지만 섞이려고 하면 좀처럼 뚫고 들어가기 쉽지 않단다.

"워낙 뭇사람들한테 착취당하고 피해 입은 게 많아서 그런지도 모르지요."

"그럴 수도 있어요."

남해 쪽으로 가고 싶단다. 아름다운 바닷가이면서 육지이니 답답하지 않고 사람들도 덜 배타적이지 않을까 생각한단다.

"남해에 오토바이 수십 대 갖고 있는 사람 TV에 나오던데 혹시 보셨나요? 사업해서 돈 많이 벌었는데 늙어서는 좋아하는 오토바이들 사서 진열해 놓고 오늘은 이거 내일은 저거 하는 식으로 그때그때 타고 싶은 기종을 골라 타던데요."

남해에 그런 사람이 있나?

"못 봤네요. 남해 좋은 곳이지요. 아름다워요."

자리에서 일어나 진열된 소품들을 찬찬히 구경한다. 라이더용 큼지막한 반지들, 컵들, 작은 가죽 포켓들, 국방색 군용물품들…. 입구에 진열된 사이드카가 달린 독일군 오토바이가 멋있다. 2차 대전 때 독일군이 사용한 모델이다. 기관총까지 달려 있다. 젊었을 때 본 영화 '대탈주'가 생각난다. 스티브 맥퀸이 독일군 포로수용소를 탈출할 때 훔쳐탄 것이 오토바이였다. 독일군에 쫓겨 푸른 초원 위를 질주하다가 철조망에 가로막힌다. 오토바이를 돌려 철조망에서 멀어진 후 다시 전속력으로 철조망을 향해 돌진한다. 점프로 뛰어넘을 생각이다. 영화는 그쯤에서 끝났던 것 같다. 기억이 가물가물하다. 다시 한 번 봐야겠다.

그때 스티브 맥퀸이 훔친 오토바이는 독일제니까 비엠더블유여야 했지만 촬영에 쓴 오토바이는 영국제였다는 글을 본 기억이 있다. 독일제가 너무 무거워 영국제로 대체했다던가. 스티브 맥퀸은 소문난 오토바

카페 뉴욕빈티지

카페 뉴욕빈티지

이 매니어였다. 직접 오토바이를 몰고 영화를 찍었다.

영화 스타들 중에는 오토바이광들이 많다. 아리비아의 로렌스의 실제 주인공인 로렌스 대령도, 이유 없는 반항의 제임스 딘도, 매트릭스의 주인공 키아누 리브스도, 모두 오토바이 매니어들이다.

묻기만 하고 내 소개를 하지 않은 것 같아 간단히 소개하고 받은 명함의 전화번호로 페북 프로필을 갈무리해 송신했다. 앞으로도 제주도에 삼주 더 있을 예정이니 또 들르겠다며 인사하고 헤어진다.

길 가다 우연히 발견한, 라이더를 겨냥한 카페 뉴욕빈티지. 각종 빈티지 물건들을 판매하는 숍이기도 하다. 표선면 토산리에 있다. 제주 여행하다 근처를 지나게 되면 꼭 한 번 들러보면 재미있을 것이다.

카페 뉴욕빈티지

아흐레째

쏟아지는 폭우, 4.3의 피눈물

4.3평화공원   새미언덕   제다기는길

I ————

흐리다가 빗방울이 떨어지기 시작했다. 며칠 전 서귀포 시내에 4.3 73 주년을 알리는 아치가 들어섰다. 그렇잖아도 제주도에 있는 동안 4.3 관련지들을 돌아보고 싶었다.

어제. 2주일 전 제주MBC 사장으로 부임한 이정식 후배 부부를 만나기로 약속했다. 조천에 있는 식당으로 가는 길에 4.3기념관이 있으니 마침 잘됐다.

차를 몰고 한라산을 넘는다. 성판악까지 올라가는 길. 고도가 높아질수록 안개가 짙어진다. 성판악 휴게소가 안개에 가려 거의 보이지 않는다. 도로 정상에 올랐다 내려가는 길. 몇십 미터밖에 안 나오던 시야가 환해진다. 고도가 낮아진 것이다.

기념관에 도착하자 빗방울이 굵어진다. 바람도 세다. 벌써 참배를 끝낸 사람들이 나온다. 가족 같은데 제주도 말을 쓰고 있다. 누군가 가족

중에 희생자가 있을지 모른다.

고등학생들이 줄지어 들어간다. 체온을 재고, 제주 간편앱으로 큐알
코드를 찍어 신원을 등록하고, 손에 소독약을 바르고 입장한다. 안내
데스크에 있는 여자분한테 궁금증 하나를 물었다.

"제주도 돌아다니다 보니 무슨 무슨 팡이라고 쓰인 간판들이 있는데,
팡이 무슨 뜻인가요?"

"글쎄요."

젊은 여성인데, 잘 모르는 듯하다. 선배인 듯한 여성한테 묻는다. 사
람들이 연이어 들어온다. 대답을 듣지 않고 전시실 내부로 들어갔다.

해방 후 정국상황부터 시작해 4.3의 발발, 이후 지금에 이르기까지
일목요연하게 설명돼 있다. 사진과 글과 동영상과 재현물들이 입체적
으로 4.3의 전모를 가르쳐 준다. 점령군으로 들어온 미군의 통치, 이승
만의 친일파 등용, 좌우익 대립, 제주도 인민위원회의 활동, 서북청년
단의 입도와 이어진 만행, 제주도민들의 항거, 학살, 일본으로의 도피,

　　　　　　　　　　　　쏟아지는 폭우, 4.3의 피눈물

연좌제, 민주정부가 들어선 이후 시작된 4.3 명예회복, 그리고 현재까지. 비극의 제주 현대사를 공부하기에 너무 좋은 곳이다. 전시물들을 보며 가슴이 아팠다.

1980년 광주가 오버랩되었다. 광주의 희생자들과 비교할 수 없이 많은 사람들이 학살되었고 고문당했고 감옥살이를 했고 일본으로 도피했다. 1948년 4월 이후 오랫 동안 제주도 전체가 광주였다. 역사를 알면 제주도 사람들이 상대적으로 더 폐쇄적이고 뭍사람에 대해 배타적인 이유를 조금은 납득할 수 있을 것이다.

강물같이 많은 피를 흘린 다음에야 대한민국은 민주국가가 되었다. 하지만 여전히 매국 사대주의 세력이 지배하고 있고 둘로 갈라진 땅이 이른 시일 안에 다시 합쳐질 가능성도 희박하다.

천신만고 끝에 민주세력이 상당한 힘을 갖게 되었고 정치권력을 쥐게까지 되었으나 나머지 모든 분야에서는 여전히 열세다. 썩고 부패한 자들이 유체이탈 언행을 해도 많은 사람들은 너그럽기 한량 없고, 훨씬 깨끗한 정치인들이 먼지 털 듯 털려 자그마한 흠결만 나와도 몽둥이 찜질을 한다. 역사를 제대로 알지 않으면, 매국반통일 보수 언론, 가짜정보를 퍼뜨리는 극우 유튜버들에게 너무도 쉽게 농락당한다.

곧 있으면 선거다. 유일하게 선거 때만 사람 대접 받는 이들이 헐값에 표를 내던진다. 제 발등을 찍으면서도 좋다고 히죽거린다. 4.3을 겪고, 5.18을 겪고, 전두환 이명박근혜를 겪고, 당하고 당했어도 깨닫지 못한다. 어차피 선거라는 게 덜 나쁜 인간을 뽑는 것이라는 걸 모른다. 조금이라도 덜 나쁜 사람을 뽑아야 그나마 조금씩 세상이 나아진다는 사실을 모른다. 그놈이 그놈이라는 선전에 쉽게 현혹된다. 이성보다 시기 질투 미움이 앞선다.

4.3에 관해서는 한국인이라면 누구든 꼭 한 번 공부할 필요가 있다. 4.3평화기념관 전시물들만 꼼꼼히 챙겨봐도 충분하다.

아름다운 국제 관광도시, 최고의 여행지로만 알고 있는 제주의 겉모습 뒤에 숨어 있는 너무도 슬픈 이야기들. 제주도민들의 가슴 깊이 잠재되어 있는 아픔을 알지 못하고 마냥 낄낄대며 관광만 하며 돌아다닐 순 없다. 꼭 한 번 4.3기념관과 공원을 방문해 보실 것을 권한다.*

뇌리에 다랑쉬굴의 비참한 실상이 들어와 박혔다. 슬픔이 가슴을 가득 채우고 목까지 올라온다. 점심 시간이 임박했다. 서둘러 4.3기념관을 나오는데 안내데스크의 젊은 여성이 부른다.

"아까 팡이 무슨 뜻이냐고 물으셨죠. 제주도말로 넓고 평평한 곳, 평탄한 바위처럼 쉴 수 있는 공간이래요."

잊지 않고 있었다.

"고마워요."

들이치는 비바람 속을 우산을 부여잡고 걸어 주차장으로 향한다.

이정식 사장 부부와 약속한 조천읍의 식당 '새미언덕'으로 가는 길. 세찬 비 바람에 만개한 벚꽃들이 흩날리고 있었다.

1948년 4월. 잔악무도한 서북청년단과 군경의 총칼에 스러져간 아기들, 소년 소녀들, 어머니 아버지들, 할머니 할아버지들의 억울한 주검들이 겹쳤다.

---

* 젖먹이·임산부도 죽였다… 제주4·3 아동학살 '참극'
https://news.v.daum.net/v/20210329050314763

쏟아지는 폭우, 4.3의 피눈물

[총살이 집행되고 있는 모습]

2 ————

새미언덕. 제주MBC 김지은 피디가 생긴 지 얼마 안 됐는데 괜찮은 한 식집이 있다고 소개해 준 집이다.

서둘러 차를 몰았는데 그만 꽉 막힌 도로에 잘못 들어섰다. 조금 전에 우회전 했으면 제 시간에 도착했을 텐데, 10분을 그대로 도로에 서 있다시피 했다. 조금 늦겠다 전화하고 엉금엉금 기어가다 유턴을 했다. 쌔앵. 뚫린 도로이니 금방 도착한다.

"아이고, 반가워라. 여기서 이렇게 다 만나게 되네."

입사 5년 후배 이정식 피디, 지금은 제주MBC 사장이다. 2주 전에 부임했다. 부인과 함께 10분 이상을 기다렸다. 반갑기 그지없다.

"선배님 만나서 듣고 싶은 얘기가 많다고 그렇잖아도 말하고 있었어요. 뵙게 돼서 반갑습니다."

초면인 이 후배 부인이다.

"우리가 고생할 때는 이런 날이 오리라 생각 못 했는데, 다행이에요. 방송 피디 인생, 해피엔딩으로 끝낼 수 있어서."

내가 말한다.

"그래요. 이 사람, 살아온 인생이 전부 부정당하는 듯한 세월을 잘 참고 견뎠어요. 다큐 기획안을 쓰면 허락해 줄 듯 하다가 불허, 또 허락해 줄 듯하다가 불허, 계속 그게 되풀이 되는 걸 보고 나 같으면 화를 못 참고 사표 내버렸을 것 같은데, 잘 참더라고요."

그랬다. 상식이 뒤집힌 세월. 친하게 지내던 동료가, 선배가, 후배가 이해할 수 없는 짓을 했다. 등뒤에서 칼을 꽂았다. 거창한 이데올로기 차이? 그런 것도 아니었다. 눈앞의 자잘한 이익, 알량한 출세 때문이었다.

결정적 시기가 오면 그 사람의 진면목이 드러난다. 수십 년 회사에서 같이 지내오면서도 볼 수 없었던 얼굴이다. 이정식 사장. 나보다 훨씬 전에 한국피디연합회장을 역임했다. 다큐멘터리를 주로 만들었다. 천생 호인에 양반이다. 바다낚시를 아주 좋아한다.

김재철 사장 이후 MBC의 암흑기. 수원지사로, 구로동 무슨 디지털관련 부서로, 옮겨다녀야 했고, 신천교육대로 불린 자회사 MBC 아카데미에서 샌드위치 만드는 교육 같은 걸 받았다. 그 시기. 나는 급거 일산 드림센터에 마련된 거창한 이름의 미래전략실로 유배되었다.

피디라는 직업에 대한 자부심이 대단하다. 나랑 비슷하다. 새록새록 느끼는 것이지만 요즘 시대에 너무 좋은 직업을 수십 년전에 가지게 된 걸 행운으로 생각한다. 꼭 피디가 되고 싶은 것도 아니었는데 우연히 피디가 된 것도 같다. 세상만사를 피디적으로 보고 고민하는 습관. 문화가 쌀이고 밥인 요즘 같은 시대에 최고의 자산이다.

"사장이 되고 보니까 피디하면서 쌓은 경험이 그렇게 유용할 줄 몰랐어요. 정말 좋은 직업인 것 같아요."

내가 말했다.

"이 사람도 똑같은 얘길 해요. 피디에 대한 자부심이 대단하고요. 항상 카메라를 갖고 다니고, 저장했다 편집하고. 늘 그래요."

이 사장 부인은 홍보 회사를 10년 정도 경영한 홍보 전문가다. 지금은 일을 하지 않고 있는데 가끔 선거 홍보를 도와달라는 부탁이 들어온다고 한다.

대학 선후배 사이로 만나 결혼했다. 캠퍼스CC인 셈이다. 그래서 그런지 둘 사이가 너무 좋다.

새미언덕의 음식은 깔끔하고 맛있었다. 김지은 피디가 추천할 만했다. 옆에 있는 카페로 자리를 옮겼다.

먼저 지역방송사 사장을 한 선배로서 새로 중책을 맡은 후배에게 도움이 될 만한 이야기를 이것저것 많이 했다. 두어 시간을 떠들어댔더니 목이 칼칼했졌다. 몸도 나른하다. 말하는 것이 의외로 많은 에너지를 소모한다. 몸이 아팠을 때 말하기조차 힘들었던 기억이 다들 있을 것이다.

"힘드신데 생강차 한 잔 드실래요?"

이 사장 부인.

"좋지요."

"말씀하시느라 피곤할 줄 알고 미리 주문해 놨어요."

"야, 대단히 센스 있으시다."

집사람.

생강차를 마시면서 또 한 시간 이어진 대화. 옛날을 추억하고 현재를 얘기하고 앞날을 상상하고. 시계를 보니 네시가 다 됐다.

"한 번 회사로 오셔요. 낮에 얘기 더 나누고 싶고. 제주MBC 사람들도 보시고."

"그러세."

서로 연락하기로 하고 날짜를 맞춘다.

"가시는 길에 벚꽃 명소 들렀다 가세요. 제주대 가는 도로가 유명해요. 거기 있는 카페 '제대가는 길'도 함 들러보시고요."

이 사장 부인의 추천이다.

빗속을 달려 벚꽃 명소에 도착했다. 비가 내려 차분히 구경할 순 없었다. 인도 위에 비바람에 떨어진 벚꽃잎이 수북하게 쌓였다.

카페 '제대가는 길'로 들어가 요구르트를 시켜 먹었다. 소박하고 편안한 카페다. 이 지역 명소인 듯하다. 대학생들, 나이 든 이들(대학 교직원들, 교수들?)이 고루 많았다.

한라산을 넘어 법환으로 돌아오는 길. 엄청난 폭우가 쏟아졌다. 헤드라이트를 켜고 헤어핀커브를 조심조심 운전했다. 반대편에 커브에서 커다란 버스가 갑자기 출현해 빠른 속도로 스쳐 지나갈 때는 겁이 덜컥 났다. 제주도, 특히 한라산 날씨, 장난 아니다.

서귀포로 내려오자 비는 잦아들었다. 월드컵경기장 간판이 보인다. 제주 살이. 여기서부터는 내비 없어도 갈 줄 알 정도가 되었다.

수십 년 만의 재회

제주시 탑동 어느 횟집

I ─────

일요일. 언제 비바람이 몰아쳤냐는 듯 쾌청한 봄날이다. 사람 몰리는
유명 관광지는 피하는 게 좋다.

김상옥 선배 내외가 제주도에 왔다.

"아이고, 반가워요. 잠실 가까운 데 살면서도 통 못 보다가 먼 제주도
에서 만나네."

"그러게요. 서울서 자주 봬야 하는데."

형수와 아내의 대화다.

아이러니한 일이지만, 세상살이가 원래 그런 법이다. 선배랑은 입사
후 피디와 에이디로 만났다. 원래 라디오 피디로 '별이 빛나는 밤에',
'법창야화' 같은 인기 프로그램을 연출했다. 글도 잘 써서 가수 서유석
이 부른 노래 '그림자'의 작사가이기도 하다.

1967년대 혜성처럼 등장한 천재 소설가 김승옥이 큰 형이다. 김승옥

언제 비바람이 몰아쳤냐는 듯 쾌청한 봄날이다. 법환 포구 앞바다에 떠 있는 범섬은 호랑이를 닮아서 붙은 이름이란다.

삼형제는 순천의 수재로 유명했다. 일찍 혼자 되신 어머니가 바느질 솜씨를 살려 세 아들을 훌륭하게 키워냈다. 장한 어머니상을 받으셨다.

라디오국에서 일 잘하는 피디였는데, 신설되어 피디가 부족한 교양제작국으로 옮겨왔다. 아침 정보프로그램, 인간시대 등을 연출했다. 인간시대를 할 때 나는 선배 에이디로 따라다니며 많이 배웠다. 제주도 이발사 조성기 편을 연출했는데 앞서 말한 대로 1년이 지나서야 방송할 수 있게 되어 주인공을 볼 낯이 없어졌다.

방송민주화 초기 당시 교양제작국장한테, "주인공이 무슨 죄가 있느냐, 시사를 하고 정 문제가 되면 전두환 관련 부분만 들어내고 방송하자"고 간곡하게 청했는데, 국장은 "애들이 막무가내로 안 된다니…" 하면서 얼버무리더니 결국 불방시키고 말았다.

날 보고 제주에 있는 동안 한 번 찾아보게, 라고 말했다. 계속 마음에 걸리시는 모양이다.

선배는 2박 3일 일정으로 딸 가족을 만나기 위해 제주도에 왔다. 딸은 손녀 둘과 함께 대정읍에 있는 국제교육도시에 산다. 두 달 전 초등학교 삼학년과 일학년 두 딸을 데리고 서울에서 내려왔다. 여유로운 분위기에서 아이들을 키우고 싶었단다. 사위는 주말마다 제주도에 내려온다. 컴퓨터게임 회사에 근무하다 몇이 어울려 독립했는데 잘 나간다.

제주 대정읍 일대 115만평에 조성된 국제교육도시의 초중고 7개 학교에서 만명 가까운 학생들이 공부한다. 손녀들은 브랭섬홀아시아 (Branksome Hall Asia)에 다닌다. 캐나다 토론토에 있는 명문 여자사립학교가 제주도에 만든 학교다. 제주의 청정환경 속에서 영어로 수업한다. 친구들과 헤어진 게 섭섭하지만 아이들도 좋아한다. 무엇보다 주입식 공부에 매진하지 않아도 되는 분위기가 좋단다. 스포츠와 악기를 최소한 하나는 의무적으로 해야 한다. 우리나라 학교들도 좀 그랬으면 좋겠다.

제주국제교육도시.* 학생들과 함께 내려와 사는 가족들까지 합하면 무려 수만 명 인구의 도시가 대정읍에 들어섰다. 영어 배운다고 해외로 나가 엄청난 돈을 쓰고 가족과 떨어져 사느니 차라리 그 돈을 한국에서 쓰게 하자, 영어권의 교육시스템을 도입해 제공하고, 외국에서 사는 것과 같은 환경을 제공하자, 어릴 적부터 국제적 안목을 갖춘 인재를 양성하자,는 제주도의 원대한 계획이 결실을 거두고 있는 것으로 보인다.

이제는 많이 알려져 전국에서 사람들이 몰려 국제교육도시에 있는

---

* http://www.jeju.go.kr/edu/eng/educity/summary/greeting.htm

수십 년 만의 재회

보통 크기의 아파트 1년 임대료가 천수백만 원에 이르고 아파트 값도 비싸단다.

선배의 딸은 내가 다닌 대학과 대학원을 다닌 후배라 전부터 알던 사이다. 오랜만에 재회했다. 브랭섬홀아시아 학교 근처에서 산다. 두 딸들이 너무 예뻤다. 키가 훤칠하고 잘 생긴 사위는 선량해보였다.

그런데, 선배 가족들과의 재회도 기쁜 일이지만 또 하나 20여 년 만의 반가운 재회가 기다리고 있었다.

2 ————

"이야아, 이게 얼마만인가."

"아이구, 그러게요. 정말 오랜만입니다."

오문수 선생과의 재회. 20년도 넘었을 것이다.

"제주도 한 달 살기 하면서 여러 번 표선을 지나다녔습니다. 그때마다 오문수 선생, 표선에서 농장하셨는데, 지금도 표선에 계실까, 건강하실까, 참 오래도 못 뵀네, 하고 생각했어요.

그래서, 오 교수한테 전화해서 근황도 물어보고, 전화번호도 가르쳐 달라고 했지요. 그랬더니 오 교수도 아버지 뵈러 일요일에 제주 온다는 거 아닙니까. 잘 됐다, 마침 김상옥 선배도 오신다는데 같이 만나자. 이렇게 된 겁니다."

오문수 선생. 1942년생이니 세는 나이로 올해 여든이다. 앞서 말한 대로 김상옥 선배의 에이디로 인간시대 촬영 차 제주도에 왔을 때 처음 만났다. 그땐 40대 후반이었다. 아담한 키에 나이에 비해 훨씬 젊어 보

이는 동안. 말이 시원시원하고 재치가 있었다. 함께 하는 동안 도움을
많이 받았고 즐거웠다.

조성기 씨의 이발관이 애월이었는지 한림이었는지 헷갈렸는데 이번
에 제대로 알았다. 오문수 선생이 "한림이야"라고 말했다.

"그때 조성기 씨가 나한테도 얼마나 전화를 많이 했는지 몰라. 동네
방네 일가친척한테 다 말해놨는데 방송이 계속 늦어지니까. 일년 후 방
송했을 땐 이미 김이 샐 대로 샜지. 나도 그 후 소식 들은 적 없어 지금
어디 사는지 모르겠네."

김상옥 선배가 오 선생을 알게 된 사연이 드라마틱했다. 1963년이었
다. 김상옥은 장학생으로 입학한 대학을 그만두고 아픈 어머니를 간호
하기 위해 순천에 내려와 있었다.

수술을 받은 어머니 상태가 악화돼 약을 써야 했는데, 병원측이 너무
비싼 약이니 밖에서 구해오라고 했단다. 가난해서 약을 살 형편이 안
되는 상옥은 당시 순천에서 제일 컸던 약도소매상(회생당) 주인의 조카
인 친구한테 사정을 얘기했다. 친구는 회생당 종업원이었던 오문수 씨
한테 상의했다.

문수는 제주에서 고등학교를 마친 후 친척 연을 타고 순천으로 들어
와 회생당 직원으로 일하고 있었다. 문수의 어머니는 마흔네 살 젊은
나이에 세상을 떠났다. 돌아가시기 전 어머니는 "문수야, 너는 꼭 제주
를 떠나 뭍으로 가거라."라고 유언하셨다. 제주에서 아들까지 힘든 인
생을 살게 될까 봐 두려웠던 것이다.

잠만 재워주고 먹여주면 얼마든지 일하겠다고 해서 들어간 회생당에
서 문수는 5년 남짓 무급으로 일했다. 약판매 일을 배워 서울의 더 큰

수십 년 만의 재회

데로 옮기게 되지만 그건 나중 일이었다.

영리한데다 성실한 문수는 사장이 데릴 사위로 삼고 싶어할 정도로 절대적 신임을 받았다. 회생당 손님들은 모두 문수를 약사로 알았다. 약에 대한 지식이 빠삭한 데다 재바르고 싹싹해서 오문수만 찾았다. 아파서 며칠 입원했을 때는 단골손님들한테 위문품이 답지했다.

상옥의 친구 창수도 오문수 형의 협조가 없이는 돈 없이 마이신을 구할 수 없는 상황. 하지만 어려서 어머니를 여읜 문수에게 김상옥의 일은 자기 일이나 마찬가지였다. 김상옥 선배가 어머니에게 써야 할 무슨 겐타마이신인가 하는 비싼 약을 구할 수 있었던 건 회생당 집 조카였던 친구와 회생당 종업원이었던 오문수 형 덕이었다. 그렇게 해서 시작된 인연이 올해로 58년째가 되는 셈이다.

김 선배는 가끔 전화라도 한다지만 나는 근 20년 전화도 만남도 없이 지냈다. 좋은 인연을 계속 이어가야 한다는 게 내 주의지만 오문수 선생과는 그러지 못했다. 실은 내외 분 모두 건강이 심히 안 좋아져 사람 만나는 게 부담일 수도 있겠다는 생각도 조금 작용했다.

그런데 아들인 오종환 교수 말이 요즘 많이 좋아지셨단다. 나들이도 문제 없이 하시니 같이 뵙자고 했다.

아들인 오종환 교수(경성대)는 인간시대를 찍을 때 아직 대학생이었다. 공교롭게도 내가 다니던 대학 후배였다. 장래 방송 일을 하고 싶어했는데, 결국 제주MBC 피디가 되었다. 나중에 인천방송 피디로 옮겼다가 경성대 교수가 되었고, 지금은 부산에서 산다.

부산의 이런저런 TV 토론프로그램 사회를 오래 봐서 부산에선 제법 얼굴이 알려졌다. 제주MBC에 입사했을 때는 당시 차인태 사장(아나운

추억하고 이어나갈 소중한 옛 인연이 있다는 건 얼마나 좋은가. 그것을 얼마나 많이 갖고 있느냐가 성공한 인생이냐 아니냐를 결정짓는다고 생각한다.

서)이 앵커를 시키고 싶어할 정도로 준수했다. 지금은 나잇살이 오르고 중후한 멋이 나는 중년이 되었지만 미남 얼굴은 그대로다.

오랫동안 못 만난 후배 오종환 교수와 더 오랫동안 못 뵌 후배의 아버지 오문수 선생. 드디어 제주도 제주시 탑동 어느 횟집에서 재회했다.

김상옥 선배가 친구인 회생당 집 조카 박창수 씨와 영상 전화를 연결했다. 오문수 선생과 박창수 씨가 반갑게 통화했다. 역시 엄청나게 오랫동안 못 봤단다. 듣는 사람도 뭉클하게 하는 반가운 대화가 한참 동안 이어졌다.

김상옥 선배가 오래된 사진을 꺼냈다. 오문수 선생과 김상옥 선배가 나란히 서서 찍은 사진. 두 분 다 젊었다. 세월 앞에 장사 없다더니 두 분 다 많이 변했다. 아무리 하나도 안 변했구만요, 라고 해도 남이 보면 아닌 것이다.

수십 년 만의 재회

그래도 말투나 내용은 옛날이나 지금이나 마찬가지다. 금세 웃고 떠들고 신소리를 하고. 아직 이렇게 마음이 젊은데 육체가 늙어간다는 건 슬픈 일이다. 그러나 어쩌겠는가. 받아들이고 순응할 수밖에.

추억하고 이어나갈 소중한 옛 인연이 있다는 건 얼마나 좋은가. 아무리 좋은 경치를 보고 유명한 관광지를 둘러봐도 오랫동안 기억에 남는 건 거기서 만난 사람들이다. 인생도 마찬가지다. 돈도 아니고 지위도 아니고, 권력도 아니다. 결국 남는 건 좋은 인연이고 좋은 사람들이다. 그것을 얼마나 많이 갖고 있느냐가 성공한 인생이냐 아니냐를 결정짓는다고 생각한다.

못 마시는 소주를 서너잔이나 마시고, 싱싱한 회를 실컷 먹고, 오래된 인연을 추억하고. 시간 가는 줄 모르고 밤이 깊어갔다. 제주도의 하루가 또 흘러갔다.

열하루째부터 스무날째까지

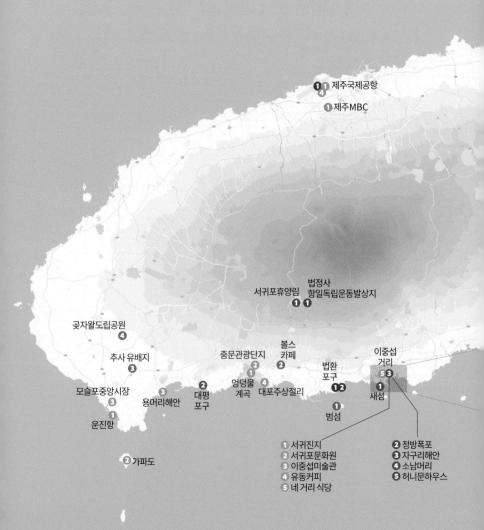

제주국제공항 **1** **4**
제주MBC **1**

법정사
서귀포휴양림 항일독립운동발상지
1 **1**

곶자왈도립공원
4

추사 유배지 중문관광단지 볼스
3 카페
2 **2** 법환
포구
모슬포중앙시장 **3** 대평 엉덩물 **4** **1** **2** 이중섭
3 용머리해안 포구 계곡 대포주상절리 거리
2 범섬 **5** **3**
운진항 **1** **1** 새섬

가파도 **2**

1 서귀진지 **2** 정방폭포
2 서귀포문화원 **3** 자구리해안
3 이중섭미술관 **4** 소남머리
4 유동커피 **5** 허니문하우스
5 네거리 식당

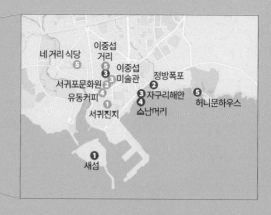

또 다른 재미, 제주도 지질 탐방

영덩물계곡　　중문관광단지　　용머리해안　　대포주상절리　　이중섭거리

❚─────

어제. 운동은 못 하고 운전을 많이 했다. 오랜만의 재회가 반가워 소주도 몇 잔 했다. 오늘. 아침에 일어나니 몸이 무거웠다. 천천히 쉬다 느즈막히 움직여야지.

아내는 아니었다.

"이렇게 날이 좋은데 집에 있는 건 답답하지."

안 나가면 안 되게 생겼다.

어디가 좋을까. 오늘은 멀리 가지 말고 우리가 있는 법환에서 가까운 곳, 서귀포시 안쪽에서 찾아보자.

그래, 오늘은 지질탐방으로 정하자. 제주도는 유네스코세계지질공원 국내 1호다. 화산도인 만큼 지질학적으로 가치 있는 곳들, 보기에도 신기하고 아름다운 곳들이 많다. 우선 용머리해안을 가볼까. 도중에 유채꽃 촬영지로 유명한 중문의 엉덩물계곡도 들러보고.

또 다른 재미, 제주도 지질 탐방

엉덩물계곡은 멀지 않았다. 서귀포시 색달동에 있다. 색달이라고 쓰인 교통표지판을 볼 때마다 "거 참 색다른 지명이네. 색달라."라고 내가 아재개그를 하는 동네다. 벌써 여러 번을 했는데도 아내는 무반응이다. 그래도 나는 지나갈 때마다 계속 한다. 아재개그 철칙 넘버 원. 반응이 있건 없건 초지일관 계속해야 한다. 타율이 삼할만 돼도 괜찮은 것이다.

가는 길에 선명한 핑크빛 꽃들이 피어 있었다. 새빨간 열매를 가득 매단 나무들이 줄지어 심어져 있었다. 여러 번 지나다니며 매번 "야, 색깔 예쁘네" 하고 감탄했다. 핑크는 꽃잔디 또는 지면패랭이(ground pink 혹은 moss pink)라는 꽃이고 빨강은 먼나무의 열매다. 먼나무. 누가 "저거 뭔 나무야?" 하고 물어서 "먼나무"라고 대답했더니, "아니 저기 저 빨간 열매가 가득 달린 나무", 그래서 다시 "먼나무"라고 했다가 쌈날 뻔했다는 나무다. 재미 없나? 열매가 마가목하고 같이 생겨서 헷갈린다. 영어

엉덩물계곡 가는 길. 핑크빛의 지면패랭이가 피어 있고 새빨간 열매를 가득 매단 먼나무가 줄지어 심어져 있다.

로는 rotunda 또는 round-leaf holly라고 한다. 꽃 다 지기 전에 사진을 찍어야지. 길가에 차를 세우고 핑크색 화단과 빨간 가로수를 촬영했다.

엉덩물계곡이 얼마 남지 않은 곳에서 제주항공우주박물관 4층 그림카페에서 본 것과 같은 풍의 그림이 그려진 건물을 발견했다. 그림카페를 운영하는 사람이 여기에도 뭘 냈나? 벽에 써 있는 영어. 그림 포레스트 GRIM FOREST였다. 우선 엉덩물계곡 유채꽃부터 구경하고 돌아와 한 번 들러보자.

엉덩물계곡 위쪽 도로는 주차된 차들로 복잡했다. 여기다 세워도 되나 보네. 빈 자리를 찾아 세웠다. 엉덩물계곡이라는 안내판과 아래로 내려가는 나무 계단이 보였다. 위에서 내려다보는 그림이 그럴 듯했다. 짐승들이 물을 먹으러 왔다가 계곡이 험해 차마 내려가지 못하고 내려다보며 노래하다가 엉덩이를 돌려 볼 일만 보고 돌아갔다고 해서 엉덩물이라는 이름이 붙었단다. 짐승들 측간이었다는 뜻이겠다.

계곡 맨 위쪽에 자그마한 연못이 있다. 미라지(美羅池)다. 앞에 세워진 간판에 쓰여 있는 설명. 한국관광공사에서 명칭 공모를 해 선정한 이름이란다. 아름다움이 비단처럼 펼쳐진 연못이라는 뜻이란다. 어제 김상옥 선배한테 들은 아재개그가 떠올랐다.

"미꾸라지 큰 걸 뭐라 하는지 알아?"

"아뇨."

"미꾸엑스라지".

김 선배는 온갖 아재개그, 유머의 달인이다. 예전에 세간에 유행하는 유머들을 모아 책까지 낸 적이 있다. 나는 한 번 들으면 잊어버리는데 선배는 모든 걸 기억한다. 기억할 뿐만 아니라 그걸 구수하고 재미있게

또 다른 재미, 제주도 지질 탐방

엉덩물계곡엔 유채꽃이 가득해 코끝에서 유채의 매운 내가 났다.

풀어내는 재주가 탁월하다. 어쩌다 기억했다가 다른 사람한테 써먹을라치면 선배만큼 재미가 없다. 글도 잘 써서 노래 그림자 작사도 하고, 노래 실력은 또 완전 가수 뺨친다. 실력도 실력이지만 어떻게 그 많은 노래들 가사를 다 외우는지 신기하다. 도대체 왜 법대를 들어간 건지 이해불가다. 하긴 그래서 고시 공부 그만두고 방송 피디가 되었을 것이다. 미라지보다 큰 연못은? 미엑스라지. 아내한테 말해도 웃지 않을 테니 혼자 생각하고 혼자 웃었다.

엉덩물계곡엔 유채꽃이 가득했다. 젊은이들부터 나이 든 이들까지 사람들이 많았다. 상당히 많이 알려진 듯했다. 코끝에서 유채의 매운 내가 났다. 남들처럼 사진을 찍고 계곡을 따라 끝까지 걸어내려갔다.

계곡 끝에 너른 주차장이 있었다. 아하, 여기에 차를 대면 되는 걸. 좁은 도로가에 무단 주차를 했구나. 조금 더 가면 엉덩물계곡 주차장이 있다는 안내판이라도 좀 설치해두지.

다시 계곡을 거슬러 걸었다. 땀이 났다. 겉옷 하나를 벗었다. 봄이 아니라 초여름 날씨 같았다. 짐을 싣고 내리는 커다란 트럭이 주차된 차들 때문에 애를 먹고 있었다. 서둘러 차를 뺐다.

아까 그 그림포레스트 잠깐 보고 가자. 화살표가 중문관광단지라고 가리키는 방향으로 차를 몰았다.

2 ————

그림포레스트라고 쓰인 건물 건너편에 플레이케이팝이라고 쓰인 검은 건물이 있었다. 그 앞 주차장에 차를 세웠다. 건물 입구에 한류 아이돌들의 사진이 붙어 있다. 입구 문은 잠겨 있었다. 외국인 관광객들을 상대로 운영하던 곳이었을 것이다. 중국인들이라면 싸드와 코로나, 다른 나라 한류관광객들이라면 코로나 때문에 제주에 오지 않게 되었을 것이다. 누가 투자했을까. 이런 상태면 견디기 힘들 것이다.

건너편 KFC도 잠겨 있었다. 길가에 KFC의 마스코트 샌더스 대령(창업자인 할랜드 데이비스 샌더스)이 제주 해녀 차림을 하고 서 있다. 손님 끌려고 부끄러움을 무릅쓰고 이렇게까지 하고 있는데 손님이 없다. 휑한 거리에도 관광객은 보이지 않는다. 그래도 옆 건물 스타벅스 안에는 제법 사람들이 있다.

건물 뒤쪽에 큼지막한 황소 동상이 세워져 있다. 입에 마늘을 물고 있다. 웬 마늘 문 황소? 붙어 있는 명패를 보니 의성마늘소다. 의성 마늘을 선전하기 위해 설치한 모양이다. 그런데 좀 이상하다. 소 다리가

너무 짧다. 아하, 그래서 뭔가 기형적으로 느껴졌구나.

멀지 않은 곳에 유명한 식물원이 있다. 별로 가고 싶지 않다.

"식물원, 많이 가봤잖아."

둘의 의견이 일치한다.

그림포레스트 건물 외벽에 그림카페에서 본 것과 똑같은 화풍의 그림이 그려져 있다. 한 켠에 높은 발판 위에 올라가 그림을 그리는 여성이 있다. 다가가 말을 걸었다.

"혼자서 이 그림을 다 그리시는 거예요?"

"아니요. 여러 사람이 파트를 나눠서 그리고 있어요."

"제주 분이셔요?"

"아뇨. 서울에서 왔어요."

한 달 정도 서귀포에 머물면서 그릴 예정인데 내려온 지 얼마 되지 않았단다.

제주항공 우주박물관 4층의 그림카페와는 상관이 없고, 의뢰인이 다르단다.

"요즘 이런 류의 그림이 유행이에요."

한 군데가 화제가 되니까 따라 하는 사람들이 생기는 모양이다. 흑백으로만 된 그림. 처음 보면 굉장히 임팩트가 강한데 자주 여러 군데서 보게 되면 신선함도 떨어지고 흥미를 잃게 되지 않을까.

"여긴 무슨 건물인가요?"

"아마 미디어아트 전시관을 만들 건가 봐요. 제가 주인이 아니라서 자세한 건 몰라요."

"아, 아직 오픈 안 했군요."

왼쪽으로 돌아가니 알림글이 붙어 있다.

2020년 8월을 끝으로 '믿거나 말거나 박물관'이 문을 닫게 되었다는 내용이다. 검색해 본 '믿거나 말거나 박물관(Ripley's Believe It or Not! Museum)' 설명이다.

"…'로큰롤 황제' 엘비스 프레슬리의 머리카락, 중세의 고문도구, 독일 통일 시 무너뜨린 실제 베를린 장벽, 10억 원을 호가하는 화성에서 날아온 손톱만한 운석, 유니콘 뿔을 가진 남자, NASA 우주비행사들이 달 탐사선에서 직접 입은 우주복, 자신의 코를 삼키는 사람 모형 등 그야 말로 믿어야할지, 말아야할지 판단이 애매한 전시물을 볼 수 있다."*

제주에 세계 서른두 번째로 들어선 리플리 박물관이란다. 애초 기대대로 안 된 모양이다. 실내 시설이라 특히 코로나가 결정타였을지 모른다. 작년 8월 자진해서 폐관했다. 문을 연 게 2010년이니 10년 만에 문을 닫은 셈이다.

---

* 『네이버 지식백과』.

또 다른 재미, 제주도 지질 탐방

안으로 들어가봤다. 리모델링 공사가 끝나려면 아직 한참 더 지나야 할 것 같았다. 이제 갓 시작한 느낌이다.

코로나로 관광객이 급감한 제주도. 많은 비즈니스가 망하고 있다. 사설 박물관도 예외가 아니다. 지난해에만 49곳 중 6곳이 문을 닫았다. 외국에서 가져온 전시품 사용권료도 못 내거나 90일 이상 영업을 안 해도가 직권으로 등록을 취소하는 경우도 있다. 관광객을 상대로 장사를 하던 많은 가게들이 힘든 시간을 보내고 있다. 호텔, 리조트, 엔터테인먼트 시설들이 많은 중문관광단지가 썰렁하기 그지없다.

다음 목적지는 용머리해안과 대포주상절리대다. 현재 위치에서 주상절리가 훨씬 가깝지만 집을 기준으로 보면 더 먼 용머리해안을 먼저 구경하고 어차피 귀가 길에 지나게 될 중문에 있는 대포주상절리는 나중에 보는 쪽으로 정한다.

주차장. 카페 앞에 여러 대의 오토바이들이 주차돼 있다. 번호판을 보니 광주, 목포에서 왔다. 나도 오토바이로 다니고 싶다. 가슴 속에서 부러움이 솟아오른다. 둘이니 어쩔 수 없지. 한 달 동안은 철저하게 봉사해야 하니까. 평생 한 번 있을지 모를 일인데.

오토바이가 아닌 차로 20여 분을 달려 도착한 용머리해안. 예상치 못한 상황이 있었다.

3 ————

용머리해안 도착 직전 길가에 차와 사람들이 많았다. 주차하려는 차, 떠나는 차들이 얽혔다. 산방사 아래 주차장이었다. 바닷쪽을 바라보며 사진을 찍는 사람들도 많았다.

거대한 황금색 불상이 바다가 아닌 절마당을 향해 옆을 보이며 좌정하고 있다. 산을 바라보면 뒷모습일 것이라 그렇게는 하지 않았겠지만 불상의 정면이 바닷쪽을 바라보게 앉히지 않은 까닭은 무엇일까. 도대체 왜 저렇게 거대한 불상을 앉혀야만 하는 걸까. 산방산과 잘 어울린다고 생각하는 걸까. 석굴암이나 경주 남산의 석불들, 전국 여기 저기 보물로 지정된 불상이나 조각들은 역사적 미적으로 가치가 있다지만 요즘 만들어지는 거대한 불상들은 과연 세월이 흐른다고 보물로 지정될 수 있을 만큼의 가치를 갖고 있을까. 의문이 꼬리를 물었지만 궁금증을 해결하기 위해 절에 오르고 싶지는 않았다. 여름날처럼 더워서 절로 올라가는 가파른 계단을 보는 순간 머릿속에서 '아이고, 됐지 뭐' 하는 생각이 포기를 종용했다.

용머리해안 주차장에 이르자 몇 군데 빈 자리가 있었다. 점심 시간이 임박해서일까.

해안 입구. 나무로 만들어진 거대한 배가 오는 사람들을 압도하며 서 있다. 하멜이 타고 표류하다 뒤집혀 대정 앞바다에서 제주도 사람들에 의해 발견되었다는 스페르베르호다.

제주 목사의 심문 결과 하멜 일행은 각종 교역물품을 싣고 일본의 낭가삭기(郎可朔其, 나가사키)로 가던 중이었다. 1653년이었다. 한양으로 압송돼 처음에는 극진한 대접을 받았으나 탈출 소동을 벌여 주동자 둘이 처형당하고 강진, 순천, 여수 등으로 유배되었다. 여수로 유배된 하멜 일행은 무려 13년간 억류생활을 하다 겨우 탈출해서 일본으로 갔다가 네덜란드로 돌아갔다. 회사로부터 밀린 임금을 받기 위해 증거로 쓴 책

산방연대에서 용머리해안 쪽을 바라본 풍경. 하멜이 타고 표류하다 대정 앞바다에서 제주 사람들에게 발견됐다는 스페르베르호가 해안 입구에 서 있다.

이 당시 유럽에서 베스트셀러가 된 하멜표류기다.

처음 본 서양인을 괴물로 생각한 제주 사람들 사이에 근거 없는 소문이 돌았던바, 가령 "식사를 할 때는 코를 머리 뒤로 돌려 놓고 먹는다"는 등이었다. 덩치도 컸겠지만 코도 어지간히 컸던 모양이다. 당시 제주 사람들은 '밥 먹을 때 저 큰 코가 엄청 방해가 될 텐데' 하는 식의 상상을 하며 수군댔을 것이다. 사내들은 코가 크면 거시기도 크다던데 밤일은 그럼 어떻게 하지 하며 키득거렸을 것이다.

시선을 좌로 돌리니 종모양으로 솟은 산방산과 그 앞에 펼쳐진 노란 유채꽃밭이 환상적인 그림을 연출하고 있다. 말을 타고 유채꽃밭 주위를 도는 사람들, 1,000원을 내고 밭에 들어가 사진을 찍는 사람들….

제주도 전역이 그렇지만 산방산과 용머리해안은 지질학적으로도 중요한 곳이다. 아름다운 경치를 구경하는 것도 좋지만 제주도의 지질을 탐방하는 여행도 아주 재밌다. 지질탐방에 관심 있는 사람들을 위해 펴낸 자료를 읽는 재미도 크다.* 용암동, 조면암, 응회암, 응회환, 아아용암, 파호이호이 용암, 화산쇄설물 등등 어려운 용어들이 많이 나오지만 별 거 아니다. 수월봉 인근 마을에 사는 할머니도 공부를 해서 지질해설사가 되었다. 평생 해녀로 살아왔고 지금도 물질을 하고 귤농사도 짓는 장순덕 할머니. 4수의 도전 끝에 지질해설사 자격증을 땄다. 누구의 9수 스토리와는 비교할 수 없이 아름답고 감동적이다. KBS 인간극장에도 소개되어 유명 인사가 되었다.

작년 광주MBC가 주최한 광주무등산권 유네스코 지질공원 지정 기념 제주도 지질탐방 여행에 참가해 장씨의 사연을 들었다.

"세상에 나 같은 사람도 이런 일을 할 수 있다니, 꿈만 같아요. 공부할 때는 힘들었는데 밥 먹을 때나 밭일 할 때나 한 시도 외우는 걸 중단하지 않았어요."라고 생기발랄하게 이야기했다. 노년에 보람있는 일을할 수 있다는 것이 얼마나 행복한지 들뜬 목소리로 말했다. 보는 사람도 기분이 좋아졌다.

지질학적으로 이야기가 많을 뿐만 아니라 최고로 아름다운 용머리해안. 그런데, 문제가 있었다. 매표소에 이르러서야 알았다. 2시 50분까지 통행금지. 2시 30분에 표를 팔기 시작한다는 공고가 붙어 있었다.강풍이 불어 파도가 심하게 치거나 만조가 되어 해안길이 바닷물에 잠길 때

---

* 지질탐방. 산방산과 용머리해안
  https://terms.naver.com/entry.naver?cid=51055&docId=2118457&categoryId=51055

또 다른 재미, 제주도 지질 탐방

는 통행을 금지한단다. 지구온난화로 갈수록 물에 잠기는 횟수가 늘어나고 있다는 말을 들었다. 언젠가는 통행 자체를 못 하게 될 수도 있다는 말도.

젊은 연인 한 쌍이 출입금지선 앞에서 용머리해안을 배경으로 사진을 찍고 있었다.

"야, 도대체 언제 와야 볼 수 있는 거야. 우리 벌써 네 번째 허탕이다 그치."

뭍에서 여행을 그렇게 많이 오진 않았을 테고, 아마 제주도에 사는 청춘들일 것이다.

통행금지가 풀릴 때까지 거의 세 시간 가까이 남았다. 마냥 기다릴 수는 없지. 발길을 돌린다. 하멜기념비와 산방연대는 올레길 10코스가 지난다. 오르막 경사길을 걸어야 한다. 길가에 올레길 표지판과 리본이 보인다. 하멜의 표착 스토리, 하멜기념비를 세우게 된 내력이 간략하게 적혀 있다.

그 위 산방연대가 있다. 산처럼 높은 데 설치됐던 것은 봉화대라고 하고 바닷가에 세워진 것은 연대(烟台)라 부른다. 한자이름이니 중국어 발음으로 옌타이. 옌타이시의 그 옌타이다. 중국집에서 마시는 옌타이 고량주의 그 옌타이다. 산방연대에서는 산방산이 손에 잡히고, 가까이 파도치는 해안이 내려다보이고, 수평선을 좌우에 끼고 아름다운 제주도의 바닷가 풍경이 눈을 시원하게 해준다. 바람이 세게 불었다. 이럴 줄 알고 풀대로 만든 카우보이 모자(stetson hat) 대신 캡을 썼는데 하마터면 날아갈 뻔했다.

올라갔던 길을 되짚어 산방연대에서 내려온다. 노오란 유채꽃밭과

올레길 10코스가 지나는 산방연대. 뒤로 산방산이 손에 잡힌다. 오른쪽은 산방연대에서 바다쪽을 바라본 모습.

산방산이 빚어내는 아름다운 그림. 도처에 스마트폰을 들고 사진 찍는 사람들이다. 스마트폰 없을 때는 이 정도로 가는 데마다 사진 사진은 아니었던 것 같은데. 필름 사진기 때는 필름 값 아까워서 정말 찍을 사진만 찍었었다. SNS 시대. 사진 범람의 시대다. 시시콜콜 사진 찍어 자랑하느라 관광지도 음식점도 카페도 모두 스마트폰 치켜들고 사진 찍느라 정신이 없다. 모두들 시대의 기록자가 된 셈이기도 하니 좋은 점도 있다. 여차하면 사진 찍히고 여차하면 SNS에 글이 올라간다는 생각을 해야 무슨 장사든 잘 할 수 있다. 잘못하면 증거 사진과 악플 공세로 순식간에 문 닫을 수 있다는 사실을 깜박하면 낭패를 당하기 십상이다.

밭 입구에 의자를 놓고 앉은 할머니.

"사진 1,000원, 사진 1,000원, 찍고 갑서."

옆에는 사진 촬영 한 사람 1,000원이라고 쓰인 종이가 놓여 있다. 유채도 기르고 사진 촬영으로 돈도 벌고. 나이 드셔서 농사일 할 힘도 없

또 다른 재미, 제주도 지질 탐방

는 터에 관광지에 밭이 있어 다행이다.

다리가 휘청거렸다. 배에서 꼬르륵 소리가 났다. 그래도 용머리해안 개장시간 까진 한참 시간이 남았으니 다음에 오기로 하고 오늘은 포기하자.

"가보고 싶었던 이중섭거리 근처에 뉴스타파 이은용 기자가 가르쳐준 식당이 있어. 30분도 채 안 걸리는 거리야. 가는 길에 잠깐 주상절리대 보고 가자."

식당 리뷰를 검색해보니 평가가 엇갈린다.

4 ———

점심 먹으러 가는 길. 주상절리대에 들른다. 중문·대포해안을 따라 30~40 미터의 시커먼 육각형 기둥들이 1킬로미터 이상 늘어서 있는 광경. 가히 장관이다. 발밑 멀리에는 거대한 바위가 거북이등처럼 수많은 육각형들로 갈라져 있다. 색깔까지 까매서 더욱 거북이등 같다. 화산암이 급격하게 식으면서 응축되어 생기는 모양이 오육각형이라는데 볼 때마다 신기하다.

주상절리(柱狀節理). 기둥 모양으로 갈라진 결. 그런데, 주상절리는 바닷가에만 있는 게 아니다. 산꼭대기에도 있다. 제주도처럼 유네스코가 승인한 세계지질공원 중 하나인 무등산권 지질공원. 그 핵심인 무등산외 정상 바로 아래 서석대가 그것이다. 1,100미터 높이에 거대한 주상절리가 서쪽을 향해 부동자세로 기립해 있다. 서쪽으로 해가 질 때면 석양빛을 받아 수정처럼 빛난다. '서석대의 수정병풍'이라 찬탄하는 까닭이다. 전 세계적으로 서석대처럼 산꼭대기에 있는 주상절리는 많지 않다. 다만 높은 데 있어 접근이 쉽지 않다는 점이 제주도 주상절리에 비해 불리하다는 게 아쉽다. 관광자원으로 활용하기가 그만큼 더 쉽지 않다는 얘기다. 제주도만큼은 아닐지라도 무등산권 세계지질공원에도 귀중한 지질자원과 멋진 경관을 자랑하는 곳이 많지만 아직 제대로 활용되지 못하고 있다. 지정된 지 얼마 안 된 탓도 있겠지만 사람들을 끌어들일 방법에 대해 더욱 치열하게 고민하고 노력해야 한다.

세찬 바람에 밀려온 파도가 주상절리 절벽에 부딪혀 부서지며 하얀 거품을 일으키고 있었다. 나이 든 사람 중에 혼자서 하얀 거품을 물고 이야기를 독점하는 이가 있다. 참고 들어야 하는 사람의 고역은 아는지 모르는지 끝도 없이 계속한다. 가끔 나도 그런 건 아닌가 하고 자기점검을 한다. 나이 들수록 입은 닫고 지갑은 열어야 한다는 말. 명심 또 명

또 다른 재미, 제주도 지질 탐방

심하자고 다짐한다.

주상절리 감상 데크에서 몸을 돌려 나오려는데 저 멀리 거대한 크루 즈선이 눈에 들어온다. 우와. 엄청나게 큰 배네. 아니었다. 황사로 먼 풍 경이 부얘진 탓에 하얗고 거대한 호텔이 순간 크루즈선처럼 보인 것이 었다. 올 들어 최악의 황사였다. 주상절리대 옆 야자수 공원의 돌하르 방들이 동백꽃이 그려진 마스크를 하고 있었다. 나도 코로나 마스크의 끈을 바싹 조였다.

한 시 반이 넘어 배가 고픈데도 아무 데나 가까운 데서 점심을 들고 싶은 기분은 들지 않는다.

뉴스타파 이은용 기자가 "주인장 마음만 달라지지 않았다면 드실 만 할 곳"이라고 알려준 한식당 '안거리 밖거리'로 향한다. 서귀포시 서귀 동까지 30분 가까이 달렸다. 가게 앞에 정식 9,000원 옥돔구이/흑돼지 돔베구이/계란찜/된장찌개와 밑반찬이라고 써있는 플래카드가 낮게 걸 려 있다. 두 시가 넘었는데도 손님들이 끊임없이 들어온다. 대부분 관 광객 같다. 나름 알려진 곳인 모양이다. 소감. 이 기자 말대로 한 번 드 실 만한 식당이다. 자주 와야지, 하는 생각은 들지 않았다.

제주도에서 산 지 열흘쯤 지났다. 지금까지 다닌 식당 중 단연 가성 비 짱은 탑동 고씨 책방 가까운 곳에 있는 곤밥2였다. 구운 옥돔 세 마 리에 돼지고기 두루치기를 중심으로 한 반찬들, 밥과 국. 값은 1인분에 7,000원. 깔끔하고 맛있었다. 다 먹지 못하고 남겼다.

"여긴 옥돔이 한 마리네. 근데, 곤밥보다 2,000원 비싸네."

"거긴 주민들 위수로 상대하는 식당 같던데. 여긴 관광객들이 대부분 이잖아."

둘 사이에 오간 대화였다.

점심시간이 한참 지났는데도 손님들이 끊임없이 들어왔다. 배도 부르겠다, 조금만 걸어가면 있는 이중섭미술관과 이중섭거리를 구경하자. 오늘 오후는 느릿느릿 걷고 쉬면서 보내자. 용머리해안은 나중에 가게 되면 가고 못 가게 되면 말고.

시간이 오후 세 시를 향해 가고 있었다.

5 ————

이중섭. 마흔 살에 거식증으로 인한 영양실조로 생을 마감한 비운의 화가. 짧은 생애에도 불구하고 박수근과 함께 한국 현대미술의 양대 거장으로 일컬어지는 화가. 굵직한 선으로 흰소, 황소, 싸우는 소, 소와 어린이 등 소를 많이 그린 화가.

어릴 적 이중섭의 소를 보면 무섭기도 하고 슬프기도 하고 힘이 솟기도 했다. 이중섭의 소가 절망, 슬픔, 분노와 동시에 희망, 불굴의 의지를 표현하고 있다고 평론하는 까닭이다. 일제 치하, 해방된 조국의 혼란, 전쟁, 가난, 피난, 제주에서의 행복했던 생활, 현해탄을 사이에 둔 가족과의 이별. 화가는 그림으로 삶과 시대를 말했다.

이중섭은 아내와 두 아들과 함께 서귀포시 정방동 언덕, 섶섬이 보이는 작은 초가에서 1년 가까이 살았다. 불우했던 이중섭의 생애에서 가장 행복했던 시간이었다.

정방동 이중섭 거리. 정방폭포가 가까이 있고 올레길 7코스가 지나는 길이다. 길은 깨끗하게 잘 정돈되어 있고 다른 데서 볼 수 없는 문화 예

또 다른 재미, 제주도 지질 탐방

정방동 이중섭 거리. 카페, 플라워숍, 기념품 가게,
음식점, 문화 기관, 오래된 극장, 여기 저기 이중섭
의 그림을 모사한 벽화들, 소의 오브제 등 다른 데
서 볼 수 없는 문화 예술의 분위기가 풍겼다.

술의 분위기가 풍겼다. 카페, 플라워숍, 기념품 가게, 음식점, 문화 기
관, 오래된 극장, 여기 저기 이중섭의 그림을 모사한 벽화들, 소의 오브
제…. 느릿느릿 윈도우쇼핑을 하고, 가끔 가게 안으로 들어가 구경하
고, 주인한테 궁금한 점을 묻고. 이중섭거리는 서울 인사동과는 판이하
게 다른 곳이지만, 인사동에서 느껴지는 분위기와 인사동에서처럼 행

동하게 되는 그런 곳이었다.

이중섭거리 맨 위쪽 끝. 문화예술의 마을 정방동이란 입간판이 서있다. 정방동의 유래, 이중섭미술관, 서예가 소암 현중화기념관 등에 관한 설명이 쓰여 있다.

그 아래 지붕이 덮인 인도 한 켠. 길게 세워진 벽에 시가 적힌 패널들이 걸려 있다. 공모전에 입상한 시들이다. '제주시 미안'이란 시. 재밌다. 제주시가 제일 예쁜 줄 알았는데, 이제 보니 서귀포가 더 예뻐서 미안이란다. 사람 사이에도 흔히 있을 수 있는 일이다. 등하불명이고 남의 집 잔디가 더 푸르게 보이는 법이다.

건물 벽에 마른 담쟁이 넝쿨이 뒤얽힌 오래된 건물이 눈길을 끌었다. 서귀포극장. 서귀포에 들어선 최초의 극장이다. 지금은 각종 문화행사들이나 공연을 하는 곳으로 사용되는 듯하다. 서귀포극장 골목길을 안으로 들어가면 이중섭미술관이 있다.

이중섭미술관 밖. 중년의 여성 너댓 명이 이중섭의 부조와 '소의 말'이란 글, 그 옆에 추상적으로 표현된 소 조각품 앞에서 깔깔대며 사진을 찍고 있다.

드디어 왔다, 하고 정문으로 들어가려는데 어라? 이상하네. 문이 잠겨 있다. 작은 공지문. 매주 월요일은 휴관이다, 관람을 원하시는 분은 인터넷으로 사전예약 해달라.

또 헐!이다.

"아무려면 어때. 다음에 오면 되지. 이럴라고 한 달 살기 하러 온 거지. 이박삼일이나 삼박사일로 왔으면 이렇게 안 돌아다니지."

미술관 아래 쪽에 이중섭이 살았던 초가집이 있고 일대는 이중섭공

또 다른 재미, 제주도 지질 탐방

원으로 조성돼 있다.

작은 초가 한 칸. 정방동 주민이 이중섭 일가를 위해 내준 집이다. 생각보다 작다. 열려 있는 방 안. 무척 좁다. 화가의 사진과 '소의 말'이라는 글이 정면과 측면 벽에 걸려 있다. 창남 현수언이라는 분이 이중섭의 글을 붓으로 쓴 것이다.

"높고 뚜렷하고 참된 숨결 이제 여기에 고웁게 나려 두북 두북 쌓이고 철철 넘치소서. 삶은 외롭고 서글프고 그리운 것. 아름답도다. 여기에 맑게 두 눈 열고 가슴 환히 헤치다."

소의 말이지만 이중섭 자신의 말이다. 소가 이중섭이고, 가족이고, 우리 민족이었다, 라는 생각이 들었다. 오랜 세월 고삐에 매어 남이 시키는 대로 죽어라 일만 하고 착취당해온 소. 이제 외세가 매어놓은 고삐를 풀어 내던지고 너른 들판으로 내달릴 때가 아닌가.

정방동 주민이 이중섭 일가를 위해 내준 작은 초가 한 칸. 생각보다 작다. 열려 있는 방 안도 무척 좁다.

아직도 분단된 채이나 우리는 어느 새 드라마 음악 영화로 전 세계에 한류붐을 일으키고 세계의 젊은이들이 와보고 싶어하는 선진국이 되었다. 김구 선생이 꿈꾸었던 문화국가 대한민국. 통일만 되면 거칠 것이 없을 텐데. 꼰대 같다고 해도 어쩔 수 없는 일이다. 우리 처지가 그러하

이중섭이 살았던 초가집. 일대가 이중섭공원으로 조성돼 있다.

지 않은가. 머릿속에서 여러 가지 상념이 일어났다 사라졌다.

초가 아래 쪽은 밭과 공원이다. 벤치에 앉아 있는 이중섭 옆에서 잠시 쉬었다. 쓰고 있던 모자를 씌우고, 실례! 같이 사진을 찍었다. 병과 가난으로 마흔 살에 삶을 마감해야 했던 천재 화가. 나는 마흔 살에 뭐하고 있었지.

매주 주말 오후 1시. 해설사와 함께 하는 작가의 산책길 탐방이 이중섭공원에서 진행된다. 참가해보고 싶다.

다시 이중섭거리로. 다양한 가게들 구경하는 재미가 쏠쏠했다. 특히 눈길을 끈 가게가 있었다. 세계 최초 해녀 캐릭터샵. 간판 바탕색, 핑크였다.

꼬마 해녀 숨비. 귀엽다. 숨비아일랜드 대표 천혜경 씨가 디자인하고 각종 캐릭터상품으로 개발했다. 대부분이 70대 이상이어서 언제 명맥

또 다른 재미, 제주도 지질 탐방

이 끊어질지 모르는 제주의 해녀 문화를 지키고 알리는 데 한 역할 하고 있다. 정부와 자치단체가 도움을 주었지만 꼬마 해녀 숨비는 천혜경 씨의 아이디어에서 탄생했다. 상품의 종류도 무척 다양하다. 바쁜 사람을 붙들고 얘기하기도 뭣해서 한두 마디 물어보고 명함을 받고 나왔다.

홍어도 이렇게 할 수 있는데. 그래서 광주MBC가 핑크피쉬를 제안했는데. 할 수 없어서 직접 캐릭터상품을 만들어 기념품으로 쓰고 팔기로 했다. 양동시장에 오픈할 예정인 핑크피쉬 레스토랑이 첫 번째가 될 것이다. 다시 느끼지만 모든 게 콘텐츠라는 마인드가 있어야 한다.

목이 말라오고 다리가 뻣뻣해지기 시작했다. 이중섭거리 입구의 카페에 앉아 차가운 라떼를 주문했다. 황사로 칼칼해진 목이 시원해졌다. 창밖에 봄 햇살이 폭포처럼 쏟아져 내리고 있었다.

핑크색 간판을 단 세계 최초 해녀 캐릭터샵(오른쪽). 그리고 꼬마 해녀 캐릭터상품 숨비.

다이어트는 너무 어려워

제주MBC

아침. 범섬이 흐릿하다. 황사가 여전하다.

오늘은 한 템포 쉬어가기로 했다. 제주MBC를 방문하여 후배인 이정식 사장, 김지은 PD를 만났다. 서울에서 일하다 내려온 김영나 작가랑은 밖에서 잠깐 인사만 나눴다. 김 작가는 시사교양국에서 일했었다. 새파랬을 때 봤다. 제주로 내려온 지 한 5년 됐단다. 김지은 피디는 17년인가 됐단다. 제주가 너무 좋단다. 완벽한 제주 사람이다. 어려운 지역공영방송사가 뭘 해야 할지 먼저 경험한 사람으로 두서없이 얘기했다.

"지역에 사는 사람들은 너무 익숙해서 자기 지역에 매력적인 자원이 넘친다는 걸 오히려 인식하지 못할 수 있다. 기획은 외지인의 시선으로 봐야 한다.

지역방송사는 지역민의 신뢰와 사랑 없이는 생존을 담보할 수 없다. 지역발전에 기여하면서 지역의 도움을 받는 호혜적 관계가 중요하다. 사양산업이 돼버린 지상파의 생존은 지상과제가 되었다. 좋은 방송을

제주MBC 사옥 벽면에 새겨진 부조. 탐라국을 건국한 세 신인이 떠내려온 궤에서 나온 벽랑국 세 공주에게 선물을 바치고 혼인을 청하는 신화의 한 장면을 모티브로 한 것이다.

하려면 우선 살아남아야 한다.

그래도 하기에 따라 성장이 가능한 문화사업과 디지털 부문을 강화하는 건 필수다.

지역사의 한정된 인력과 자원을 전제하고, 할 수 있는 것과 없는 것을 구분하는, 선택과 집중이 중요하다.

MBC의 특성상 상명하달식 경영은 불가능하다. 끊임없는 대화를 통해서 구성원들이 자발적으로 하고 싶은 마음이 들어야 성과도 낼 수 있다. 구성원들의 성과가 곧 보직자의 성과고, 보직자의 성과가 곧 사장의 성과다. 일하는 사람을 말락하고 지원해야 한다." 등등.

나보다 더 잘 알고 있을 후배 앞에서 선배연하느라 말이 많았다. 내색하지 않고 공감해줘 고마웠다.

"구성원들에게 매력 넘치는 섬 제주도 자체를 알리고 파는 데 최선을 다하자"고 강조했다고 이정식 사장이 말했다.

제주MBC 사옥 높이 부조가 새겨져 있다. 신화를 모티브로 한 것이다. 탐라국을 건국한 세 신인이 떠내려온 궤에서 나온 벽랑국 세 공주에게 선물을 바치고 혼인을 청하는 장면이다. 세 신인은 제주의 세 성씨인 고, 양, 부씨의 조상이다. 제주도의 관광지 혼인지(婚姻地)가 이들이 결혼했다는 곳이다.

사옥 현관 위. 2021 〈제주MBC 연중 캠페인 '위기를 기회로, 힘내라 제주'〉라고 적힌 구호가 걸려 있다. 그렇다. 언제나 기회와 위기는 동전의 양면이다. 위(危)와 기(机)를 함께 쓰는 이유다. 둘이 함께 주먹을 쥐고 화이팅을 외쳤다. 실은 나의 선창에 이 사장이 쑥쓰러워하며 따라한 것이지만.

깨끗하고 세련된 한식집에서 맛있는 점심을 대접받았다. 전복돌솥밥. 원래 카페였던 곳인데 식당으로 바꾼 지 오래지 않단다. 프랜차이즈 커피샵들이 들어오면서 개인이 운영하는 카페들이 경쟁하기 어려워진 탓도 있단다.

능력 있고 겸손하고 따뜻하고 정의로운 피디였으니 사장 직도 잘 수행할 것이다. 3년에 걸친 장거리 마라톤을 막 시작한 셈이다. 조급하지 않게, 일정한 호흡으로, 수백 수천 번 되풀이 대화하며 꾸준히 달리는 수밖에 다른 길은 없다. 후배의 성공을 진심으로 축원한다.

한라산을 넘어 서귀포로 돌아오는 길. 운전을 하는데 정신없이 졸음이 몰려 왔다. 큰일 나겠다 싶어 비상정차구역이라고 표시된 곳에 차를 세웠다. 의자를 한껏 제치고 눈을 감았다.

얼마나 잤을까. 깨는 순간 하나도 기억나지 않는, 복잡하기만한 개꿈에 시달리다 눈을 떴다. 순간 깜짝 놀랐다. 도로 한가운데 정차하고 있는 줄 알았다. 옆으로 차들이 쌩쌩 지나갔다. 한참 동안 두 눈의 초점이 따로 놀았다. 머리를 세게 흔들어 정신을 집중하고 조심조심 차도로 끼어들었다. 백미러에 빠른 속도로 달려오는 차가 보였다. 액셀을 밟은 발에 힘을 주었다.

오후엔 장을 봤다. 집에 먹을 게 하나도 없었다. 두 사람 입이 이렇게 무서운지 새삼 느꼈다. 살 뺀다고 서울에서보다 훨씬 적게 먹고 있다고 생각하는데, 아닌가. 며칠 전에 한 칸 더 안쪽 구멍에 허리띠를 채울 수 있게 됐다는 사실을 발견했다. 몸도 조금 가벼워진 듯하다. 착각인가.

법환에서 가까운 이마트에 가 잔뜩 쇼핑을 했다. 불고기 상추쌈으로 저녁 식사를 했다. 햇반 하나를 반반씩 나눠 먹었다. 이 정도 먹는다고 별 일 있을라고. 서로 마주보고 고개를 끄덕이며 겸연쩍게 웃었다. 오랜만에 바쁘지 않은 하루가 저물었다.

다시 이중섭을 만나다

서귀진지 서귀포문화원 이중섭미술관 유동카페 네거리 식당

❚————

"엊그제 실패한 이중섭미술관에 가자."

"전시된 그림도 별로 없다던데 꼭 가야 하나?"

"일 보고 뭐 안 닦은 것처럼 계속 찜찜해. 끝을 봐야 개운하지."

사전예약제였음을 기억하고 스마트폰으로 체크한다. 다행히 당일 예약 여유분이 많이 남아 있다. 11시 반 관람 신청. 하라는 대로 따라 하니 간단히 오케이다. 법환에서 이중섭미술관까진 10여 분 거리다. 도착하고 보니 오픈까진 한 시간이나 남았다.

이중섭거리 반대쪽, 바닷가쪽으로 향하는 도로를 따라 걷는다. 너른 공터와 성벽으로 생각되는 돌축대가 눈길을 끈다. 다가가 간판을 보니 서귀진지다. 근 100명 가까운 병졸들이 근무하며 왜적의 침략에 대비했던 곳이다.

한 무리의 비둘기들이 여러 차례 선회 비행을 한 뒤 전깃줄에 앉았다. 성터에는 하얀 꽃이 핀 토끼풀이 가득하고 듬성듬성 민들레가 노란 꽃을 피우고 있다.

서귀진지를 둘러보고 바닷가쪽으로 한참을 걸었다.

아내. "어, 여기 지난 번 지나가다 봤던 버려진 건물 아닌가."

나. "아니, 그걸 다 기억하네. 보통 눈썰미가 아니구만."

아내. "저기서부터는 전에 왈종미술관 갈 때 걸었던 길이네. 돌아가자."

발길을 돌려 이중섭거리로 향한다. 입구 오른 쪽에 서귀포문화원이 있다. 건물에 걸려 있는 천에 적힌 글.

"이중섭미술관 창작스튜디오 11기 릴레이 개인전. 극혐주의·축수. 서북의 아들이 제주를 보다. 윤정환 3회 개인전."

극혐주의? 서북의 아들? 호기심이 꿈틀거린다.

작가노트를 읽는다. 어릴 적 작가는 전라도와 제주도 사람은 피하라는 얘기를 들으며 자랐다. 제주의 역사와 4.3에 대해 알게 된 작가는 할아버지가 제주민들에게 살인마나 다름없었던 서북청년단으로 악명 높은 서북 출신임을 알게 된다. 서북 출신이라고 다 서북청년단은 아니지만 어느 누구든 지역, 국가, 이데올로기로 묶이고 차별과 혐오의 대상이 되면 국가폭력으로부터 자유로울 수 없다는 사실을 깨닫는다. 일본 극우단체의 혐한 시위를 보고, 작가 자신 1억3천만 일본인의 60% 이상이 혐오하는 한국인임을 자각한다. 혐오와 차별에 대한 고발. 어떤 작품은 비단, 어떤 작품은 종이 위에 그렸다.

"왜 비단 위에 그립니까?"

"옛날 임금님 어진을 비단 위에 그렸잖아요."

서귀포시가 후원하는 레지던시 작가 11기로 서귀포에 머무르며 그림을 그리는 윤정환 작가. 사진 배경에는 우경화로 치달으며 혐한 감정을 거리낌없이 토해내는 일본을 그린 강렬한 작품이 걸려 있다.

완전히 이해는 못 했지만 "아, 예." 하고 수긍한다.

윤정환 작가. 3년 전 제주도로 왔다. 가족들은 제주시에 살고 자신은 서귀포시가 후원하는 레지던시 작가 11기로 서귀포에 머무르며 그림을 그렸다. 대학 때 그림을 전공했지만 호구지책으로 10년 간 월급쟁이 생활을 했다. 그림이 그리고 싶어 그만두었다.

"그림만 그려서는 생활하기가 쉽지 않을 텐데요?"

"그래서, 여기 저기 특강도 하고 대학에서 강의도 합니다."

"레지던스 작가는 몇 명이나 돼요?"

"네 명 있어요. 화가들입니다. 마라도에도 레지던시 작가들이 있는데 거긴 글쓰는 사람들이에요."

우경화로 치달으며 혐한 감정을 거리낌없이 토해내는 일본을 그린 그림. 인상이 강력하다. 살짝 만화적인 느낌도 난다.

다시 이중섭을 만나다

"사진 같이 찍을까요?"

"그러시죠. 이 작품 앞이 포토존이에요."

상냥하다. 입장을 바꿔 생각하면 작가는 자기 작품에 관심을 표하는 관람객이 반가울 것이다.

입구 테이블에 놓여 있는 작품 도록과 카드들. 모두 파는 것들이다. 1만 원 한 장을 주고 도록 한 권과 카드 석 장을 샀다.

"감사합니다."

"어이구 별 말씀을. 수고하셔요."

10년 동안 중단했던 그림이 그리고 싶어 직장을 그만두고 제주도에 내려와 정착한 젊은 화가. 윤정환 작가의 앞날에 영광 있으라.

2 ─────

다시 이중섭미술관.

"사전예약하고 왔습니다."

의기양양하게 말했다.

"네. 밖에서 조금 기다렸다 시간 되면 들어오세요."

가족으로 보이는 젊은 부부. 아이를 데리고 왔다.

"사전예약 안 했는데 못 들어가나요?"

"현장 신청하시면 됩니다. 여기에 신상 적으시면 돼요."

엥? 사전예약 안 해도 된다고? 그랬다. 제한 인원수에 미달될 경우에는 현장에서 신청해도 된단다. 그렇다고 미달될지 아닐지 알지 못하니 사전예약을 안 하고 가는 건 답이 아니다. 아침부터 예약한다고 부산떤

걸 생각하면 약간 손해 본 느낌이 들었다. 이런 걸 머피의 법칙이라고 하든가. 뭐 세상사 다 그런 거지.

입구에 걸린 커다란 황소 그림. 프린트다. 앞에서 사진 찍는 포토존이다.

안으로 들어간다. 미술관에 다녀온 사람들 리뷰를 보면 전시 작품이 너무 적어 실망했다는 이도 있고, 그래도 이중섭을 만날 수 있어서 좋았다는 이도 있다.

들은 바대로 전시된 그림들은 많지 않았다. 대작들은 없었고 기증 받은 소품들과 엽서화, 아내에게 보낸 편지에 그린 그림들이었다. 그럴 수밖에. 20년에 걸쳐 그림 중 남아 있는 것은 1951년부터 화가가 세상을 떠난 1956년까지 그린 그림들뿐이다. 그 전에 그린 그림들은 고향인 원산에서 피난 올 때 모두 어머니한테 맡겼다.

하지만, 기어코 오길 잘했다. 이중섭의 그림 속에 담긴 서귀포 풍경과 서귀포에서의 가족 생활은 70년 가까운 세월이 흐른 지금 서귀포를 여행하는 이에게 특별한 감정을 불러 일으킨다. 무엇보다 이중섭과 아내 이남덕(일본명 야마모토마사코)의 아름답지만 너무도 슬프고 안타까운 러브스토리가 가슴을 울린다. 이중섭이 이남덕이라는 조선 이름을 지어준 야마모토마사코라는 여인. 도대체 어떤 사람이길래 식민지 조선의 애인을 찾아 태평양전쟁 말기에 혼잣몸으로 원산까지 간단 말인가. 대체 어떤 사랑이길래 전쟁 막바지에 먼 이국땅에서 홀로 족두리를 쓰고 조선식으로 결혼식을 올릴 수 있단 말인가. 친정 아버지가 세상을 떠난 후 두 아들을 데리고 일본으로 돌아간 아내. 화가가 아내에게 보낸 그림 엽서들, 그림이 그려진 편지들, 둘 사이에 오간 글들을 직접 보

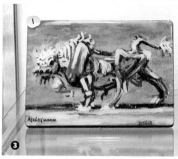

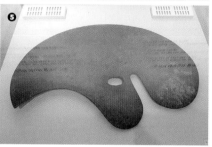

1 이중섭 길 떠나는 가족이 그려진 편지, 1954
2 이중섭, 그림 편지, 1953~1954
3 아트숍에서 파는 기념품들
4 이중섭, 선착장을 내려다본 풍경
5 이중섭이 아내에게 선물한 팔레트

고 읽는 감동. 일본에서 그림전에 출품해 상을 탄 후 받은 팔레트를 이중섭은 마사코에게 선물했다. 사랑의 증표였던 그 팔레트가 눈앞에 있었다. 마사코 여사가 기증한 것이다. 올해 100살인 마사코 여사는 현재 도쿄에서 살고 있단다. 한 번 실패하고 다시 찾은 이중섭미술관의 가치는 그것만으로도 충분했다.

1년에 불과한 짧은 거주. 찢어지게 가난해 제대로 입지도 먹지도 못했지만 생애 가장 행복한 시간을 이중섭은 가족과 함께 이곳 서귀포에서 보냈다. 서귀포는 이중섭의 덕을 톡톡히 보고 있다. 예술의 힘이다. 예술가를 후히 대접해야 하는 이유다.

미술관 2층에서는 '이중섭 친구들의 화원'이라는 전시가 열리고 있다. 이중섭과 동시대에 활동했거나 인연이 있는 화가들의 작품이다.

삼층은 옥상 전망대. 멀리 왼쪽으로 섶섬이 보이고 오른쪽으로 문섬이 보인다. 이중섭이 매일 봤을 풍경을 오늘 나도 보고 있다. 우주의 눈으로 보면 찰나보다도 짧은 시간을 사이에 두고 불운했던 천재 화가와 한 가지라도 예술적 재능이 있었으면 얼마나 좋을까 하고 부러워하는 중년의 내가 연결되고 있다는 느낌이 든다. 일순 기분이 묘했다.

아트숍에서 황소와 흰소가 그려진 작은 기념품 두 개를 샀다.

3 ————

맛있는 커피숍이 있는데 거기 가볼까, 아내가 말했다. 드문 일이다. 커피 값이 너무 비싸, 돈 아까워, 집에서 내려먹으면 되지. 늘 그랬는데. 유동커피? 유명하다고? 나는 전혀 몰랐다. 모르는 게 끝도 없이 많다.

다시 이중섭을 만나다

이중섭 거리 입구에서 가까운 곳에 있다.

그다지 넓지 않았다. 손님들이 가득했다. 유니폼을 입은 바리스타들이 주방에서 바삐 움직인다. 다행히 한 자리가 비었다. 카푸치노와 블랙커피를 주문한다.

좌석 옆에 오래된 잡지들이 놓여 있다. 오너 바리스타 조유동 대표에 관한 기사들이다. 이력을 보며 대학교에 커피학과가 있는 줄 알았다. 커피업계에서는 상당히 유명한 스타 바리스타다. 천정과 벽에 수많은 상장들이 달려 있다.

찬찬히 실내를 둘러보았다. 말을 타고 알프스를 넘는 나폴레옹을 그린 유명한 그림. 자세히 보니 얼굴이 조 대표의 캐리커처다. 나온 커피잔에도 캐리커처와 '유동커피 한 잔 하실라우?'라는 글이 인쇄돼 있다. 테이크아웃 종이컵의 뜨거운 차단 종이에도 있다. 프로모션 아이디어가 상당하다. 젊은 손님들은 연신 사진을 찍는다.

기사들에 쓰인 대로 대표는 통통 튀는 밝은 성격인 듯했다. 초짜 바리스타 시절 느낀 대로 유명한 스타가 된 후에도 모두에게 친절하고 겸손하게 대하려 노력한다고 한다. 손님들과도 진심으로 깊이 교류한다고 한다. SNS 시대에 잘 맞는 사람이다. 그러니 성공했을 것이다.

카푸치노는 내 입엔 좀 달았다. 조유동 대표 인터뷰를 보니 자신은 커피의 밸런스와 스윗니스(단맛)를 중시한다고 한다. 블랙커피를 조금 따라 보탠다. 다 마신 잔 밑에 글씨가 쓰여 있었다. 가까이 들여본다.

'음료는 입에 맞으셨나요?' 기발하다. 한가하면 직접 만나 이런 저런 얘기도 듣고 싶었지만 그럴 계제가 아니다. 끊임없이 손님들이 들어온다. 오래 앉아 있기 미안하다.

유리창 밖 도로 건너편에 재밌는 외관을 한 가게가 있다. 이중섭의 호인 대향이라는 이름의 흑돼지 구이집이다. 웬 여인이 벽에 매달려 타잔처럼 외줄을 타고 있다.

유동커피는 제주도만이 아니라 전국 여기저기에 지점이 있다. 검색해 보니 전주, 울산, 포항, 부산 등등이 뜬다. 강릉에서 시작해 전국으로 진출한 테라로사처럼 또 다른 전국 체인으로 발전하고 있는 중인 듯하다.

가게 밖에 세워져 있는 입간판이 시선을 끌었다. 비어리카노는 GS25에서만 만날 수 있습니다. GS25와 유동커피의 콜라보 프로젝트인 듯하다. 비어리카노 × 제주 유동커피. 스페셜 원두와 로스팅된 몰트를 블렌딩하여 아메리카노 특유의 산미와 흑맥주의 스모키향을 느낄 수 있는 시그니처 스타우트 맥주라는 설명이다. 어떤 맛일까 상상한다.

유동커피를 나와 작가의 산책길을 따라 걷는다. 뜻하지 않게 생긴 저녁 약속. 새로운 만남이 기다리고 있다. 아내는 혼자서 걸어가다 힘들

다시 이중섭을 만나다

면 버스를 타고 집으로 가겠다며 걱정 말란다. 제주도 걷
는 게 너무 너무 좋다고. 나중에 들으니 서울에서 내려와
서귀포에 정착한 동갑내기 여자를 길에서 만나 같이 새
섬을 걷고 별별 얘기를 다 나눴단다.

백살 된 시어머니를 모시고 살고 있고, 서울 재산을
팔아 서귀포 매일올레시장 근처에 작은 빌딩을 사서 적
지 않은 월세를 받아 생활하고 있고, 스킨스쿠버를 직업
으로 하는 아들에게 빌려줄 배를 적지 않은 돈을 들여 만들고 있고, 남
의 땅을 빌려 귤농사를 짓고 있고, 자식 손녀들까지 몽땅 같이 제주도
로 내려왔고 등등 술술 자기 얘기를 하더란다. 그러면서 서울 아파트
팔아 제주도에 오면 편하게 노후 생활 할 수 있다며 권하더란다. 아내
도 결혼 후 8년을 시부모와 함께 살았으니 쉽게 의기상통했을 것이다.
"돈도 없었지만 장남이니 같이 살아야 한다고 생각했다, 왜 그런 낡은
생각을 했는지 모르겠다. 삭월세방이라도 얻어서 분가시켰어야 했다"
고 나중에 어머니가 후회하셨다. 아내는 그때 너무 힘들었다. 바로 아
들이 태어나지 않았으면 어떻게 했을지 몰랐다고 나중에 내게 말했다.
지금도 내가 아내 앞에서 머리가 숙여지는 까닭이다. 덕분에 월급을 모
으고 은행 빚을 보태 주택조합 아파트를 마련해 분가했다. 힘든 시집살
이 덕에 아내의 기쁨은 배가되었을 것이다.

조금 이른 시간인 오후 다섯 시 반. 맛집으로 소문난 식당에서 전혀
만날 일이 없을 세 사람이 만났다. 인연이란 재밌는 것이다.

4 ━━━━

서귀포시 서귀동 '네 거리 식당'. 맛집으로 소문난 곳이다. 수요미식회
라는 프로그램에 나온 적도 있어 널리 알려졌다. 출연자들은 갈치요리
를 먹었던 모양이지만 나문 대표가 여기 옥돔무우국이 맛있다고 했다.
옥돔무우국 삼인 분에 고등어 구이를 추가 주문했다. 저녁 식사로는 적
지 않은 양이다. 시간이 일러 다행이다.

나, 정서연, 나문. 삼인 회동의 전말은 이렇다. 광주에서 제주에 출장
차 온 김에 왈종미술관을 관람하게 된 정서연 씨가 마침 가까운 거리에
있던 나랑 연락이 돼 차 한 잔을 하게 됐고, 예정돼있던 나문 대표와의
저녁 자리에 내가 끼게 된 것이었다.

정서연 씨. 아동교육을 전공하고 푸르니보육지원재단의 책임연구원
으로 있는데 워낙 적극적이고 활발한 성격이라 사람들 모으고 연결하
는 데 탁월한 재능을 갖고 있다. 광주에서 열린 최옥수 작가의 사진전
'얼굴'의 모델 중 한 명이었는데, 최 작가를 도와 출연한 이들과 연락을
하고, 행사의 사회를 보고, 모임을 주선하는 등의 귀찮은 일을 늘 웃으
며 깔끔하게 해냈다. 누가 시켜서가 아니라 스스로 자원해서.

사진전에 내가 이름을 올린 것도 실은 정서연 씨가 최옥수 작가에게
부탁한 덕이었다. 한 아이의 엄마에다 직장생활로 바쁜 중에 어디서 그
런 에너지와 열정이 나오는 것인지 감탄하지 않을 수 없다. 청춘 남녀
연결해주는 중매업을 해도 잘할 것 같다는 내 말에 그렇잖아도 몇 쌍
성사시켰단다. 사람 연결하는 일이 즐겁고 자신도 있다면서 스스로 발
넓은 오지라퍼임을 부인하지 않는다. 정서연 씨 덕에 전혀 예상치 못한
저녁 회동이 전격적으로 성사됐다. 귀한 인연은 이렇듯 우연히 시작되

다시 이중섭을 만나다

네 거리 식당의 옥돔무우국은 시원했다. 다른 데서 먹었을 때 느꼈던 생선의 비릿함이 없었다.

는 법이다.

　나문. 외자 이름이다. 서귀포에서 해조류 수출을 전문으로 하는 회사 '태림'의 대표. 자기 사업을 하면서 오랫동안 정치에 적극 관여해왔다. 민주당 열성 당원으로 선거 때면 매번 민주당 후보를 위해 뛰었고 지난 대선 때는 문재인 대통령 당선을 위해 최선을 다했다.

　사업에 바쁜 중에도 열심히 정치활동을 한다. 그러면서도 논공행상으로 주어지는 자리를 탐한다거나 스스로 뭐가 되겠다고 선출직 후보로 나선 적이 없다. 정치 경험이 풍부하고 지역 정계를 누구보다 훤히 꿰뚫고 있다. 지역사회의 무엇이 발전을 가로막고 있는지, 어떻게 해야 하는지도 안다.

　나문 대표의 추천대로 과연 네 거리 식당의 옥돔무우국은 시원했다. 다른 데서 먹었을 때 느꼈던 생선의 비릿함이 없었다.

　식당에서 탄력이 붙은 대화는 카페로 자리를 옮겨 계속 이어졌다. 말의 아귀가 착착 물려 돌아갔다. 많은 부분에서 우리 정치의 문제, 특히 지역정치와 지자체의 문제에 대한 견해가 일치했다.

서울 부산 보궐선거에서 민주당이 고전하고 있는 이유를 비롯해 당 대표 선거, 대선, 지자체 선거까지 화제에 올랐다. 오랜 경험에서 비롯된 식견이 상당했다. 생각이 반듯하고 분명한 사람이었다. 귀담아 듣고 배울 점이 많았다. 광주에서 3년간 일하며 느낀 것이지만 대한민국이 아무리 서울 일극중심이라 해도 지역 구석구석에 공적 마인드를 가진 훌륭한 이들이 적지 않다. 사적 이익을 노리고 활동하지 않기에 신망이 두텁다. 자신을 앞자리에 내세우거나 뻐기지 않는다.

처음 만난 자리인데도 오랜 지기인 듯 친근하고 편안했다. 나이는 나보다 한참 적지만 서로 생각이 통했다. 우리 사회가 퇴행했다가도 다시 복원되고, 조금씩 발전하고 있는 건 자신을 내세우지 않고 묵묵히 대의를 위해 헌신하는 사람들 덕분이다.

"오랫동안 제주도 정치에 적극 관여해 왔습니다. 현재는 제주희망포럼 사무총장을 맡고 있어요. 요즘 들어 더 작은 단위 공동체의 내실을 다지는 게 중요하다는 생각을 하고 있습니다. 내가 사는 대정읍에서 뜻 있는 사람들과 함께 모임을 만들고 지역 발전을 위해 뭘 해야 할지 머리를 맞대고 고민하고 있습니다."

나주 나씨다. 시제를 지내기 위해 가끔 나주를 방문해서 나주에 대한 지식이 상당하고, 각별한 애정이 있다.

"나주는 전주와 함께 전라도의 중심지 아니었나요. 역사적 문화적 자원이 엄청 많은 곳이지요. 이런저런 이유로 그동안 전혀 존재감이 없었는데, 이젠 달라질 때가 되지 않았나 싶어요. 노무현 대통령이 추진한 혁신도시 중에서 나주가 제일 성공한 케이스라고 할 수 있지요. 지역

발전에 잘 활용해야지요. 정치가 중요하다고 생각합니다. 중앙이든 지역이든."

나도, 정서연 씨도, 100퍼센트 공감했다. 둘 다 나주에서 유년시절을 보냈기 때문이다.

"서귀포 한 달 살기 하는 동안 또 만납시다. 재밌는 얘기 더 나누시게요."

조만간 다시 보자고 약속했다. 밤 아홉 시가 넘었다. 정서연 씨를 숙소까지 태워다주는 수고는 나 대표가 맡았다. 번개처럼 성사된 세 사람의 회동이 끝났다. 담소는 네거리식당의 옥돔무우국처럼 시원했고 맛있었다.

기분 좋은 봄바람이 밤거리를 어루만지고 지나갔다. 봄바람처럼 밤거리를 달려 10분도 안 돼 집에 도착했다. 졸린 눈을 비비며 아내가 문을 열었다. 거실로 들어서자 와락 피곤이 몰려왔다.

이중섭 자구리공원 길

제주도에서 가장 많이 먹은 탕

서귀포휴양림
법정사 항일독립운동발상지   대평포구   이중섭거리

나는 독특하고 분위기 있는 카페, 폐건물을 리모델링해서 다른 용도로 활용해 성공한 곳, 좋은 경치를 보며 산책하듯 걷는 길, 그런 걸 좋아한다.

아내는 좀 다르다. 제주도에 온 후 카페에서 쓴 커피값이 얼마인 줄 알어? 한다. 뭐라 항변할 수 없다. 사람 하나 보고 가난한 총각과 결혼해 8년 간 시부모를 모셨다. 나는 회사일 한다고 무신경했다. 월급만 갖다주는 걸로 끝이었다. 피디수첩 한다고 살림살이 같은 건 돌아보지 않았다. 뭐 좀 해보겠다면 못 하게만 했다.

직장 생활을 끝낸 지금 크게 여유가 있는 건 아니지만 큰 걱정을 안 해도 되는 건 아내 덕이다. 올해로 결혼 37년째. 아내가 "당신처럼 재산에 관심 없는 사람 처음 봤어."라고 할 때마다 나는 대답한다. "무슨 소리. 당신과 결혼했잖아."

제주도 곳곳, 한라산 곳곳에 많이 자라는 동백나무. 빨간 꽃 한 가운데 자리한 샛노란 꽃술. 동백꽃에는 다른 꽃에서 느낄 수 없는 강렬한 끌림이 있다. 왠지 모르지만 터질 듯한 환희와 슬픔이 공존한다.

아내는 올레길이든 둘레길이든 오래 길게 걷는 걸 좋아한다. 나는 어디 명소를 한두 군데 구경하고 가까운 올레길이든 마을길이든 걸었으면 하는데, 기어코 산으로 가자고 재촉한다. 그래, 오늘은 서귀포휴양림이다.

서귀포휴양림은 멀지 않다. 차로 30분이 채 걸리지 않는다. 하늘은 아침부터 잔뜩 흐려 언제고 비가 쏟아질 수도 있겠다 싶다. 어느 정도 방수가 되는 잠바를 입고 모자를 쓰고 우산을 챙긴다. 구불구불 1,100도로를 올라간다.

서귀포휴양림. 주차장에 차들이 몇 대 없다. 매표소에서 티켓을 사고 입장. 어느 길로 갈까. 건강산책로와 생태관찰로, 그리고 숲길산책로가 있다. 앞의 둘은 짧고 숲길산책로는 제법 길다. 운동하러 왔는데. 당근 숲길산책로지.

제주도에서 가장 많이 먹은 탕

야자수매트가 깔린 좁은 오솔길을 따라 내려간다. 숲길산책로는 차도를 따라가다 차도를 건너기도 하면서 이어진다. 반환점이다. 다시 올라가기 시작한다.

참꽃 산딸 작살… 나무들에 특이한 이름의 명패가 붙어 있다. 쉼터라는 곳에 이르니 제법 너른 공간에 평상이 여러 개 놓여 있다. 이용하는 사람들이 많지 않은지 평상 마루는 삭았고 지저분하다.

계곡에 다다랐을 때 순간 깜짝 놀랐다. 점점이 뿌려진 빨간 피인가하고 봤더니 떨어진 동백꽃들이다. 내일 모레는 4.3 73주년. 왜 제주도가 국가 폭력에 희생된 무고한 목숨들을 동백꽃으로 상징하는지 알겠다. 제주도 곳곳, 한라산 곳곳에 많이 자라는 동백나무. 붉게 핀 동백꽃은 시들지도 않은 채 어느 순간 뚝 떨어진다. 땅에 떨어진 후에도 동백꽃은 한참을 피어 있다. 빨간 꽃 한 가운데 자리한 샛노란 꽃술. 동백꽃에는 다른 꽃에서 느낄 수 없는 강렬한 끌림이 있다. 왠지 모르지만 터질 듯한 환희와 슬픔이 공존한다. 그런 느낌을 좋아한다. 동백꽃은 그래서 세 번 핀다. 나무 위에서 피고, 땅 위에서 피고, 가슴 속에서 또 핀다.

사방이 돌담으로 둘러싸인 무덤이 나타난다. 누가 이 높은 곳에 묘를 썼을까. 돌담은 대충이 아니라 정성들여 쌓았다.

오르락내리락, 마른 계곡을 건너고, 한참을 걸었더니 숨이 찬다. 처음 제주도를 걸었을 때보다 걷는 게 늘긴 했지만 그래도 산길은 힘들다. 건강해질 터인데 이 정돈 참아야지. 숨소리가 심하게 거칠다. 남이 보면 근세 산행 초보사인 줄 알 것이다.

한 2킬로 정도 걸었을까. 팻말에 오른 쪽은 법정사 혹은 한라산 둘레길로 가는 길이라는 표시가 돼 있다. '법정사 항일독립운동발상지 323미터'. 300여 미터라면 갔다 와도 크게 무리일 것 같지 않다.

법정사 한 번 가보자. 아내는 탐탁지 않은 표정이다. 그 시간에 숲길을 더 걷고 싶어 한다. 항일운동발상지라는데, 별로 멀지도 않은데, 한 번 가봐야지.

300여 미터가 그렇게 먼 줄 몰랐다. 아래로 내려가 물이 고인 계곡을 조심조심 건넌 뒤 나무데크가 깔린 오르막길을 한참을 오른다. 포장도로가 나오고, 군데군데 나뭇가지에 '절로 가는 길'이라 쓰인 천조각이 매달려 있다. 한참을 내려가니 기와집 몇 채가 보였다. 저게 법정사구나.

어라, 그런데 절이라면 응당 있어야 할 것들이 보이지 않는다. 일주문, 사천왕을 모신 천왕문, 해탈문, 불이문, 불탑, 불당, 요사.

이상하네.

제일 큰 기와집에 관리사무소라는 현판이 달려 있다. 안에서 남자가 나온다.

"여기 법정사라는 절 아닌가요?"

"아, 법정사는 옛날에 불에 타 없어지고 지금은 터만 남아 있어요. 요 앞 계곡 건너 70~80미터 쯤에 있어요."

"또 허탕이네."

아내가 작은 소리로 말했다. 혼잣말이었을 것이나 나는 괜시리 덜컹했다. 오기 싫어하는 걸 억지로 끌고온 건데.

법정사는 없었다. 일제가 불태워버린 후 복원되지 못한 채였다. 그러면 그렇게 갈랫길 이정표에 써놔야지.

제주도에서 가장 많이 먹은 탕

무오 법정사 항일운동 기념탑

1918년 10월 6일. 법정사 주지 김연일과 승려들이 주민들을 규합해 국권회복과 독립을 위해 떨쳐 일어났다. 상당 기간 은밀히 준비한 끝이었다. 일본인 경찰 세 명을 포박하고 구금자 열세 명을 석방했으며 중문리 파출소를 불태웠다. 결국 일제 경찰에 체포되어 66명 중 46명이 10년의 징역형과 벌금형을 선고받았다. 두 명은 옥중에서 목숨을 잃었다.

내려왔던 길을 되짚어 올라간다. 숲길산책로로 돌아가는 길 입구에서 멀지 않은 곳에 높은 탑이 보인다. 위패봉안소였다. 무오법정사 항일운동 내역과 형사사건 송치자 66인의 이름이 새겨진 비가 있다. 이높은 곳에 절이 있었다는 것도 놀라웠지만 여기서 주지를 중심으로 승려들이 거사를 준비하고 산밑으로 내려가 마을사람들을 규합해 독립운동을 일으켰다는 사실도 놀랍다. 그것도 무장투쟁이었다. 일제경찰이 불태워 버린 사찰이 복원되지 못한 채 터만 남아 있다는 사실이 안타깝다. 힘들게 여기까지 오는 사람들을 위해서라도 원래 모습 그대로의 법정사가 있으면 좋을 텐데, 라는 생각이 든다.

숲길산책로까지 되돌아 가는 길은 무척 힘들다. 숨이 턱까지 차올랐고 입밖으로 끄응끄응하는 신음소리가 새어나온다.

숲길산책로 종점에 가까운 곳에 법정악 전망대 산책로라는 표지가 있다. 편도 620미터. 바로 고개를 돌린다.

아내는 숲길산책로 입구가 아니라 더 위쪽 편백림산책로를 더 걷고 싶어한다. 피톤치드가 제일 많이 나오는 나무가 편백이라면서. 나는 곧 비도 올 것 같고, 힘들어서 더는 가기 힘들다고 말한다.

숲 속에 놓여 있는 평상에 벌렁 드러눕는다. 쫘악쫘악. 파도가 밀려왔다 부서지는 소리가 들린다. 숲을 훑고 지나가는 바람소리였다. 높이 치솟은 나뭇가지들이 바람에 흔들린다. 90도 앙각으로 바라보는 그림이 멋있다.

숲길산책로 종점에서 출발점까지는 건강산책로다. 잘 포장된 길 가운데 하얗고 둥근 조약돌들이 촘촘이 박혀 있다. 휴양림에 가면 흔히 볼 수 있는 지압길이다.

"신발을 벗고 한 번 걸어봐?"

유혹을 물리치고 신발을 신은 채 건강산책로의 가장자리를 걷는다. 한 방울 두 방울 빗방울이 떨어지기 시작한다.

"거봐. 편백숲으로 안 가길 잘 했지."

빗발이 거세지기 시작한다.

제주도에서 가장 많이 먹은 탕

서귀포휴양림을 나와 연속되는 헤어핀커브를 조심조심 운전한다. 얼마 내려오지 않은 곳에 서귀포 대정 쪽을 내려다보는 전망대가 있다. 차를 멈추고 비바람 속에서 잠깐 바다쪽을 전망한다. 좌측으로 범섬이 보일 듯 말듯. 비인지 안개인지에 가려진 원경은 흐릿해서 뭐가 뭔지 알 수 없다. 다시 엉금엉금 기어 내려오는데 앞 유리창을 때리는 빗방울의 기세가 사납다. 맞추어 와이퍼를 빠르게 작동시킨다.

목표는 박수기정이다. 맑은 날 다시 오더라도 멀리서라도 한 번 보자. 누가 꼭 가보라고 추천해준 곳이다. 사실은 점심 먹을 데를 정해놓지 않아 기왕이면 박수기정도 보고 근처에서 점심도 먹자고 택한 것이었다.

박수기정이 보이는 대평포구에 도착했다. 빗줄기가 거세진다. 박수기정 구경을 할 상황이 아니다. 어디 요기할 데 없을까. 두리번 거리는데 하얀 성채가 눈길을 사로잡는다. 알파벳 큰 글자로 피제리아

(PIZZERIA) 3657이라고 쓰여 있다. 그 아래는 한글이다. 참나무로 구운 이탈리 남부지방 피자. 화덕에 정통 이탈리안 피자를 굽는 집이다. 배고픈 거 참고 여기까지 오길 잘했네.

포구 갓길에 차를 세우고 걸어간다. 비바람이 거세 걷기가 수월치 않다. 오른쪽 해안가 담장이 예사롭지 않다. 어디서 본 듯한 느낌이다. 그랬다. 바르셀로나 가우디공원에 갔을 때 봤다. 가우디를 숭상하는 이가 대평포구에도 있는 모양이다. 왼쪽 담장에는 벽화가 그려져 있다. 담장에 움푹 네모 나게 패인 구멍들이 많다. 그 안에도 그림이다. 주로 제주 해녀들이다.

바닷가 쪽 하얀 건물을 끼고 정문으로 들어간다. 안쪽에도 하얗고 긴 건물이 있다. 게스트하우스 같다. 빗속에서 세 여자가 택시를 타고 내리더니 서둘러 긴 건물로 들어갔다.

피제리아 3657 건물 벽에 장작이 한가득 쌓여 있다. 화덕에 땔 참나무 장작인가 봐. 자, 들어가볼까. 문으로 다가간다. 어라, 이게 뭐지. 얼굴이 통통한 작은 셰프 인형이 입구를 막고 있다. 두 손에 영어로 '솔드 아웃(SOLD OUT)', 그 아래 한글로, '내일 봬요'라고 쓴 판을 들고 있다. 헐! 또 허탕이다.

아쉬워 문쪽으로 다가가 안을 들여다본다. 닫힌 문 위에 붙어 있는 종이. 오픈 11시 클로즈 9시. 지금 오후 두 시 밖에 안 됐는데, 피자가 다 팔렸다고? 정말이야?

남의 허탈감은 알 바 아니라는 듯 벽에 붙은 작은 종이에 적혀 있는 글. "피자만 팔아요."

아내가 말하기 전에 선수를 쳤다.

제주도에서 가장 많이 먹은 탕

"우리가 제주도에 와서 가장 많이 먹은 탕이 뭔지 알어?"

"…."

"허탕."

"…."

반응이 없다. 그래도 입은 틀어막았다.

아쉬워 집 구경이나 하자. 안쪽으로 들어가 바깥쪽으로 나가니 테라스 같은 공간이 있다. 대평포구 건너 박수기정이 바로 눈앞이다. 맑은 날 다시 박수기정 보러 올 때 꼭 먹자.

좁은 골목길을 곡예하듯 차를 몰아 차도로 나온다. 길가에 승용차가 여러 대 주차돼 있다. 해조네라는 간판이 보인다. 성게비빔밥 보말국수 같은 음식을 하는 집이다. 비는 계속 내린다. 문을 열고 들어가자 손님이 가득이다.

"밖에서 기다려주세요. 세시 반쯤 들어오세요."

시간을 보니 세 시다. 빗속에 또 차를 몰고 헤매느니 식당 밖에 놓은 의자에 앉아 기다리지 뭐. 테이블과 의자가 놓인 바깥 대기실(?)에는 난로가 놓여 있고 장작이 타고 있다. 잠시 앞에 서서 비에 젖은 옷을 말린다. 의자에 앉자마자 스르르 잠이 든다.

"들어오세요."

부르는 소리에 깬다.

성게비빔밥을 주문한다. 보말죽을 시키는 사람이 더 많은 것 같다.

테이블 옆 벽위 선반에 잡지가 놓여 있다. '대평리 이야기'라는 책과 영어로 된 싱글즈 트래블(Singles Travel).

'대평리 이야기'는 온전히 대평리만을 주제로 해 만든 책이다. 맨 앞

서문은 대평리 이장님 말씀이다. 대평리의 지질서부터 역사, 인물까지 내용이 알차다. 잡지의 질도 예사롭지 않다. 돈과 공이 많이 들어간 책이다. 대평리가 다시 보인다. 반드시 다시 와서 박수기정도 보고 마을도 천천히 둘러봐야지.

싱글스 트래블 앞쪽 몇 장은 대평리에 관한 내용이다. 카페, 게스트하우스, 음식점 등에 관한 정보가 사진과 함께 간략하게 소개돼 있다. 음식점 해조네도 다루고 있다. 큼지막한 보말죽 사진이 실려 있다. 이 집 대표 메뉴인가 보네. 우리도 보말죽 시킬걸 그랬나.

성게비빔밥은 성게가 든 비빔밥이었다. 워낙 비싸다보니 푸짐한 성게를 기대한 건 아니었으나 '보말죽을 시킬걸 그랬어' 하는 생각이 들었다. 언제나 남의 떡이 커보이는 법이다. 그래도 신선한 성게알의 풍미는 느껴졌다. 다음에 오면 보말죽을 시켜야지.

성게알은 사실은 알이 아니라 성게의 생식소다. 강원도 고성과 제주에서 많이 나는데 제주에서는 성게미역국, 성게비빔밥 등에 많이 쓴다. 예로부터 여인들의 산후조리 음식이었고 남자들의 술병을 고치는 데썼다. 그만큼 영양분이 풍부하다는 말이다. 국내 생산량이 적고 비싼지라 외국에서 수입하는데 주로 러시아와 미국에서 들여온다. 칠레, 캐나다산도 있다. 일본의 초밥집에서는 홋카이도산 성게를 제일로 친다.

성게는 크게 두 종류가 있는데 하나는 보라 성게, 다른 하나는 말똥 성게다. 우리가 흔히 먹는 건 보라 성게다. 말똥 성게는 워낙 비싸 고급스시집에서 쓴다.

제주도에서 가장 많이 먹은 탕

스시 좀 아는 사람들은 성게알을 일본말로 우니라고 한다는 것도 알 것이다. 김밥 위에 성게알을 얹은 것을 성게알군함말이(海膽軍艦卷き)라 고 한다. 우니를 의미하는 두 가지 한자어가 있다. 雲丹(운단)과 海膽(해 담). 엄밀히 따지자면 성게알은 해담이고, 성게알젓은 운단이다. 싱싱한 성게알은 고소하고 입안에서 살살 녹는다. 부자 아니면 양껏 먹을래야 먹을 수 없는 귀한 음식이다. 듬뿍 넣고 비벼 먹으면 너무 맛있어서 눈 물이 날 정도라, '너 우니?' 해서 우니가 됐다는 말이 있다. 물론 아재개 그다.

성게비빔밥으로 늦은 점심을 든든히 먹었으니 오늘 저녁은 건너뛰자 고 작정했는데 또 못 지키게 됐다. 생각지도 못한 전화가 왔고, 다른 날 을 잡기가 애매해서 바로 저녁 식사를 같이 하기로 약속했기 때문이다. 이래저래 다이어트는 지난한 과제다. 혼자서 한다고 할 수 있는 게 아 니다. 변수가 너무 많다.

법환의 집으로 돌아갔다가 다시 이중섭거리로 가야 한다.

"또 저녁 약속? 그러면서 살을 빼시겠다고?"

아내의 말이 뒤통수에 날카롭게 꽂혔다. 바람에 날리는 빗방울이 살 갗을 날카롭게 찔렀다. 오늘 중에 그칠 생각은 없는 모양이다.

3 ————

또 한 번의 전혀 예상치 못한 만남이 생겼다. 벨이 울리고 화면에 뜨 는 이름. 이민 화가다. 서로 연락하며 지내는 사이가 아니지만 전화번 호는 입력해두었다.

"아이구, 이 작가님, 웬 일이신가요?"

"서귀포에 계신다면서요?"

"어떻게 아시고요?"

인연이란 참으로 묘한 것이다.

엊그제 서귀포문화원 갤러리에서 만난 윤정환 작가. 기억하실 것이다. 윤 작가는 11기로 서귀포 레지던시 생활을 끝냈고, 이민 작가는 12기 작가로 현재 서귀포문화원 빌딩에 있는 레지던스에 머물고 있다.

이민 작가가 광주 출신이고 광주에서 전시회를 가졌다는 사실을 들었던 윤 작가가 이민 작가에게 물었단다. 광주MBC 사장이었던 송일준이라는 사람이 전시회에 왔었는데, 혹시 아시느냐.

"엥? 전시장에 들렀다고? 알지!"

당연히 이민 작가는 나를 안다. 나도 이민 작가를 안다. 작년 6월 이민 작가는 광주MBC에 'M씨의 오월 기억'이라는 작품을 기증했다.* 고등학생 때 멀리서 봤던 불타는 광주MBC를 기억하여 그린 것이다. 거짓 보도에 분노한 시민들에 의해(위장한 쿠데타군이 불질렀다는 다른 증언들도 있다. 진상조사가 필요한 까닭이다.) 광주MBC가 불탔다. 불길에 휩싸인 광주MBC의 모습은 5.18 항쟁의 주요한 장면 중 하나로 기억되고 있다. 그때 기증 받은 귀한 작품은 광주MBC 현관에 걸려 있다. 이민 작가의 스토리를 뉴스에 소개했고 라디오에 초대해 5.18의 기억과 작품 이야기를 들었다.

---

* https://m.facebook.com/story.php?story_fbid=3290221807688891&id=1000010
 33127757

올해 예순이지만 나이보다 훨씬 젊어 보인다. 하긴 요샌 이런 말이 의미 없다. 다들 나이보다 젊어 보이는 시대니.

조선대에서 미술을 공부하고 일본에 유학해 다마미술대학원을 졸업했다. 판화를 전공했는데 서양화와 접목시켜 판타블로(PAN TABLEAU)라는 자신만의 독특한 기법을 창안했다. 판화 같기도 하고 유화 같기도 한 작품들은 일본에서 큰 인기를 끌었다. 안양에 살면서 인덕원 풍경을 그렸고 몇 년간 광주를 오가며 양림동을 소재로 한 작품 99점을 그렸다. 그 작품들로 광주에서 두 번 전시회를 열었고, 그 중 한 번은 양림미술관에서 열었다.

이민 작가의 그림들을 보고 있으면 뭔지 모를 그리움이 가슴 밑바닥에서 치밀어 오른다. 바랜 듯 부드러운 색, 때로는 불타는 듯 강렬한 빨강과 선명한 원색, 가는 빗줄기 같은 선, 삼각형 사각형 동그라미. 쇠락한 구시가지의, 칠한 지 오래되어 바래고 벗겨진 벽들을 가진, 허름한 옛 건물들처럼 향수를 불러일으키는 이민 작가의 그림. 한정없이 바라보게 된다. 그저 좋다.

윤정환 작가에게 내 얘기를 들은 이민 작가가 내게 전화를 걸기 전 사실을 확인한 또 한 사람이 있었다. 광주 남구청 문화예술과 김경종 팀장. 양림미술관에서 이민 작가의 전시회를 적극 추진했던 사람이다. 공무원에 대한 선입견을 깨부수는 행동력이 있다. 문화예술행정에 대한 조예가 있고, 그것보다 소중한 자질인 추진력이 있다. 긁어 부스럼일까 봐 가급적이면 아무 것도 안 하려 하는 공무원들과는 차원이 다르다. 광주MBC가 양림동에 라디오 오픈스튜디오를 만들 때 크게 도움을 줬다.

페북을 통해 내가 제주 한 달 살기를 하고 있는 줄 알고 있었고, 이민 작가가 서귀포 레지던시 작가로 1년 살기를 하고 있는 줄 알고 있었지만, 서로 방해가 될까 봐 알리지 않았단다.

나, 이민 작가, 윤정환 작가.

이중섭거리 가까운 설렁탕 집(제법 맛집으로 알려진)에서 저녁을 먹고 유동커피로 자리를 옮겨 문화 예술, 지역 지자체의 문화예술에 대한 시각, 작가 후원 사업, 제주도라는 섬, 가볼 만한 곳 등, 다양한 주제로 담소했다. 전혀 예상치도 못한 만남이 또 한 번 번개같이 이뤄졌다. 제주도 한 달 살기의 추억은 그만큼 더 풍요로워질 것이다.

이민 작가는 서귀포 풍경을 그린 작품 99점을 목표로 작업에 매진하고 있다. 1년 안에 못 끝낼 것 같아 레지던스 혜택을 못 받더라도 자비로 1년 더 서귀포에 체재하고 싶단다. 4월 8일부터 4일간 열리는 부산 아트페어에 참가하기 위해 내일 부산으로 떠난다고 했다. 13일에 돌아오면 다시 만나자고 약속했다.

레지던시 생활이 끝나 제주시 집에서 살고 있는 윤정환 작가와도 재회를 다짐했다.

참, 윤정환 작가. 또 하나 기묘한 인연이 있었다. 내 대학 같은 과 후배인 조종옥 전 KBS 기자가 윤 작가 매형이란다. 2007년 6월 캄보디아에서 비행기 사고로 유명을 달리한 기자. 새누리당을 담당하고 있었는데 정신없이 바빠지기 전, 가족들과 해외여행을 갔다가 불의의 변을 당했다. 동료들은 열심히 일하고 성품이 좋은 기자였다고 평한다. 장례는 KBS 회사장으로 치렀다. 당시 새누리당 후보 경선 중이었던 이명박과 박근혜 두 사람이 조문을 왔다고 윤 작가가 말했다. 부모와 형제를

제주도에서 가장 많이 먹은 탕

졸지에 잃고 홀로 남은 외조카는 윤 작가가 보살피고 있단다. 좋은 외삼촌이다.

귀갓길. 비바람 속을 달렸다. 빗물에 내린 도로는 경계선이 보이지 않았고 미끄러웠다. 앞을 예상하기 힘들어 조심조심 운전했다.

한 치 앞을 내다보기 어려운 것이 밤 빗길만은 아닐 것이다. 인생도 그렇다. 이명박 정권 초기. 평소처럼 해야 할 방송을 했는데, 심야에 체포되어 중앙지검으로 압송되어 수갑을 차고 포승줄에 묶이고 억지 기소를 당해 3년을 재판에 시달릴 줄 어떻게 예상했겠는가. 불의한 권력도 문제지만 정치검찰의 폐해를 그때 절감했다.

앞길은 위험할 수도, 탄탄할 수도, 괴로울 수도, 즐거울 수도 있다. 하지만 그렇기 때문에 마음을 졸이는 한편으로 가슴이 두근거리는 것 아니겠는가. 무엇이든 담담하게 항상심으로 대하면 될 일이다.

누가 그랬잖은가. 성공은 축하할 일이고, 실패는 좋은 경험이라고. 일생 동안 벌어지는 모든 일들은 그래서 가치 있는 것이다.

이중섭 산책길을
이민이 걷다 #1

이민 작가는 판화와 서양화를 접목시켜 판타블로(PAN TABLEAU)라는 자신만의 독특한 기법을 창안했다. 판화 같기도 하고 유화 같기도 한 작품들을 보고 있으면 뭔지 모를 그리움이 가슴 밑바닥에서 치밀어 오른다. 바랜 듯 부드러운 색, 때로는 불타는 듯 강렬한 빨강과 선명한 원색, 가는 빗줄기 같은 선, 삼각형 사각형 동그라미. 쇠락한 구시가지의, 칠한 지 오래되어 바래고 벗겨진 벽들을 가진, 허름한 옛 건물들처럼 향수를 불러일으키는 이민 작가의 그림. 한정없이 바라보게 된다.

아름다운 서귀포, 그래서 더 슬픈 4.3

작가의산책길/새섬　　　정방폭포　　　자구리해안/소낭머리　　　허니문하우스

아침. 하늘은 흐리지만 범섬은 또렷하다. 일기예보에 의하면 비 올 확률 60퍼센트다. 황사는 없다. 바람이 세게 불고 있다.

사전투표일이다. 우린 어디서 투표하지? 투표부터 하고 할 일을 하자.

먼저 차에서 내려 동네 주민센터 안으로 들어갔던 아내가 황당한 얼굴로 나온다.

"제주도는 사전투표소 없다는데?"

아, 그렇구나. 제주도엔 보궐선거가 없다. 그러니 사전투표소도 없다. 바보 같이 그걸 생각 못 하다니. 또 허탕이다.

오늘은 날도 흐리니 멀리 가지 말고 이중섭거리에서 시작하는 작가의 산책길을 걷자. 칠십리시공원을 지나, 다리를 건너 새섬으로 들어가자, 새섬을 한 바퀴 돌고 나와 섬심을 먹고, 허니문하우스까지 걸어가커피를 한 잔하고, 다시 이중섭거리로 돌아오자.

이중섭미술관 주차장에 차를 세운다. 칠십리시공원은 멀지 않다. 공원으로 꺾어지기 전 큰 돌에 남성마을이라고 쓰여 있다. 설마 남성들만 사는 마을은 아니겠지.

옛 생각이 나서 피식 웃는다. 누가 이리 남성고 출신이라고 했다. 이리에는 남성여고도 있단다. 듣자마자 실없이 웃었다. 그냥 그랬단 얘기다.

칠십리시공원. 주로 제주도를 노래한 시를 새긴 시비들이 도처에 서 있다. 음각된 시들을 읽는 맛이 좋다. 가령, 이중섭이라는 제목을 단 김춘수의 시.

아내는 두 번이나
마굿간에서 아이를 낳고
지금 아내의 모발은
구름 위에 있다
봄은 가고
바람은 평양에서도
동경에서도
불어오지 않는다
바람은 울면서 지금
서귀포의 남쪽을 불고 있다
서귀포의 남쪽
아내가 두고 간 바다
게 한 마리 눈물 흘리며
마굿간에서 난 두 아이를 달래고 있다.

작가의 산책길이면서 올레길 6코스가 지나는 칠십리시공원엔 관광객들이 잘 모르는 포인트가 있다. 천지연폭포를 정면에서 바라볼 수 있는 곳이다. 굳이 티켓을 끊어 들어가 폭포 가까이까지 가지 않아도 충분히 천지연폭포의 장관을 즐길 수 있다. 스틸로만 찍어두긴 아까워 동영상으로 촬영한다. 천지연폭포를 배경으로 서로 사진을 찍어주고 같이 셀카를 찍고 발길을 재촉하는 사람들이 있다. 올레길을 걷는 사람들로 보인다.

새연교는 새섬으로 들어가는 다리다. 강풍에 다리가 흔들리는 게 느껴진다. 날아가지 않게 모자를 거꾸로 돌려 쓰고 다리에 힘을 주며 걷는다. 바람에 몸이 휘청한다. 다리 아래. 바람에 밀려온 파도가 바위에 부딪히며 하얗게 부서진다.

칠십리시공원에는 제주도를 노래한 시를 새긴 시비들이 도처에 서 있다.

새섬은 작다. 한 바퀴를 도는 데 별로 많은 시간이 걸리지 않는다. 험한 길도 없어서 그닥 힘도 들지 않는다. 섬을 일주하는 동안 아름다운 경치가 파노라마처럼 펼쳐진다. 하나는 하얗고 하나는 빨간 작은 등대가 둘 서있다. 등 뒤에 두고 사진을 찍는다. 그런 사람들이 많다.

그런데, 왜 등대들 색깔이 다르지?

글쎄, 하고 검색한다.

하얀 등대는 밤에 초록불빛을 내고 배에서 바라볼 때 등대 좌측은 위험하니 오른쪽으로 항해하라는 의미이고, 빨간 등대는 밤에 빨간 불빛을 내고 배에서 바라볼 때 등대 오른쪽은 위험하니 왼쪽으로 들어오라는 뜻이고, 노란 등대는 수심이 얕고 암초가 많으니 조심하고, 등대쪽으로는 오지 말라는 표시란다.

서귀포 항구에서 불어오는 바람 속에 매캐한 냄새가 섞여 있다. 배가 내뿜는 배기가스 냄새다.

산책로 옆 키 작은 동백나무. 무성한 푸른 잎사귀들 가운데 선명한 빨강꽃이 하나 피어 있다. 다 떨어지고 혼자 남은 꽃이라니. 가까이 다가가 찬찬히 들여다본다. 근데, 뭔가 이상하다. 나뭇가지가 아니라 잎사귀 위에서 피어났네. 가만히 손으로 당겨본다. 그냥 들린다. 헐. 누가 따다 얹어놓은 꽃이다. 허허허. 그래도 잠시나마 즐거웠다.

"점심은 뭘 먹지?"

"지난 번 길에서 만나 같이 걸었던 아줌마가 항구에 회덮밥 잘하는 집이 있다고 했어. 혼자 걷다가 거기 들러 종종 먹는대. 파란 건물이라던가."

2

파란 건물. 항구 앞 건물들을 찬찬히 스캔하니, 있었다. 걸음을 재촉한
다. 서귀포수협 수산물유통센터 건물을 끼고 돈다. 유니폼으로 보이는
파란 점퍼를 입은 청년 몇이 건물 밖으로 나온다. 큰 소리로 웃고 떠든다.

"이 건물 안에 혹시 음식점 있어요?"

"아니, 없어요. 식사하시려면 도로쪽으로 나가야 하는데요."

바로 옆 파란 건물 얘기는 하지 않는다. 음식점이 없나?

파란 건물. '달빛 부둣가'라는 간판이 붙어 있다. 카페 같기도 하고
술집 같기도 하고. 음식도 하나? 건물을 이리 살피고 저리 살피는데 한
여자가 묻는다.

"식사 하시려고요?"

"여기 회덮밥 같은 거 해요? 식당 같지가 않아서"

"음식점이에요. 회덮밥도 있고 초밥도 있고. 일식집이에요."

들어간다. 깨끗하다. 인테리어를 한 지 오래되지 않은 것 같다. 창밖
을 바라보며 일렬로 놓인 의자 위에 나란히 앉는다. 회덮밥과 모듬초밥
을 시킨다.

마스크를 쓴 중년의 여성이
친절하다. 주인인가 하고 생
각했는데 물어보니 직원이다.

"더우신 모양인데, 얼음물
이라도 드릴까요?

혹시 드시고 싶은 음료 있
으세요?"

"물이면 됩니다. 운전해야 해서."

잠시 후 앞의 창문을 열어준다. 자바라로 되어 있어 옆으로 밀자 좌르륵 접힌다. 시야가 확 트인다. 시원한 바람이 쏟아져 들어온다. 바로 앞에 항구에 정박된 배들, 눈을 들면 높은 언덕, 그 앞에 새연교와 새섬. 파노라마처럼 펼쳐지는 뷰가 상쾌하다.

가게 한쪽. 중년 여성이 젊은 여자와 얘기를 나눈다. 중국말이다. 젊은 여자가 음식을 가져온다. 한국말이 서툴다. 중국인이냐고 물어보니 그렇단다. 한국인과 결혼했냐니 아니란다. 유학생이냐니 아니란다. 더 이상 캐묻지 않는다.

중년 여성이 다가와 내게 중국말로 얘기한다. 나도 중국말로 물어본다. 중국인이냐니 한국인이란다. 어떻게 그리 중국말을 잘 하냐니 중문과를 나왔고 상해에서 팔년을 살았다고 대답한다. 나보고 어떻게 그렇게 중국말을 잘하느냐 묻는다. 유달리 친절한 중년 여성은 중국인 종업원들 때문에 특별 채용되었다는 직원이었다.

"혹시 대사관 분이세요?" 하고 묻는다. 어디서 본 것 같고 낯이 익단다.

카운터에 앉아 있던 여성이 우리 자리로 온다. 대화를 듣고 호기심이 발동한 모양이다. 주인이다. 우리는 앉은 채 밥을 먹으며 얘기하고, 식당 주인은 선 채로 얘기한다. 다음은 대화를 통해 알게 된 '부둣가 풍경 일식 포차 라운지 달빛 부둣가'에 관한 내용이다.

대표는 김옥화 씨. 이 자리에서 18년 횟집을 하다 접었다. 임대를 했는데 여러 사람이 들어와 장사하다 나갔다. 지난 2월말에 계약이 끝나 나간 임차인도 있다. 경험도 많고 잘 할 것 같아서 인테리어까지 해

아름다운 서귀포, 그래서 더 슬픈 4.3

주었는데 6개월 정도밖에 버티지 못했다.

다시 직접 가게를 운영하기로 했다. 이름은 그대로 쓰기로 했다. 3월 9일 오픈했다. 포차라는 설명대로 리즈너블한 가격에 초밥과 덮밥 같은 것들을 내면서 술도 판다. 회덮밥은 1만 원, 모듬초밥은 1만 5,000원이었다.

남편은 갈치잡이 배 선주다. 선원들을 일고여덟 명 관리하느라 바쁘다. 남편은 서귀포항 근처가 고향이고 자신은 서귀포 하원 출신이다.

한 삼년 갈치가 잘 잡히더니 지난 설날 이후 잘 안 잡힌단다. 갈치라는 놈이 한 삼년 잘 잡히면 또 한 삼년은 잘 안 잡히는 게 희한하다고 말한다. 그래도 명절을 앞둔 한 달은 언제나 잘 잡힌단다. 신기해하며, "용왕님도 명절이 뭔지 아는 모양이네요"라고 내가 맞장구를 친다.

갈치가 잘 잡히면 선장이 선원들에게 선심을 팍팍 쓴다. 보너스도 두둑히 준다. 경력이 팔구년 된 베테랑 선원은 선장 부럽지 않게 많은 월급을 받는다. 선원은 외국인들이 많다.

갈치가 잘 안 잡히면 임금을 노조계산으로 지급한단다.

'노조계산? 선원 노조 같은 게 있나? 우선 노조에 주면 노조가 다시 선원들에게 지급하는 것인가?'

물어보니 아니다. 노조계산은 법에 정해진 최저 시급대로 계산해 준다는 뜻이다. 노조계산으로 월급을 주면 외국인 선원들이 계속 전화를 해온단다.

"싸장님, 너무 적어요. 좀 더 주세요"라고.

갈치를 잡는 그물에 고등어 같은 것도 달려 올라온다. 가게에서 쓴다.

아내가 혼자 길을 걷다 만난 동갑내기 여성한테 얘기를 듣고 찾아온

달빛부둣가. 깨끗하고 맛있는 음식을 적당한 가격에 낸다. 포차라는 이름대로 비싼 일식집이 아니다. 친절하다. 또 와야겠다. 전어구이 두 마리를 서비스로 내왔다고 해서 하는 선심성 허언이 아니다. 근처에 체재하는 사람이 아니라면 쉽게 찾아 들어오기는 쉽지 않을 것 같다. 올레길 걷는 사람들도 주의해 보지 않으면 지나치기 쉽다. 얼핏 보아 어떤 음식들을 하는지 밖에서 알아보기 쉽지 않다는 점도 있다. 그래서 우리가 이 집은 정체성이 뭐지 하고 밖에서 기웃기웃 살폈던 것이다.

법환에서 한 달 살기를 하고 있다니 밤에 와서 술도 한 잔 하시란다.

달빛부둣가. 서귀포시 칠십리로 38-1. 서귀포항 커다란 서귀포수협 수산물유통센터 건물 바로 옆에 있다. 파란색으로 칠해져 있어 쉽게 눈에 띈다.

3a ————

그러고 보니 정방폭포 얘기를 빼먹었다.

37년 전 신혼여행으로 왔던 곳. 그때에 비하면 주변이 엄청 달라졌고 잘 정비돼 있다. 정방폭포로 내려가는 계단은 가팔랐다. 폭포 바로 밑까지 조심조심 바위를 건너뛰며 다가갔다. 37년 전처럼 폭포 아래서 사진을 찍는다. 비디오 모드로 폭포를 찍는다. 바다로 직접 떨어지는 폭포가 정방폭포의 셀링포인트다. "폭포라면 나이아가라 정돈 돼야지" 하며 시큰둥하던 아내도 어느 새 폭포 앞까지 내려왔다.

사람들은 많지 않다. 평일인데다 날씨도 흐리고 코로나 탓일 것이다. 관광으로 생활하는 사람들이 특히 힘든 시기를 보내고 있다.

37년 전 신혼여행으로 왔던 정방폭포. 바다로 직접 떨어지는 폭포가 셀링포인트다.

걸어오던 길에 본 서귀동 도로변의 검은 현무암색으로 크게 지은 건물에 커다란 플래카드가 붙어있었다. 유치권 행사 중. 누군가 일을 크게 벌렸다가 곤경에 처한 듯하다. 호텔을 짓고 있었던 걸까. 세상 일. 정말이지 한 치 앞을 모른다. 바위 위를 걷는 것도 조심스럽다. 마음은 청춘이어도 몸은 아니다. 자칫하면 큰 사고를 당할 수 있다.

실은 며칠 전 이중섭미술관에서 큰일 날 뻔했다. 미술관옆 동사무소 화장실로 올라가는 계단. 왼발 끝이 계단에 걸렸다. 중심을 잃고 휘청했다. 왼손으로 난간을 붙잡았는데, 체중이 실리면서 몸이 휘익 돈다. 그대로 머리를 난간 철봉에 부딪혔다. 한동안 정신이 없었다. 머리만이 아니라 목도 충격을 받았다. 머리가 욱신거리기 시작한다.

아내가 머리칸을 헤치고 사진을 찍는다. 벌겋게 피가 배어 나고 있다.

"탄력 있는 철난간이 아니었으면 어쩔 뻔했어."

제주도에 흔한 돌담이었다면 큰일 났을 것이다. 중상을 입었을 수도 있다.

뾰족뾰족한 현무암에 그대로 머리를 박았으면 어떤 사태가 벌어졌을지. 오싹 전율이 흐른다. 그렇잖아도 심한 근시인데 나이가 드니 모든 게 흐릿하다. 걸핏하면 어디 부딪힌다. 조금이라도 위험한 곳은 최대한 조심해야 한다. 마음만 믿고 함부로 행동할 일이 아니다.

무사히 돌밭을 통과해 가파른 계단을 올라와 정방폭포를 벗어난다. 자구리해안을 향해 걷는다. 멀지 않다.

3b ————

서귀포. 1년 가까이 화가 이중섭이 가족들과 함께 살았던 곳이다. 이중섭의 흔적이 남아 있는 정방동 서귀동 일대에 서귀포시가 조성한 작가의 산책길은 때로 올레길과 겹치는데 천천히 구경삼아, 또는 빠른 걸음으로 운동 삼아 걷기에 좋은 길이다.

달빛부둣가에서 만족스런 점심을 먹고 허니문하우스를 목표로 걷는다. 자구리예술문화공원. 일전에 간략하게 소개한 적이 있지만 예술가들의 다양한 작품이 설치되어 있어 눈이 즐겁다. 이중섭은 이곳 자구리 바닷가에서 아내와 어린 아들 둘과 게를 잡으며 놀았다. 생애 가장 행복한 시간이었다. 이중섭은 가족단란의 행복을 그림 '그리운 제주도 풍경'에 담았다. 공원에서 아래쪽 돌로 지은 작은 건물이 있다. 건물을 둘러싼 나무 데크길에서 남자 두 명이 전기쇠톱 같은 공구를 들고 작업을 하고 있다.

"이 건물 누가 사나요?"

"정화조 같은 데요."

한 남자가 대답한다.

"무슨 정화조. 하수처리장인 것 같은데요."

다른 남자가 대답한다.

조금 더 가니 자물쇠가 채워진 철대문 옆에 붙은 설명문. 하수처리장이 맞다. 고압전류가 흐르니 무단침입을 엄금한단다.

바닷가로 내려가면 민물이 솟는 샘이 있고, 민물과 바닷물이 섞이는 담수욕장이 있다. 굳이 내려가지 않는다.

자구리해안공안을 벗어나 언덕길을 오른다. '칠십리 음식특화거리'를 따라가는 인도다. 커다란 간판에 동백꽃이 그려져 있다. 그 아래 글자들. 4.3유적지 소낭머리. 좁은 길로 들어선다. 설명문이 쓰여 있는 다른 안내판엔 소남머리라고 돼 있다. 소낭머리 혹은 소남머리라고도 하는 모양이다. 머리가 소머리를 닮아서 그런 이름이 붙었다는 설과 소나무가 많은 동산이어서 그렇다는 설, 두 가지가 있다.

가파른 계단을 내려간다. 바닷가에 이런 널찍한 공간이 있을 줄 몰랐다. 언덕

자구리예술문화공원에는 예술가들의 다양한 작품이 설치되어 있어 눈이 즐겁다.

바로 아래 남탕 여탕이라는 글씨가 적혀 있다. 남탕은 왼쪽. 들어가 봤다. 돌로 된 수영장만한 욕조에 물이 가득 담겨 있다. 여름이면 이곳에서 목욕을 할 수 있겠다. 여탕도 비슷하다.

계단에 앉아 멀리 바다를 바라보며 잠시 쉰다. 왼쪽 높은 바위 위에서 낚시를 하는 사람이 있다. 위험해 보인다. 바람이 세다. 밀려온 파도가 바위를 때리고 물보라가 난간위로 솟구친다. 동영상을 찍다가 급하게 뒤로 물러났다. 저 바위 위 낚시꾼, 괜찮을까. 걱정이 든다.

소남머리는 4.3 당시 무고한 제주도민들이 숱하게 희생당한 곳이다. 서귀동에 주둔한 군부대에 붙잡힌 사람들이 폭력적 취조를 당하고 즉결처형 대상자, 중죄인, 덜 중한 죄인 등으로 분류되었다. 즉결처형 대상자들은 소남머리 아래에서 총살당했다. 4.3 당시 처형장은 동방폭포 상단과 소남머리였다. 동방폭포에서 처형당했다는 사람들 중 상당수는 실은 소남머리에서 총살을 당했다. 대동청년단이라는 단체 소속 소년에게 죽창으로 찔러 죽이라는 만행을 강요하기도 했다고 한다. 바다와 산과 샘물을 함께 즐길 수 있는 소남머리는 73년 전 피비린내 나는 지옥이었다. 피에 굶주린 짐승들이 눈깔이 뒤집힌 채 닥치는 대로 무고한 사람들을 학살했다. 4.3평화기념관에서 본 기록에 의하면 체포된 이들의 생사여탈권을 쥐고 있었던 자들 중에는 하루라도 사람을 죽이지 않으면 사는 맛이 없다고 지껄인 마약중독자도 있었다고 한다. 제주도의 아름다운 경치를 아무 생각 없이 감상하고 그저 감탄할 수만은 없는 까닭이다.

소남머리에서 허니문하우스로. 길이 있을 것 같지 않은 쪽으로 들어간다. 길가에 소라의 성쪽엔 주차장이 없으니 차는 정방폭포 주차장에 두고 오라는 안내판이 서있었다. 그러니 길은 있다는 뜻이다.

조금 들어가니 첫눈에도 범상치 않은 하얀 건물이 서 있다. 소라의

소라의 성. 1969년에 지어졌는데 원래 해물탕 집으로 사용되던 것을 서귀포시가 매입해 북카페로 사용 중이다.

성. 이름부터 특이하다. 1969년에 지어졌는데 원래 해물탕 집으로 사용되던 것을 서귀포시가 매입했단다. 재해위험지구에 포함되어 안전을 담보할 수 없게 된 때문이라는데, 지금은 서귀포시가 운영하는 북카페로 사용되고 있다. 건축가 김중업의 작품으로 추정된다는데, 풍부한 곡선과 범상치 않은 모양새가 보통 사람의 설계는 아닐 것으로 쉽게 추정할 수 있다. 얼핏 보기에 꼭 버려진 집 같은 분위기라 들어갈 생각을 못했는데 안에 불이 켜져 있었다. 나중에 기회가 되면 다시 가봐야지.

소라의 성 옆을 지나는 길은 올레길 6코스다. 올레길을 나타내는 리본과 나무로 된 화살표가 보인다. 우거진 나무들 아래 좁은 길에 사람은 보이지 않는다.

"여자 혼자서는 못 다니겠네. 낮인데도 무서워."

코로나에 흐린 날이어서 더욱 그랬을 것이다. 보통 땐 올레객들이 많이 지나다닐 것이다.

조금 내려가자 폭포 소리가 들린다. 소정방 폭포다. 정방폭포에 비해 작은 폭포. 셋으로 나뉜 물줄기가 동시에 떨어지고 있다. 정방폭포와 달리 무료이고 더 가까이 갈 수 있다. 귀엽고 앙증맞은 폭포와 그 앞에서 바라보는 주변 경치는 경탄하지 않을 수 없을 만큼 아름답다.

바닷바람이 매섭다. 앞바다에 떠 있는 커다란 배는 닻이 내려진 듯 제자리에 멈춰서 파도를 따라 출렁거리고 있다. 높게 이는 파도의 골 사이로 사라졌다가 나타났다가.

가까운 언덕 위 나무들 사이로 하얀 건물이 보인다. 소정방 폭포에서 조금 걸어 올라가자 바로 잘 관리된 정원이 나타난다. 허니문하우스다. 건물들은 모두 하얀 벽에 유럽풍 주황색 기와로 덮인 이국적인 디자인

하얀 벽에 유럽풍 주황색 기와로 덮인 이국적인 디자인의 허니문하우스.

이다. 한때 활기찼을 호텔은 영업을 하지 않는지 적막했고, 바닷가쪽 하얗고 긴 건물 한 동만 사람들이 들락날락했다. 베이커리 카페다.

많이 걸었다. 당이 부족한 것인지 단 맛이 당긴다. 늘 마시는 카페라 떼 대신 모카 커피를 주문한다. 맨 구석 푹신한 가죽 소파에 푹 파묻힌 다. 커피를 홀짝이다, 졸다, 느리게 시간이 흐른다. 방송 생활 만 36년 3개월. 평생 이렇게 느긋하게 놀고 쉰 적이 있었을까. 나른한 봄날의 오후. 평화로운 풍경. 맛있는 커피. 지친 다리를 이끌고 차를 세워둔 이중 섭거리까지 다시 걸어 가야 할 생각 따위 접어두고 그저 그렇게 멍하게 앉아 시간을 보낸다. 가슴을 채우고 올라오는 충일한 감정.

제주도 한 달 살기. 열닷새째인 하루가 또 지나간다.

서귀포항

열엿새째

법환마을 쁘띠 산책

법환포구

1 ────────

새벽에 호우와 산사태를 주의하라는 문자가 울렸다. 이른 아침엔 그래도 제법 또렷하던 호랑이섬이 지금은 거의 자취를 감췄다. 오랜만에 집에서 쉬기로 한다. 4.3 73주년인 날. 날씨도 숙연하다.

2 ────────

오후가 되자 비가 잦아든다. 집안에만 있기엔 답답하다. 동네 주변을 산책하자.

떨어지는 비는 작은 우산으로도 충분하다. 머물고 있는 집 뒷쪽으로 올라간다. 새로 지은 예쁜 집들과 오래되어 낡은 집들이 자연적으로 형성된 길을 따라 이어진다.

조금 더 가자 포근한 마을 풍경을 깨트리는 광경과 맞닥뜨린다. 아파트 공사장이다. 대단지는 아니지만 두 동 짜리도 있고 여러 동 짜리도 있다. 그렇잖아도 좁은 골목길 한쪽에 빽빽이 주차된 자동차들을 피해 운전하느라 여간 신경이 쓰이는 게 아닌데, 이렇게 집들이 늘어나면 교통은 어떻게 하나. 공사 중인 건물에는 전화번호와 함께 임대라고 쓰인 플래카드가 붙어 있다. 한 달 살기 임대라고 붙은 건물들도 여기저기서 많이 눈에 띈다.

길을 따라가다 보니 어느 새 바닷가 쪽이다. 그런데 어디서 본 듯한 카페가 나타난다. 카페 벙커하우스다. 그렇다. 전에 제주MBC 이승엽 사장이랑 올레길을 걷다가 본 그 베이커리 카페다. 비닐하우스 모양으로 된 콘크리트 건물. 지붕에 잔디가 덮여 있다. 휘어져 들어온 해안 위 언덕 가장자리에 자리하고 있다. 주차된 자동차들이 많고, 간혹 빗방울이 떨어지는데도 카페 바깥쪽에 앉아 커피를 마시는 사람들이 적지 않다. 물론 지붕은 있다. 밀려왔다 부서지고 후퇴했다 다시 밀려오는 파

도를 한없이 바라보며 물멍을 때리고 있는 사람도 있다.

특이한 모양의 나즈막한 카페 건물은 주변 경치를 해치지 않고 잘 어울린다. 움푹 활처럼 휘어들어온 해안선과 검은 바닷가, 좌우 주변의 경치가 환상적이다. 제주도 해안에는 이런 절경이 수도 없이 많지만 벙커하우스도 기가 막힌 곳에 자리를 잡았다.

카페 앞으로 올레길 7코스가 지난다. 날씨가 궂어선지 올레길을 걷는 사람은 보이지 않는다. 카페 앞 바다. 짙은 안개 속 범섬이 흐릿하다.

올레길을 따라 더 내려오자 법환포구다. 왼쪽으로 넓고 시커먼 바윗돌들이 가득하다. 불에 탄 돌들. 예의 뾰족뾰족하고 울퉁불퉁한 현무암 바위들이다.

포구 위쪽 언덕에 거대한 소나무 두 그루가 포구를 내려다보며 서 있다. 더 높은 쪽은 낙지요리를 하는 식당이고 그 아래쪽은 포차 식당이다. 포구 바로 위 작고 노란 슈퍼가 있다. 슈퍼에서 달아낸 공간에 테이블이 놓여 있다. 천정이 있고 비닐로 앞이 가려져 있으니 비가 들이쳐도 문제없다. 비닐로 가려져 있지 않은 쪽 테이블 의자에 앉아 슈퍼에서 산 라떼를 마신다. 멀리 끊임없이 밀려왔다 부서지는 파도를 본다. 파도의 크기로 보아 상당히 센 바람이다.

다시 걸을까. 비는 내리지 않는다. 우산을 접는다. 한두 방울 떨어지는 비는 캡과 점퍼만으로 충분하다. 구불구불 골목길을 따라 마을을 돈다.

벽에 쓰인 글귀. 가름 게스트하우스. 조금 들어간 곳에 게스트하우스 가름이 있다. 설마 한가름 피디가 하는 게스트하우스는 아니겠지? 엉뚱한 상상을 한다. 한가름 PD는 내가 사장일 때 광주MBC에서 8년 만에 뽑은 신입 PD다.

골목길에서 빠져 차도로 나오자 건너편에 빵집 간판이 보인다. 작은 콘크리트 건물 한 동에 큰 글자로 다미안이라고 쓰여 있다. 아내가 여기서 두어 차례 빵을 사온 적이 있다. 따뜻한 팥빵이 맛있었다. 어떤 사람일까. 알아봐야지.

문을 열고 들어간다. 나이 든 여자와 젊은 여자, 둘. 젊은 여자는 빵 반죽을 하고 있고 나이 든 여자는 주인처럼 보인다.

"우리 집사람이 여기서 빵을 두어 차례 사왔는데 어떤 분이 가게를 운영하는지 궁금해서 들렀습니다."

정중하게 말한다.

"아 그러세요. 저는 또 우리 가게에 무슨 문제라도 있나 생각했어요."

놀랐던 표정이 누그러진다.

빵집 다미안. 주인 아주머니가 제빵사인 젊은 여자 종업원을 데리고 운영하고 있다. 좀 더 나이 든 알바 아주머니도 있다는데 보이지 않는다.

"여기 무슨 연고가 있으신가요?"

"아니요. 대구 사람이에요."

연고도 없는 제주도, 그 중에서도 법환에 정착했다. 내려온 지 6년쯤 된다.

"대구에서 빵집을 하셨나 보죠?"

아니란다. 사위가 평택에서 빵집을 경영했단다. 딸 부부는 3년 전 법환으로 내려와 같이 빵집을 하며 살았는데, 섬 생활을 못 버티고 대구로 떠났다.

"빵이 맛있어요. 하루에 몇 번 빵을 구워내는 시간이 정해져 있나요?"

아니란다. 떨어지는 대로 수시로 만들어 낸다. 쑥을 섞었는지 초록색

빵집 다미안. 아내가 여기서 두어 차례 빵을 사온 적이 있는데 따뜻한 팥빵이 맛있었다.

외피 안에 팥이 듬뿍 든 단팥빵, 호도알이 씹히는 크림빵, 소보로빵, 옛날빵, 찹쌀꽈배기. 모두 맛있다. 빵의 레시피는 사위가 만든 거란다. 커피도 판다. 빵집 안 동근 테이블 자리나, 나란히 배치된 창가 의자에 앉아 바깥을 바라보며 커피를 마시고 빵을 먹을 수 있다.

  그동안 차를 몰고 여기저기를 바삐 돌아다니느라 정작 머물고 있는 동네 탐방은 소홀했다.

  73년 전 일어난 4.3사건으로 수많은 무고한 생명이 희생당한 날. 즐거운 기분으로 관광을 다닐 맘도 들지 않았지만, 강풍과 호우가 예상된다는 일기예보를 구실로 그냥 집에 머무르기로 작정했었다. 비가 잦아든 오후. 편한 걸음으로 느긋하게 돌아다닌 동네 탐방은 아기자기한 재미가 솔찬했다.

제주도가 만든 추사체

배염줄이/범섬   불스카페   추사 유배지   꽃지웨도립공원

1 ————

아침. 커튼을 젖히면 앞 바다 가까이 손에 잡힐 듯 떠 있는 섬. 범섬＝호랑이섬이다. 호랑이 같아 보이지 않는데, 멀리서 보면 호랑이가 웅크리고 있는 모습처럼 보여서 그런 이름이 붙었단다. 오른쪽 작은 섬이 머리라면 왼쪽은 몸통인가.

섬에는 굴 두 개가 뚫려 있는데, 재밌는 전설이 있다. 제주도를 만든 설문대할망이 한라산을 베고 누우면서 뻗은 두 다리가 범섬에 닿아 그리 됐단다.

서귀포에서 바라보는 한라산 정상과 좌우로 흘러내리는 능선의 실루엣. 여인이 머리 위로 긴 머리칼을 펼치고 누워 있는 것처럼 보인다. 제주도를 만들었다는 전설의 여인, 설문대할망이다. 할망이 누워 있는 방향을 보면 다리를 범섬 쪽으로 뻗을 수가 없는데…라는 부질없는 생각을 한다.

암튼 후배인 김만진 피디가 들어가서 캠핑을 하고 싶었으나 뱀이 우글우글하니 안 가는 게 좋을 거라는 말을 듣고 포기했다는 그 범섬. 캠핑을 하기엔 어떨지 모르겠으나 아주 오래전 이 섬에 들어가 최후를 맞은 사람들이 있었다.

때는 고려말. 제주도가 몽골이 세운 원나라의 직속령이었던 시절. 제주도에는 동쪽과 서쪽에 국립말목장 두 곳이 있었다. 대략 1,400 ~1,700명 정도의 몽골인들이 들어와 말을 키웠다. 목축을 하는 오랑캐. 목호(牧胡)다. 무려 100년 가까이 제주도에 살았으니 현지인들과 결혼해서 애도 낳아 가족을 이루었다. 순수한 몽골인만이 아니라 그 가족까지 포함한 모두를 목호라고 봐야 한다는 얘기가 설득력이 있는 까닭이다.

이 목호들이 고려조정에 반기를 들었다. 원이 쇠퇴하고 명이 대두하자 두 나라 사이에서 균형을 취하던 공민왕은 원의 직속령인 제주도를 수복하려 도순문사를 제주도에 파견한다. 공민왕 5년(1356년), 목호들은 도순문사 윤시우를 살해한다. 이후 10년 동안 세 차례나 고려 조정이 파견한 관리들이 목호의 손에 죽는 일이 벌어지자 1366년 공민왕은 100척의 배에 병사들을 태워 목호 정벌을 명한다. 결과는 참패. 본국 원나라의 지원도 받지 않은 목호의 세력이 생각 이상으로 강했던 것이다.

원이 망하고 명이 건국된 지 6년 후인 1374년(공민왕 23년). 당대 최고의 무장 최영 장군이 무려 전함 314척, 병사 25,605명을 이끌고 본격적인 제주도 정벌에 나선다. 본국인 원이 망하고 새로 들어선 명이 제주도는 원나라 식속령이었으니 이제는 자기네 꺼라며 국립목장에서 키우는 말 2천 마리를 바치라고 요구했다. 공민왕은 요구에 따라 제주도에 관리를 파견해 말을 징발하려 했으나 목호들은 말을 듣지 않았다. 겨우 300마리만 내어주며 원나라 원수인 명의 명령에 따를 수 없다고 버텼다. 남은 건 전쟁이었다.

최영은 한 달에 걸친 전투 끝에 목호를 궤멸시킨다. 목호군에 기병 3천이 있었다니 그 세력이 얼마나 대단했을지 짐작이 간다. 하지만 최영의 정예군을 대적하기엔 역부족. 석질리필사, 초고독불화, 관음보라는 이름의 목호군 리더들은 서귀포 앞 바다에 있는 범섬으로 들어가 항전하다 최후를 맞는다.

법환포구에는 최영의 군사들이 배를 줄줄이 줄로 묶어 범섬으로 진격했다는 장소인 배염줄이(또는 배연줄이)가 있다. 꼬불꼬불 길게 이어진 지형이 뱀을 닮았다.

배염줄이가 있는 바닷가 도로. 올레길 7코스이기도 한데, 도로명이 최영로다.

섬 안에 뱀이 우글우글하고 섬으로 출항하는 곳의 지형이 뱀을 닮았다? 혹 범섬은 원래 뱀섬이 아니었을까. 음. 그리고 보니 거대한 구렁이 같기도 하다. 코끼리를 삼킨 보아뱀. 어린 왕자였던가.

목호들이 100년 가까이 제주도에 살며 남긴 유산은 많다. 애기구덕, 허벅 같은 것들, 제주도 조랑말 명칭인 구렁, 적다. 말안장도 본토 것보다 몽고 것과 더 비슷하다. 중국 운남을 본관으로 하는 제주도의 4대 성씨인 양(梁) 안(安) 강(姜) 대(對) 씨는 원의 멸망 후 명이 유배 보낸 원나라 후손들이고, 좌(左) 원(元) 두 성씨도 원 계통이란다.

범섬 앞에 기거하며 매일 아침 범섬을 맞이하는 생활이 보름째다. 역사를 알고 나니 범섬이 달리 보인다. 교과서 설명대로 목호의 난은 말

제주도가 만든 추사체

최영의 군사들이 배를 줄줄이 줄로 묶어 범섬으로 진격했다는 장소인 배염줄이.

을 키우던 원나라 오랑캐들이 일으킨 반란이고, 공민왕의 제주도 공략
은 그들을 진압하고 고려의 영토주권을 회복한 쾌거였다고 간단히 이
해하기엔 스토리가 복잡하다.

신증동국여지승람에 전하는 열녀 정씨 이야기. 정씨의 남편은 목호
였는데 목호의 난 와중에 전사했다. 정씨는 예뻤다. 미모를 탐낸 고려군
장교가 결혼하자고 청했다. 정씨는 강요를 물리치고 끝까지 수절했다.

거의 한 달에 걸친 최영 장군의 목호 토벌. 전투의 목격담을 들은 하
담이라는 사람은 이렇게 묘사했다.

"우리 동족이 아닌 것이 섞여 갑인의 변을 불러들였다. 칼과 방패가
바다를 뒤덮고 간과 뇌는 땅을 가렸으니 말하면 목이 메인다."

토벌대에 의해 죽임을 당한 이들이 순수한 원나라 목호들뿐이었겠는
가. 정씨 부인처럼 목호와 결혼한 원주민, 그 사이에서 난 아이들, 목호

들과 거래하며 생계를 꾸리던 사람들. 역도들의 부역자라고 해서 처형당한 경우도 많았을 것이다.

뭍에서 들어온 서북청년회의 행패와 폭력이 4.3의 한 계기가 되었듯 오랜 옛날부터 현대에 이르기까지 '육짓것'들에 의해 늘 수탈당하고 피해당한 섬이었다. 당시의 탐라인들 입장에서는 몽골인이나 고려인이나 마찬가지 아니었을까. 아니, 때가 되면 공물이나 빼앗아가는 고려 관리들보다 100년을 같이 살며 어울린 원나라 목호들이 더 가깝고 친근했을 것이다.

역사는 한두 마디 말로 간단히 정리할 수 있을 만큼 단순하지 않다. 아침에 일어나 범섬을 바라보며 드는 생각이다.*

2 ————

일기예보는 강수확률 60%라 하고 하늘은 흐리지만 많은 비가 쏟아질 것 같지는 않다. 오늘은 지금까지 허탕 친 곳들을 다녀볼까. 우선은 대정에 있는 추사 유배지부터.

추사 유배지를 가기 위해서는 법환에서 이어도로를 달리다 서귀포월드컵경기장 쪽으로 우회전한 다음 월드컵경기장을 지나가면 만나게 되는 일주서로에서 좌회전, 줄곧 서쪽으로 달려야 한다. 그래봤자 30여 분이면 도착한다.

---

* 목호와 최영 장군의 이야기는 이영권 지음, 『새로 쓰는 제주사』, 휴머니스트, 2005와 제주시, 『디지털제주문화대전』을 참조했다.

제주도가 만든 추사체

일주서로를 달리다 중문입구 교차로에 이르러 직진하면 천제연로, 우회전 하면 그대로 일주서로다. 이 길을 벌써 몇 번이나 다녔는지 모르겠다. 우회전하자마자 우측에 딱 한 글자 '빵'이라고 쓰여 있는 허름한 건물도 여러 차례 지나쳤다. 그때마다 "참 저 건물 허름하네. 누가 저런 데 빵집을 만들었을까. 사람들이 오긴 올까." 하는 말도 똑같이 여러 번 되풀이 했다.

건물 앞 맨 땅에 한두 대, 어쩔 때는 서너 대 차가 서있다. 맨 땅은 아직 불도저로 공사중인 듯하다. 마당을 만들고 있는 것으로도 보이고 주차장을 만들고 있는 것 같기도 하다. 예전엔 아마 귤밭이었든지 아니면 그냥 밭이었든지 할 것이다. 종합하면, 누가 밭과 거기 달린 창고를 사서 빵집으로 개조해 장사를 하고 있는 것이 될 것이다. 늘 지나치기만 했는데, 오늘은 직접 가보자.

자갈이 깔린 땅에 차를 세운다. 문에 볼스카페(Vols Cafe)라고 써있다.

딱 한 글자 '빵'이라고 쓰여 있는 허름한 건물의 볼스카페(Vols Cafe).

"카페구만."

건물 왼쪽으로 돌아가 찬찬히 살핀다. 이층 벽에 글이 쓰여 있다. "빵 공장 BUTTERTOP BREAD". 직접 만든 빵과 커피를 파는 베이커리 카페인 모양이다.

들어가자마자 가운데 빵들이 놓인 매대가 있고 그 앞이 주방이다. 알바생으로 보이는 젊은 여성 혼자 손님을 맞고 있다.

"주인은 지금 안 계시나요?"

"안 오셨는데요."

"이 카페, 언제 오픈했어요?"

"3년 됐는데요."

"주인은 제주 사람?"

"서울 분이세요."

아하!

"짐작이 맞는 것 같네. 밭에 달린 창고를 사서 리모델링해 카페로 만든 거구만. 차 타고 가면서 못 보고 지나칠래야 지나칠 수 없는 기막힌 위치에 잘도 샀네."

빵 하나와 커피 두 잔을 사들고 바깥을 정면으로 바라보는 자리에 앉는다. 천정엔 목재 트러스트가 그대로 드러나 있다. 창고의 벽을 뚫어 여러 군데 유리창을 냈다. 한쪽은 화단. 여러 가지 식물들이 심어져 있다. 녹색으로 칠한 테이블과 의자. 식물들과 같은 색이다.

"느낌이 온실 같네."

"그러네, 창고를 최소한으로 고쳤구만. 들어와보니 안은 괜찮은데, 겉은 좀 깨끗하고 예쁘게 하지. 지저분한 창고에 빵이라고 써 있으니까 쉽게 오게 되지 않잖아. 컨셉이긴 하겠지만."

물론 SNS가 홍보를 해주는 시대니, 차 타고 지나가다 호기심에 들어오는 경우는 그리 많지 않을지 모르겠다.

서울이든 지방이든 전국 어디를 가나 독특하고 예쁘고 이색적인 카페들이 넘쳐난다. 가히 세계 최고 카페 대국이라 해도 틀린 말은 아닐 것이다. 잠시 화제가 되어 반짝하다 문 닫는 곳들도 많지만, 코로나 속에서 손님이 넘치는 곳들도 있다. 예쁜 카페가 새로 생기면 누가 먼저 가서 사진 찍어 자기 SNS에 올리느냐는 경쟁도 치열하다. 자기 과시이기도 하지만, 그게 트렌드가 된 지 오래다.

많이 돌아다니다 보니 어떤 카페들이 잘 되는지 대충 알 것 같다. 기가 막힌 위치(경치)에 자리 잡은 카페. 독특한 컨셉으로 개성이 확실한 카페. 사진 예쁘게 나오는 카페. 커피 맛 좋다고 소문난 카페. 이 가운데

볼스카페 천장엔 목재 트러스트가 그대로 드러나 있다. 창고 벽을 뚫어 여러 군데 유리창을 내고 한쪽 화단에 여러 가지 식물을 심었다. 테이블과 의자는 식물들과 같이 녹색으로 칠했다.

가장 수명이 긴 카페는 역시 커피 맛으로 승부하는 카페 아닐까, 라고 생각하는데 글쎄 어떨지.

볼스카페. 빵 하나에 커피 두 잔 값이 1만 5,000원이다. 적은 돈이 아니다. 식사 값 버금가는 커피를 아무렇지도 않게 사마시는 요즘 세태. 잘만 하면 노후를 심심치 않게 보낼 수 있는 방법 중 하나가 카페 오너 바리스타가 되는 것이다. 물론 치킨집처럼 퇴직금 털어먹기 쉬운 길일 수도 있다. 남들 한다고 어설프게 따라했다가 죽어라 일만 하면서 쉬지도 못하고 돈은 돈대로 까먹는 낭패를 당할 수도 있다.

'노후엔 작은 카페나 하나 하면서 느긋하게 살고 싶어', 라는 말을 한 지 오래이나, 죽을 때까지 그럴 일 없을 것 같은 사람. 주변에도 있다. 그렇게 타고 싶다고 하면서도 이런 이유 저런 핑계로 오토바이 하나 못 타는 사람이다.

빗방울이 떨어진다. 추사 유배지. 오늘은 설마 허탕 아니겠지.

3 ————

차에서 내리는데, 추웠다.

"왜 이렇게 춥지?"

어제 보다 5도 낮은 11도. 체감 기온 8도다.

제주도 대정. 제주도에서도 유별나게 바람이 세고 척박한 곳이다. 대정에 있는 항구 모슬포를 오죽하면 '못살포'라고 하겠는가. 추사는 편지에서 겨울 대정의 칼바람을 독풍(毒風)이라 표현했다. 칼바람까진 아니었지만 봄인데도 찬 바람이 점퍼를 파고 들어와 몸이 부들부들 떨렸

제주도가 만든 추사체

추사가 유배생활 동안 기거했던 제자 강도순네 초가집이 복원돼 있다. 강도순 가족이 살던 안거리, 추사가 기거하던 모거리, 추사가 제자들을 가르치던 밖거리의 세 채가 디귿 자형을 이루고 있다.

다. 차 안에 놓아둔 오리털 조끼는 이미 아내가 챙겨 입었다.

대정현에 도착한 추사는 강도순이란 사람 집에서 가장 오래 살았다. 강도순은 추사의 제자 중 한 명으로 그의 밭을 밟지 않고서는 마을을 지나갈 수 없을 정도의 동네 부자였다. 추사가 유배생활 동안 기거했던 강도순네 초가집이 복원돼 있다. 디귿 자형. 모두 세 채다. 강도순 가족이 살던 안거리, 추사가 기거하던 모거리, 추사가 제자들을 가르치던 밖거리. 모거리 안에는 추사와 초의선사가 차를 마시며 담소하는 장면이 인형으로 재현돼 있고, 밖거리에는 추사가 제자들을 가르치는 모습이 재현돼 있다.

추사는 할아버지가 영조대왕의 사위였던 경주 김씨 집안에서 금수저를 물고 태어나 어렸을 때부터 천재 소리를 들었다. 특히 글씨에 탁월했다. 세상 부리울 것 없이 승승장구하다가 1840년 9월 뜬금없이 유배형에 처해진다. 안동 김씨 세력의 모함으로 10년 전 아버지 김노경이 유배를 가면서 시작된 집안의 불행이 10년 후 추사에게까지 미쳤다. '윤상도 옥사사건'*에 연루된 것이다.

추사의 유배생활은 8년 3개월에 이르렀다. 낯선 환경, 안 맞는 음식, 방안의 벌레들과 끊임없는 질병에 시달린 세월이었다. 기고만장 오만불손했던 인간이 겸손해지고 품이 넓어졌다. 쇠가 불 속에서 단련되듯 인간은 역경 속에서 성숙해지는 건 예나 지금이나 마찬가지다.

고난 속에서도 추사는 한시도 붓을 손에서 놓지 않았다. 추사는 평생 붓글씨를 쓰느라 벼루 열 개를 구멍 내고, 붓 천 자루를 몽당붓으로 만들었다는데, 그 벼루와 붓의 상당수는 제주도에 있는 동안 닳아 없어졌을 것이다.

추사기념관. 추사가 살던 초가집 앞, 나지막하지만 제법 큰 창고 같이 보이는 건물이다. 기념관은 지하 1층에 있어 계단을 내려가야 한다. 물론 장애인이 이용할 수 있는 엘리베이터는 따로 있다.

계단은 두 개의 난간에 의해 세 부분으로 나뉘어 있다. 가운데 부분의 모양이 심상치 않다. 계단 위에서 아래까지 긴 돌을 지그재그로 끼워넣었다. 걸어내려가기 쉽지 않을 듯하다. 위험하니 양쪽 계단을 이용하라는 안내문이 붙어 있다. 무슨 계단을 이렇게 만들어 놨지?

"계단이 왜 저래요?"

근무자에게 묻는다.

---

* https://terms.naver.com/entry.naver?cid=49214&docId=1785519&categoryId=4
9214&fbclid=IwAR3v2JJdVAWtAfPhMb1TZPNQ9X9nJXmlfuEcUMylwOz8En7jUacI
8sstH1M&mobile

　　　　　　　　　　　　　　　제주도가 만든 추사체

추사기념관은 기념관실이 지하 1층에 있어 계단을 내려가야 한다. 계단 위에서 아래까지 긴 돌을 지그재그로 끼워넣어 추사의 험난한 유배길을 저렇게 표현했다 한다.

"아, 저거요? 추사의 험난한 유배길을 저렇게 표현한 거랍니다."

아하!

"건물은 왜 창고처럼 이렇게 지었나요?"

"세한도에 나오는 집처럼 설계한 것이고요, 건물 옆에 소나무들을 심은 것도 세한도랑 비슷하게 하느라 그런 거예요. 저기 보이는 동그란 창 있죠? 그것도 그림에 있는 걸 재현한 것이고요."

고개를 들어 보니 위쪽에 작고 동그란 창이 나있다. 조선식이 아니라 중국식이다. 청나라에 있을 때 '조선엔 사귈 친구가 없다', '조선은 미개한 땅, 촌스러워서 중국 선비들과 사귀기 부끄럽다'고 말했을 정도로 중국을 사모했던 김정희는 선비의 지조를 표현한 세한도에서조차 중국식으로 창을 낸 집을 그렸다.

세한도의 집을 연상시키는 건물, 주변과 어울리는 건물이라면 높이

창고처럼 보이는 추사기념관은 추사의 세한도에 나오는 집처럼 설계되었고 동그란 창도 재현했다. 건물 옆에 소나무들을 심은 것도 같은 이유에서다.

지을 수 없다. 더구나 유배지는 대정현성 안에 있다. 유배지 바깥을 둘러싸고 있는 튼튼한 돌담이 제주도 삼대 읍성이었던 대정현성의 성곽이다. 전시관이 지하로 들어간 까닭일 것이다.

전시관에는 책에서만 보던 추사의 글씨들과 초상화가 전시돼 있다. 추사의 글씨는 제주에 있는 동안 변했다. 스물네 살 때 청나라 수도에 가 일흔아홉 살 청나라 학자 옹방강으로부터 '경술문장해동제일', '해동제일통유'라는 칭찬까지 받았던 김정희의 글씨는 유홍준 교수가 '란자완스체'라고 평했을 만큼 기름끼가 잔뜩 낀 것이었다.

옹방강의 해동제일 운운하는 말이 마음에 걸린다. 그걸 극찬이라고

제주도가 만든 추사체

좋아라 하는 것도 마뜩찮다. 해동이라는 단어도 자기비하적이다. 중국에서 봤을 때 바다 동쪽이라는 보통 명사 아닌가. 아무튼 옹방강의 해동 제일 운운은 자신이 만나본 조선사람 중 김정희가 그렇다는 것이지, 어찌 모든 조선 선비 중 으뜸이라는 뜻이겠는가. 조선 조야의 모든 선비를 다 아는 것도 아닌 처지에, 주제 넘은 말이다. 설사 글씨야 그렇다 쳐도 학문까지. 중국인의 과장법은 동서고금을 막론하고 천하제일이다.

예나 지금이나 우리나라 사람들 다른 나라 사람 평가에 과도하게 민감한 건 변하지 않았다. 옛날엔 중국이었다면 지금은 미국인가. 연경에서 만난 중국 학자에게 조선 사신이 '경술문장천하제일', '천하제일통유'하며 추켜주었다 한들 거기에 감격해서 두고두고 인용할까.

하여간 추사의 글씨는 제주도 유배생활을 거치면서 기름기가 빠졌다. 누구도 흉내낼 수 없는 김정희만의 글씨, 중국 모방이 아닌 법고창신의 조선의 서체. 추사체는 유배생활의 고난 속에서 또 쓰고 또 쓰며 다듬고 다듬어서 완성된 것이다. 추사체는 제주도가 만들었다고 해도 과언이 아닌 까닭이다.

전시관에는 71세로 세상을 떠나기 전 생애 마지막으로 쓴 봉은사 현판 글씨 '판전'의 탁본이 전시돼 있다. 어린 아이가 쓴 것처럼 천진하고 소박하여 보는 내 마음도 부드러워진다.

젊은 시절, 다른 사람의 글씨를 깔보고 조롱했던 김정희는 제주 유배생활의 외로움과 고통 속에서 겸손해졌다. 아는 거 많고 하는 말은 맞는데 얄미워서 정이 안 가는 사람, 요즘도 있다. 동서고금, 최고의 경지는 외로움, 고난, 겸손, 성숙 속에서 탄생하는 법이다.

유배 전, 원교 이광사가 쓴 해남 대흥사 현판 글씨를 보고 주지인 초의스님에게 촌스럽다며 떼어버리라고 말했던 추사는 유배가 풀려 한양으로 올라가는 길에 대흥사에 들렀다. 추사는 초의에게 "옛날엔 내가 잘못 봤네. 내 글씨를 떼어내고 이걸로 다시 달게"라고 말하며 이광사가 쓴 현판을 다시 걸게 했다. 현재 해남 대흥사 대웅보전에 걸려 있는 현판은 그렇게 다시 걸린 원교 이광사의 글씨다.

전시관에는 기름기가 낀 무량수각이란 글씨와 기름기가 빠진 글씨가 나란히 전시돼 있다. 추사의 변화를 한 눈에 볼 수 있어 흥미롭다.

전시관 바깥. 추사의 작품들로 만든 기념품 코너가 있다. 그 옆은 체험실이다. 지필묵이 놓여 있다. 붓을 들고 글씨를 써본다. 명경지수. 어떤 상황에서도 고요한 마음이고 싶다. 영정치원. 고요하고 편안한 마음이라야 멀리 이를 수 있다. 삐뚤삐뚤. 얼른 구겨서 호주머니에 넣는다.

추사가 받았던 형은 유배 중에서도 가혹한 위리안치다. 가시 달린 탱자나무 울타리로 집을 둘러싸고 그 바깥으로는 나갈 수 없게 하는 형. 전시관 바깥 돌담 안쪽에 심어져 있는 탱자나무들은 추사가 받은 위리안치형을 표현하기 위해 심은 것이란다. 물어보지 않아도 알 수 있게 안내판의 설명이 좀 더 친절했으면 좋겠다. 아무 생각 없이 둘러보면 알아채기 어렵다.*

봄인데도 대정의 찬 바람이 매섭다. 서둘러 차에 탄다.

다음 목적지는?

---

* 『새로 쓰는 제주사』와 『디지털제주문화대전』 참조.

제주도가 만든 추사체

1 무량수각 : 김정희가 제주도로 유배 오던 도중 해남 대흥사에 들렀다가 써 준 현판.
2 의문당 : 김정희가 제주 유배 시절 대정향교에 써 준 현판.
3 공산무인 수류화개 : 소동파의 〈나한송〉에 나오는 글. "빈 산에 사람은 없으나 물은 흐르고 꽃은 핀다."
4 은광연세 : 조선 후기 제주의 자선 사업가 김만덕의 선행을 기려 가문의 3대손인 김종주에게 써 준 글씨.

4 ———

곳자왈도립공원. 허탕 친 곳 재도전. 추사유배지 탐방하고 점심 건너뛰고 바로 왔다.

제주도에 온 후 점점 제 시간에 점심을 먹지 않게 된다. 누룽지나 빵으로 간단하게 때우는 아침 시간이 늦어진 탓도 있고 의도적으로 늦게 먹기도 한다. 점심과 저녁을 겸한 점저 한 끼로 때우는 걸로 하자고 해 놓고 실제 지킨 적은 몇 번 안 된다. 아내는 잘 지키는 편인데 나는 대충이다. 저녁에 사람을 만나게 된 경우가 여러 번 생겼다. 늦은 시간에 점저를 먹고 다시 몇 시간도 안 돼 저녁을 먹는 건 고역이지만 그렇다고 안 먹을 수도 없다. 처음보다 걷기가 많이 늘었고 허리띠를 한두 칸 졸라매게 되었는데도 배둘레햄은 줄어든 것 같지 않다. 그래도 꾸준히 걸으넌 날나실 것이라고 믿는 수밖에. 곳자왈도립공원에 온 것은 구경도 구경이지만 걷기 운동 때문이다.

대정 국제교육도시에 사는 이들은 숲이 가까워 좋겠다. 제주도에는 여기 말고도 여러 군데 곶자왈이 있지만 도립공원은 한 곳뿐이다.

주차장 입구에 만차 표지판이 서있고 공원 입구 도로 갓길에 차들이 많이 주차돼 있다. 입장료 천 원. 공원 밖 화장실부터 들른다. 일단 들어가면 나올 때까지 참아야 한다. 뭐 사먹을 데도 없다.

탐방안내소부터 시작되는 테우리길을 걸어올라가면 세 갈래길이 나온다. 세 갈래길에서 왼쪽으로 가다 갈래길에서 우회전 하면 빌레길, 계속 직진하면 오찬이길이다. 테우리길을 올라가다 세 갈래 길에서 우회전해 계속가면 가시낭길이고, 갈래길을 만나 왼쪽으로 돌면 한수기길이다. 테우리길에서 좌측으로 계속 가 오찬이길을 택하든 우측으로 가다가 갈래길에서 한수기길로 접어들든 두 길은 만난다. 만나는 지점에서 빌레길로 접어들어 내려올 수도 있고, 그냥 주욱 큰 원을 그리며 돌다가 테우리길을 따라 입구로 나올 수도 있다. 가시낭길만 올라간 길로 다시 내려와서 테우리길을 통해 입구로 나와야 한다. 모든 길을 다 합해봤자 7.6킬로에 불과하다.

공원은 대정읍의 3개 리에 걸쳐 있지만, 트레킹 코스만 놓고 보면 그닥 길다고 하기 어렵다. 자기 형편에 맞춰 코스를 짜 운동하기에 안성맞춤인 공원이다.

곶자왈, 빌레, 테우리… 제주 말들이다. 곶자왈은 나무와 풀들이 얼크러진 돌멩이들이 많은 곳이란 뜻이고, 빌레는 용암대지란 뜻이다. 제주에는 여러 군데 곶자왈이 있는데, 이곳 대정의 도립공원 곶자왈은 다른 곳과 지질학적 특성이 다르다. 테우리는 카우보이 혹은 뗏목을 이르는 말이다. 태우는 것과 관계있다. 설마 어원이 태우다? 태우리?

테우리길은 제법 긴 거리에 나무데크가 깔려 있다. 양치식물, 덩굴나무, 굵고 곧은 나무 등이 어지럽게 얼크러져 자라고 있다.

　다른 곳들은 꿀처럼 끈적끈적한 용암, 즉 표면이 거칠고 요철이 많은 아아용암(aa lava)이 흘러 만들어진 반면, 이곳의 곶자왈은 쥬스처럼 점성이 낮아 빠르고 매끄럽게 흐르는 파호이호이(pahoehoe) 용암에 의해 만들어졌다. 용암이 흐르면서 형성된 동굴이 푹꺼져 계곡처럼 보이는 곳들이 많은 까닭이다. 그런 데를 용암협곡 또는 붕괴도랑(collapse trench)이라고 한단다. 비가 많이 오면 계곡처럼 물이 흐르기도 한다.

　전에도 얘기했지만 지질에 관심을 갖고 하는 제주도 여행도 재밌다. 설명문을 되풀이 읽다 보면 기초적인 화산 용어들도 익숙해진다.

　테우리길을 걷는다. 제법 긴 거리에 나무데크가 깔려 있다. 곶자왈은 크고 높이 솟은 나무들로만 이루어진 숲이 아니라 양치식물, 덩굴나무, 굵고 곧은 나무 능이 어지럽게 얼크러져 자라고 있다. 10미터 내외 키를 가진 종가시나무와 녹나무 같은 상록수들이 많이 자란다. 어떤 가느다란 나무는 줄기에 바닷가 바위에 붙어 자라는 따개비 모양의 울퉁불퉁한 것이 잔뜩 돋아 있어 보기 징그럽다. 다른 생명체가 들러붙어 있는 것 같지는 않다. 습기 많은 공기 때문인지 파란 이끼가 낀 바위들과 나무들이 많다. 줄기에 파란 녹이 잔뜩 슬어 있는 나무. "쇠에 슨 녹이랑 어쩜 이렇게 똑같지?" 하며 가까이 들여다본다. 아래 꽂힌 명패를 보니 녹나무였다. 이끼 낀 돌들과 녹슨 나무들이 한 동안 계속되는 구간을 걸을 때 불현듯 지구 아닌 다른 행성을 걷고 있는 듯한 느낌이 들었다.

"어디 영화에서 여기랑 비슷한 곳 본 것 같은데….."

"아바타… 아닌가."

아바타에 나오는 숲과는 다르지만 웬일인지 영화 아바타가 떠올랐다.

차에서 내릴 때는 추웠는데, 한참을 걸으니 몸이 더워진다. 땀까지 난다. 움츠렸던 기분도 풀어진다.

"야, 이게 뭐야. 탱자나무꽃이잖아."

새하얗고 가녀린 꽃이 피어 있었다. 얼마만일까. 탱자나무꽃을 보는게. 어릴 적 고향에 흔하디 흔했던 탱자나무 울타리. 봄이면 꽃이 피고, 꽃이 지고 한참 시간이 흐르면 작고 노란 탱자들이 주렁주렁 열렸다. 탱자를 따려고 날카로운 가시들 사이에 손을 집어 넣다가 찔리기도 했다. 너무 시어서 먹을 수 없었지만 동글동글 노란 탱자는 보는 것만으로도 좋았다. 가시는 무서운데 꽃은 어찌 이리 하얗고 가녀릴까. 은은한 향기는 또 어떻고. 제주도 곶자왈에서 어릴 적 추억이 되살아났다. 공교롭게도 탱자나무꽃의 꽃말은 추억이다.

피톤치드가 어떻고 하지 않더라도 숲에는 확실히 치유 기능이 있다.

제주도가 만든 추사체

습기 많은 공기 때문인지 테우리길에는 파란 이끼가 낀 바위들과 줄기에 파란 녹이 잔뜩 슨 나무들이 많다.

가슴 깊이 숨을 들이마셨다가 길게 내뿜는다. 공기가 달다. 힐링되는 느낌이다.

숲에서 두 시간 넘게 보냈다. 허기가 엄습한다. 그래도 기분이 좋다. 몸이 한결 가벼워진 듯하다.

빗방울이 떨어진다. 오늘 제주 탐방은 이 정도로 끝내자. 법환으로 차를 몬다.

얼큰한 짬뽕과 진한 짜장면이 먹고 싶다. 동네 중국집 법환성(法還城)에서 짬뽕＋짜장＋탕수육 세트를 주문한다. 배불리 먹었는데도 탕수육 몇 조각이 남았다.

"원하시면 싸드릴 테니 갖고 가셔요. 제주 흑돼지 고기 탕수육이에요."

주인으로 보이는 나이 든 남자가 말한다.

"괜찮아요. 얼마 남지도 않았는데요. 뭘."

2만 1,000원. 카드로 계산한다.

"제주도에서 보름 정도 살았는데 지금까지 쓴 생활비가 얼마나 될까?"

"제법 들어갔을걸. 기름 넣은 것만 해도 벌써 몇 차례야. 뱃삯도 비쌌잖아. 특히 차가. 더구나 우린 매일 같이 여기저기 차 몰고 돌아다니고 있으니까. 커피 값만 해도 10만 원이 넘었어."

"사실은 제주도 한 달 살기가 아니라 한 달 관광하기지. 여기 사는 사람이 어떻게 매일 이렇게 돈을 쓰면서 돌아다녀?"

제주도에 정착해 생활하는 사람이라면 이런 식으로 돈을 쓰며 돌아다닐 수는 없을 것이다. 경치도, 관광명소도, 시간이 가면서 무덤덤해질 것이다. 서울 살 때처럼 커피 한 잔, 외식 한 번, 덜 하고, 검소하게 절약하며 살게 될 것이다.

하지만, 지금은 평생 다시 있을까 말까 한 제주도 한 달 살기 중이다. 누가 그랬잖나. 여행은 가슴이 뛰고 두 다리가 튼튼할 때 하는 것이라고. 아주 늙으면 가슴도 뛰지 않고 다리도 후들거려 못 가게 된다고. 억지로라도 많이 돌아다니고, 많이 구경하고, 많이 즐기자며 서로 격려하는 가운데 서귀포의 밤이 깊어 간다.

제주도가 만든 추사체

추사의 세한도

아내가 상경하고
지인들이 찾아오다

요양원에 계신 장모님이 갑자기 쓰러지셨다. 119에 실려 큰 병원으로 가셨다. 급거 처남이 달려갔다. 다행히 의식을 되찾고 평소처럼 의사소통을 하신단다. 의사 말이 갑작스런 심근경색이었다 한다. 경미해서 천만다행이었다. 더 심각한 건 저혈압이란다.

불안한 아내가 바로 비행기표를 끊었다. 아내를 태우고 공항까지 달렸다. 나도 같이 가려 했으나 가봤자 할 일이 없고 원래대로 회복되셨으니 굳이 같이 갈 필요 없다며 한사코 만류한다. 무슨 일이 있으면 바로 연락하겠다며. 며칠 간병하다가 상황을 봐서 다시 내려오겠단다. 나보고 가고 싶은 곳 혼자 실컷 다니란다.

마침 뭍에서 손님들이 왔다. 전에 정해 놓았던 약속 날짜에 온 것인데, 오기 전 아무런 연락이 없었다. 내가 서울로 갔더라면 황당할 뻔했다.

저녁. 법환의 음식점 흑돼지돌돌이에서 고기를 구웠다.

"육지서 가져온 돼지고기 아니지요?"

일행 중 한 명이 짓궂게 물었다.

"아이고, 무슨 말씀을. 그랬다간 큰
일 납니다. 제주 흑돼지라고 써놓고 그
럴 수는 없어요."

나이 든 남자 주인이 손사래를 치며
강력 부인했다.

삼겹살 항정살에 소폭을 한 잔 곁들였다. 살 빼기 계획에 또 차질이
생겼다. 하나마나한 소리에 웃고 떠드는 중에 시간이 흘러갔다.

밤 아홉시. 손님들은 걸어서 호텔로 돌아갔다. 일부러 내 거처에서
가까운 곳을 잡았다고 한다. 멀리서 나를 보러 일부러 와준 사람들이
다. 고마운 일이다.

유배 시절 초의선사는 친구 추사를 세 차례나 찾아왔다. 뱃길로 며
칠 씩 걸리는 험한 바다를 건넜다. 추사의 아내가 죽었을 때 초의는 제
주도로 건너와 친구를 위로하며 반년을 같이 지냈다. 유학자와 승려로
걷는 길이 전혀 다른 두 사람이었다. 추사의 유배생활 중 가장 큰 즐거
움 중 하나는 초의가 보내주는 차를 마시는 일이었다. 둘의 우정은 가
히 금란지교(金蘭之交)*라 할 만했다. 내게는 그런 친구가 한 명이라도
있는가. 바로 이 친구야, 라고 망설임 없이 말할 수 있는 이가 있는가.
그보다, 나는 누구에게 그런 친구인가. 이래저래 산다는 것은 무엇인가
자문하게 되는 밤이다.

---

* 君子之道 惑出惑處 惑默惑語 二人同心 其利斷金 同心之言 其臭如蘭.(易經/繫辭上傳)

가파도 되고 마라도 되고

운진항   가파도   모슬포중앙시장   제주국제공항

뭍에서 온 사람들과 가파도를 가기로 했다. 왜 국토 최남단 마라도가 아니고 가파도인지 별다른 이유는 없다. 누군가 가파도엔 청보리 축제가 열리고 있잖아,라고 말한다. 딱히 그것 때문에 마라도가 아닌 가파도로 정한 것도 아닌 터에.

뭍사람들은 어젯밤 제주 흑돼지 구이 1차에 이어 숙소에서 2차 술파티를 벌였다고 한다. 오늘 출발이 늦어졌다.

법환에서 가파도 가는 배를 타는 모슬포까지는 차로 45분쯤 걸린다. 열한 시쯤 도착했다. 너른 주차장에 차들이 가득 들어차 빈 데가 없다고 입구에서 막는다. 운진항으로 들어가는 도로 한 켠에 그냥 대고 오란다. 주차된 차들 맨 뒤까지 가서 대고 한참을 걸어 여객터미널에 도착한다.

대합실. 이게 뭐야? 코로나는 딴 세상 얘긴 듯 관광객들로 인산인해

선착장에 내려 몸을 돌려 바라보니 떠나온 운진항, 그 뒤에 큰 종 같은 산방산, 그 앞에 가로로 누운 송악산, 더 멀리 흐릿하게 높은 한라산이 보였다.

다. 표를 사려는 사람들이 길게 줄을 서 있다. 대표로 신분증과 승선자 명단을 들고 줄에 서 있던 이가 체온측정기를 통과하지 못했다며 긴급 호출이다. 어젯밤 마신 술로 달아오른 몸의 온도가 영향을 준 모양이다. 나중에 다시 재니 정상체온으로 나왔지만 가슴을 쓸어내렸다.

1인당 왕복 14,100원. 이상한 것은 들어갈 때 배삯은 6,500원인데 나올 때 배삯은 7,600원이다. 집에 돌아와 승선권을 보다 발견했다.

운진항에서 가파도까진 10분밖에 걸리지 않는다. 센 바람에 파도가 크게 일어 배가 좌우로 심하게 흔들렸지만 타는 시간이 짧아 멀미를 할 틈은 없다.

예전엔 국토 최남단이라는 상징성 때문에 마라도 방문객은 넘쳤지만 가파도는 한가했다는데 지금은 아니다. 유명한 청보리축제가 열리고 있고 올레길 10-1코스가 만들어진 후 가파도를 찾는 사람들이 크게 늘었기 때문이다.

선착장에 내려 가파도 비석 앞에서 사진을 찍고 시계 방향으로 섬을 한 바퀴 돌기로 한다. 몸을 돌려 바라보니 떠나온 운진항, 그 뒤에 큰 종 같은 산방산, 그 앞에 가로로 누운 것이 송악산이다. 더 멀리 흐릿한 높은 산은 한라산이다.

모슬포에서 가파도까지는 5.5킬로밖에 안 된다. 풍랑이 세게 일어 왕래하기 힘들 때 모슬포에서 가파도와 마라도를 향해 "빌려간 거 가파도 돼고 마라도(말아도) 돼"라고 외친 데서 두 섬 이름이 그렇게 됐단다. 말도 안 되는 소리지만 재밌다.

그러고 보니 영화 마파도는 마라도와 가파도에서 따왔나?

지금은 배가 좋아 금방 왔다 갔다 할 수 있지만, 옛날에는 급한 일이 생기면 봉수대에서 연기를 피워 신호를 보내야 했다.

"그럼, 빌린 것 다 갚은 사람들이 사는 섬은 어디게?"

"???"

"청산도!"

예순 전후의 남자들 여럿이서 신소리를 하며 낄낄댄다. 아무리 나이가 들어도 남자들이 한데 모이면 유치가 찬란해진다. 여자들도 그런가.

자전거를 빌려 섬을 도는 사람들도 있다.

"지나갈게요" 하는 소리에 한 명이 얼른 길가로 비켰는데, 자전거를 탄 사람이 하필 길가 쪽으로 방향을 트는 통에 부딪히고 말았다. 자전거째 그대로 옆으로 넘어진다.

"괜찮아요?"

가파도 되고 마라도 되고

"죄송해요. 괜찮아요." 하는 데 젊은 여성이다. 툭툭 털고 일어난다. 다행히 다친 데는 없는 것 같다. 바로 앞에 굵고 낮은 돌기둥이 있었는데 얼굴이 정면으로 부딪힐 뻔했다. 머리카락 차이로 살짝 벗어났다. 자전거, 의외로 위험하다.

앞에서 2인용 자전거를 타고 가던 두 사람이 젊은 여성을 기다린다. 가족이다. 2인용 자전거를 타고 가던 두 사람의 머리가 하얘서, 뒤따르는 여성의 부모인가 보다 생각했는데 아니다. 마스크들을 쓰고 있으니 가늠하기 어렵다. 2인용 자전거 앞쪽에 탄 남성과 뒤쪽에 탄 여성은 모자 사이고, 혼자 뒤따라가던 젊은 여성은 며느리였다.

가파도에서 자전거를 빌려 섬을 도는 사람들도 있다. 2인용 자전거를 타고 가던 두 사람의 머리가 하얘서 뒤따르는 여성의 부모인가 보다 생각했는데 아니었다. 2인용 자전거 앞쪽에 탄 남성과 뒤쪽에 탄 여성은 모자 사이고, 혼자 뒤따라가던 젊은 여성은 며느리였다.

"아니 아들 며느리 둘이 같이 타라고 해야지, 며느리는 따라 오라 하고 시어머니가 타면 어떡해요?"

우리 일행 중 한 명이 시어머니에게 짐짓 나무라는 듯 농을 던진다. 시어머니인 여성이 깔깔 웃는다. 다행이다. 코미디를 다큐로 받아들이는 사람이었다면 "당신이 뭔데 그 따위 소리를 해" 하고 발끈할 수도 있었을 것이다.

길가에 짐이 실린 네 발 스쿠터가 여러 대 주차돼 있다. 바다로 시선을 돌리니 주황색 공들이 여럿 물에 떠있다. 테왁이다. 물속을 들락날락하는 검은 옷을 입은 사람들이 보인다. 땅에서는 걷기가 힘들어 네발 스쿠터를 타고 다니지만 물속에서는 인어처럼 날렵한 사람들? 할머니 해녀들말고 없을 것이다. 과연, 나중에 스쿠터를 타고 지나가는 걸 보니 할머니 해녀다. 대부분 칠십을 넘었고 팔십에도 물질을 하는 해녀들이 적지 않다니 참으로 강인한 제주도 여성들이다.

묘지들이 모여 있다. 모두 제주식 산담으로 둘러싸여 있다. 공동묘지? 한 무덤 앞에 꽂혀 있는 작은 팻말. "묘지주께서는 연락 바랍니다." 그 아래 토지주라고 쓰고 전화번호를 적어두었다. 땅과 묘의 주인이 서로 다른 모양이다.

바닷쪽 길가에 돌담으로 둘러쳐진 공간. 출입금지다. 안에는 인조잔디 매트가 깔려있다. 제단(祭壇)이다. 매년 정월 정일(丁日)과 해일(亥日)에 목욕재계하고 2박 3일 신께 제사를 올린단다. 제주도에는 1만 8천의 신이 있단다. 도쿄에 특파원으로 있을 때 일본에도 1만 8천 신이 있다는 소릴 들었다.

어디가 먼저인지 따지는 건 부질없다. 험한 자연환경이 그 많은 신

가파도 되고 마라도 되고

묘지들이 모여 있다. 모두 제주식 산담으로 둘러싸여 있다.

을 만들어냈을 것이다. 유일신을 모시는 서양 종교가 일본에선 전혀 뿌리를 내리지 못했다. 위협을 느낀 권력이 철저하게 탄압했다. 대신 신도를 국교로 세우고 천황을 살아 있는 신으로 숭배했다. 전쟁을 일으켜 천황의 이름으로 죽으라고 젊은이들을 세뇌했다. 친일매국노들은 조선 청년들 보고 지원병이 되라고 선동했다. 스무 살에 필리핀에서 개죽음을 당한 조선 청년을 영웅으로 추켜세웠다. 미당 서정주의 시 '마츠이 오장 송가(松井伍長送歌)'를 읽으면 피가 거꾸로 솟는다. 미당뿐인가. 숱한 친일파 후손들이 여전히 막강한 세력을 유지하고 있다.

　제주도에서도 천주교와 토속신앙이 충돌했다. 제주도에서 일어난 대규모 민란 중 하나인 이재수의 난. 프랑스 신부와 천주교도들이 토속신앙을 미신이라 무시하고 패악질을 일삼은 것이 원인의 일단이 되었다. 이재수의 난은 영화로 만들어졌다. 졸작이라 별 반향을 불러일으키지 못했다.

제일 높은 곳이 해발 20.5미터라니 가파도가 얼마나 낮고 평평한 섬인 줄 알 것이다. 높은 지대에 뭔지 모를, 그러나 자세히 보면 특이한 건축물이 들어서 있다. 아티스트 in 레지던스라고 적혀 있다. 서귀포시가 운영하는 예술가들을 위한 레지던스인 듯하다. 예술가 레지던스는 서귀포시에도 있고 마라도에도 있다던데, 가파도에도 있다니. 제주도가 예술가들에게 상당히 공을 들이는 것 같다.

정식 명칭이 '가파도 문화예술창작공간'인 이 아티스트 레지던스. 신문사등이 주최하는 건축문화대상을 탔다. 주변 자연환경을 거스르지 않고 가파도의 지형과 풍경에 스르르 녹아든 설계다. 밖에서 둘러보는 것만으로는 안의 구조를 알 수 없다. 어떤 장르의 아티스트들인지, 공간구성은 어떻게 돼있는지.

요즘 너도 나도 입에 올리는 도시재생, 원도심 활성화. 문화와 예술

서귀포시가 운영하는 예술가들을 위한 '가파도 아티스트 인 레지던스'. 주변 자연환경을 거스르지 않고 가파도의 지형과 풍경에 스르르 녹아든 설계다.

가파도 되고 마라도 되고

을 빼놓고는 힘든데도 여전히 토목 공사에만 열을 내는 지자체들이 있다. 물론 필요한 건물은 당연히 지어야 한다. 건축물 하나만 잘 지어도 그걸 구경하러 가는 세상 아닌가.

하지만, 그 자체로 도시인들을 끌어들일 수 있는 매력을 지닌 오래된 건물을 리모델링한답시고 망쳐버리는 걸 본다. 외려 가만 놔두는 것만 못하다. 몰라서 그렇기도 하겠지만 알면서도 그러는 경우가 있다. 도시 재생, 이권 나눠먹기 식으로 진행된다면 돈만 쓰고 안 하느니만 못한 결과를 초래할 것이다.

해녀의 집. 해물짬뽕으로 점심을 든다. 젊은 청년이 소라를 굽고 있다. 구운 소라 한 접시에 막걸리가 빠질 수 없다. 가파도엔 해녀의 집이 여러 군데다. 메뉴는 다 비슷하다.

"마라도 짜장이 맛있는데. 요샌 여러 집 생겼다대."

다음엔 마라도를 가봐야겠다. 가파도보다 10분 정도만 더 가면 된다. 크기는 훨씬 작다. 왼쪽이 높고 오른쪽으로 갈수록 낮아지는 지형이다. 세워 놓으면 쐐기 같겠다,라고 생각한다.

옆 테이블의 서양인 가족. 어디서 왔느냐니 영국사람이란다. 국제교육도시 학교에서 영어 가르치냐 했더니 대학에서 컴퓨터사이언스 가르친단다. 제주도 온 지 5년 됐고 적어도 1년 이상 더 있을 예정이란다. 초등생 아이들 둘을 데리고 있다. 잘 놀고 가라고 인사하고 해녀의 집을 일어선다.

바닷가쪽 길이 아니라 마을을 관통해서 섬 가운데로 가는 골목길로 접어든다. 담에 온통 벽화가 그려져 있다.

3

가파도의 중심 동네 골목을 걷는다. 식당, 기념품 가게, 식품점이 있고 벽에는 온통 가파도를 설명하는 그림들과 글이다. 천천히 읽으며 걸을 만하다.

골목길이 끝날 즈음 보리도정공장이 있다. 공장 앞. 할머니 한 분이 빻은 보릿가루를 넣은 비닐 봉투 몇 개를 옆에 놓고 앉아 있다. 골목길을 벗어나자 푸른 청보리밭이 시야 가득 펼쳐진다. 무농약으로 재배하는 보리라 돌아가면서 휴경한다는 설명판이 밭가에 서 있다.

소망전망대는 가파도 정상 해발 20.5미터에 있다. 전국 전망대 중 젤 낮은 곳에 있지 않을까. 그래도 전망대다. 사방이 다 보인다. 주위에 펼쳐진 보리밭 유채밭. 파랗고 노랗다. 그 너머. 넘실대는 파도. 바람이 세다.

청산도가 생각난다. 광주 있을 때 주말을 이용해 좋은 이들과 같이 갔다. 가파도보다 훨씬 넓은 섬. 청산도 보리밭 풍경도 장난 아니지. 언

가파도의 중심 동네 골목을 걷다 보면 어느새 푸른 청보리밭이 시야 가득 펼쳐진다.

소망전망대는 가파도 정상 해발 20.5미터에 있어 전국 전망대 중 젤 낮은 곳에 있지 않을까 하는 생각이 든다.
그래도 사방이 다 보이고 주위에 파랗고 노란 보리밭 유채밭이 펼쳐져 있다.

제 또 가볼 수 있을까.

세워놓은 돌하르방들이 재밌다. 두 팔로 하트를 그린 돌하르방. 파안
대소하는 돌하르방. 사진 찍는 이들이 많다. 돌하르방 없었으면 제주도
는 어쩔 뻔했나. 별의별 재밌는 아이디어를 다 낸다. 기념품 가게 작은
돌하르방은 동백꽃을 달고 있고 니트 모자도 쓰고 있고. 콘텐츠가 별다
른 게 아니다.

전망대 바로 아래 게르가 있다. 온통 리본으로 덮여 있다. 바람에 떠
는 리본들이 게르의 털 같다. 뭐지?

소망의 집. 안이고 밖이고 온통 소망을 적은 리본을 매달아 놨다. 뭔
가 열심히 석고 있는 사람들. 부모는 자식 잘 되기를, 청소년은 수능 대
박을, 청춘남녀는 사랑의 맹세를. 리본에 담긴 마음들을 읽는다.

선착장을 향해 가는 길. 상동우물 터가 있다. 맨 먼저 샘이 발견된 곳, 상동이다. 우물 주위에 사람들이 모여 살다가 더 큰 우물이 발견되자 그곳으로 옮겨갔다. 하동이다. 상동은 원도심, 하동은 신도심인 셈이다.

상동우물가. 현무암으로 만든 허벅을 진 여인의 상이 있다. 허벅은 몽골이 남긴 유산이다. 매일 무거운 허벅을 지고 물을 길어나르다 보면 허벅지가 돌이 되었을 것이다. (아재 개그라 코웃음쳐도 할 수 없다. 초지일관. 반 세기 넘게 굴하지 않고 해온 습관이다. 죽어야 그칠 것이다.)

배 타는 시간까지는 40~50분 여유가 있다. 가파도 일주를 하고 점심을 먹고 가파도 전망대 오르고 보리밭 구경을 해도 이 정도다. 운진항에서 왕복 티켓을 끊을 때 들어가고 나오는 시간이 정해져 있어 이 정도 시간으로 될까 했는데 기우였다. 머무르며 놀멍 쉬멍 할 사람이면 다를 것이다.

"시간 있는데 카페 한 군데 들릅시다."

가는 곳마다 개성 있는 카페에서 커피 한 잔 하는 것도 빼놓을 수 없는 여행의 재미다. 가파도에도 있었다.

4 ─────

카페 가파리 212. 입구 오른쪽에 큰 나무판 위에 적힌 카페이름이다. 양 옆으로 돌담이 있는 제법 가파른 계단을 올라가야 한다. 왼쪽에 배 한 척이 올라 앉아 있다. 작고 낮은 주황색 지붕을 한 제주의 전형적인 집. 길에서 봤을 땐 상반신만 보이는 정도다. 한눈에 봐도 사람이 살던 집

카페 가파리 212를 방문하려면 양옆으로 돌담이 있는 제법 가파른 계단을 올라가야 한다. 왼쪽에 배 한 척이 올라 앉아 있다.

을 고쳐 카페로 한 것임을 알겠다.

잔디 깔린 마당에 놓인 나무 테이블과 의자. 두 여자가 앉아 돌담 너머 먼 바다를 바라보고 있다. 바다멍 때리기 좋은 곳이다. 더 이상 좋을 수 없이 환장할 봄날이다.

카페 안. 낮은 천장이 훤히 드러나 있다. 구불구불 대충 다듬은 나무 기둥, 서까래, 하얗게 회칠한 천장. 간소, 질박, 자연… 옛집을 고친 카페들이 흔히 그렇듯 가파리212도 그런 곳이다.

주방에서 두 여자가 바쁘다. 키가 큰 한 여성은 머리를 짧게 잘랐다. 스포츠 스타일.

"남자인 줄 알았네."

목소리를 듣더니 일행 중 한 명이 말한다.

"들리겠네. 목소리 낮추시오."

남들은 미숫가루를 시키는데 나는 카페라떼를 시켰다. 바로 후회했다. '가파도 보리가 유명한데 여기까지 와서 맨 날 먹는 카페라떼란 또

카페 가파리 212의 잔디 깔린 마당에 놓인 나무 테이블과 의자. 두 여자가 앉아 돌담 너머 먼 바다를 바라보고 있다. 바다멍 때리기 좋은 곳이다.

뭐람. 이렇게 생각이 모자라서야.' 혼자 속으로 책망했다. 그렇다고 한 모금 마셔보자고 하긴 싫었다. 체면이 있지.

바리스타들은 손님 응대에 바쁜 듯하여 간단히 몇 마디 물어볼까 하다가 그냥 나온다.

'다시 들어가 물어볼까. 에이. 뱃시간도 급한데. 아니지. 뭐든 궁금한 건 즉석에서 해소해야. 특히 여행지에선. 떠나면 그걸로 끝이잖아.'

송A와 송B가 묻고 답하고 있다.

발길은 이미 선착장을 향하고 있었다.

전화로 물어보자. 가파리212를 검색한다. 전화번호가 나와 있다. 희한하게 010으로 시작되는 휴대폰이다. 버튼을 누른다. 몇 번이나 벨이 울려도 받지 않는다. 모르는 번호이니 그럴 수도 있고 바쁠 수도 있겠지.

승선장. 한 여자가 승조원에게 제지당해 배에 오르지 못하고 한쪽에

가파도 되고 마라도 되고

서 있다.

"아니, 이런 마스크로 돌아다니셨단 말입니까?"

"네."

여인은 잔뜩 움츠러든 기색이다. 백팩을 매고 혼자 제주도 여행을 다니는 사람 같다. 제법 나이 들어 보인다. 마스크를 보니, 코밑이 뻥 뚫려 있다. 외출할 때 자외선 차단하려고 쓰는 천마스크다. 코로나엔 아무 짝에도 쓸모없다.

어떻게 하려는 거지, 하고 궁금해하는데, 이어지는 말이 반전이다.

"잠깐만 기다리세요. 제가 제대로 된 마스크 드릴 테니."

덩치가 곰처럼 큰 승조원이다. 웬만한 사람은 쫄 수밖에 없는 인상이다.

작지 않은 배가 파도에 크게 요동친다. 도착까지 거리가 가까워서 다행이지, 안 그러면 배멀미 하는 사람들이 생겼을 것이다. 나도 어릴 적 지독히 심하게 차멀미를 했다. 버스 기름냄새를 맡으면 몇 분이 못 가 바로 토했다.

겨울. 나주에서 영암 외할머니댁에 제사 지내러 가는 날은 고역이었다. 창문을 열어 바깥 공기를 들어오게 해놓고 버티다가 결국 못 버티고 비닐봉지에 토한다. 승객들에게 그런 민폐가 없었다. 서울에서 매일 버스를 타고 통학하면서 차멀미는 사라졌다. 지금도 가끔 몸이 약할 때면 속이 메스꺼워지고 입안에 침이 고이기 시작한다. 토하는 경우까진 없지만 힘들다.

배 안에 있는데 전화가 울린다. 가파리212다. 간단히 용건을 말하고 나중에 통화하자고 끊는다. 뭍으로 돌아가야 하는 사람들의 비행기 시간을 확인한다. 세 시간 가까이 남았다. 모슬포에 공항까지 가는 버스가 있다. 모슬포에서 작별하잔다. 공항까지 갔다가 혼자 다시 차를 몰고 돌아오기 힘들 테니, 공항은 자기들끼리 버스 타고 가겠단다. 말을 그렇게 해도 정작 내가 바이바이 하고 가버리면 섭섭해할 것이다.

한 사람이 모슬포중앙시장 김치가게에 들르잔다. 이마트에서 사먹지 말고 여기서 사면 싸고 맛있단다. 전에 와서 사먹어 봤는데 젓갈을 많이 넣어 진한 것이 전라도 사람 입맛에 딱 맞는 김치란다.

모슬포중앙시장. 떡, 생선, 채소, 김치…. 다는 아니지만 제법 문을 연 곳들이 있다. 배추김치 5,000원어치, 파김치 만 원어치를 주문한다. 한 명이 김치가게 아주머니한테 여기가 맛있다고 해서 일부러 들렀다고 너스레를 떤다. 파김치를 쥔 손이 한 번 더 김치통으로 들어갔다.

"이거 다 못 먹어요. 좀 가져가셔."라고 해도 막무가내다.

"햇반 덥혀서 그 위에 파김치만 얹어서 먹어도 좋아요. 오늘 저녁은 그렇게 드셔요."

일부러 안 하고 있던 말을 한다.

"공항까지 같이 가요. 나도 혼자라 일찍 돌아가봤자 심심하니, 타고 가면서 서로 얘기도 하고 재밌잖아."

한 명이 내게 고자질한다. "이모씨가 설마 우리보고 진짜 버스 타고 가라고 하시지는 않겠지?" 했다는 것이다.

예순 넘은 사내들 마음 쓰는 게 이렇다. 그

가파도 되고 마라도 되고

래서 또 웃었다.

모슬포에서 공항까지는 한 시간 남짓이다. 빠듯하게 도착했다.

"버스 기다렸다 타고 왔으면 큰일 날 뻔했네. 자칫하면 비행기 시간
에 못 맞출 수도 있었겠네."

고맙다는 말을 이런 식으로 한다.

"역시 마음이 따뜻하신 분이야."

직설적으로 표현하는 사람도 있다. 옛날엔 사랑한다, 고맙다는 말을
하는 게 쑥스럽고 외려 진심이 아닌 것 같아 꺼렸다. 요즘은 아니다. 커
뮤니케이션은 포인트 위주로 간략하게. 전달력은 경쟁력이다. 정치하
는 사람만이 아니라 모든 이에게 필요하다.

집으로 돌아오는 길. 한라산이 또렷하게 보인다. 하늘을 보고 한라산
을 베고 누운 설문대할망. 제주도를 만든 여인. 제주도가 예로부터 여
자들이 강한 덴 다 이유가 있다.

저녁. 모슬포시장에서 선물 받은 김치에 따끈한 햇반. 익지 않은 파
김치는 아직 맵지만, 과연 맛있다.

밤. 카페 가파리212 주인에게 전화가 왔다.

5 ———

"무슨 일로 그러시죠?"

의심을 품은 목소리다. 그도 그럴 것이다. 웬 남정네가 뜬금없이 전
화해 꼬치꼬치 물으니. 요즘이 어떤 세상인가. 포털에 어떻게 휴대폰
번호를 적어 놨냐니 자기가 한 게 아니란다. 누군가 아는 사람이 올린

듯하다고. 음. 똑똑하다고 자부하는 사람이 어이없이 보이스피싱에 당하는 경우를 본다. 넘어가진 않았어도 그런 전화 받아본 경험은 있을 것이다. 이유를 말하고 내 페북 프로필을 캡쳐해 보낸다. 그게 무슨 신분증명을 하는 것도 아닐 것이나 그래도 말로 구구절절히 설명하는 것보단 간편하다. 길게 통화하기도 뭐해 간단히 물어본다. 아래는 그래서 알게 된 내용이다.

카페 오너는 윤씨 성을 가진(우리 어머니와 같은 파평 윤씨), 스포츠형 머리를 하고 있는, 보기엔 무척 젊은(실은 마스크 땜에 제대로는 못 봤다), 그러나 중고생(?) 자녀를 둔 제법 나이가 있는 여성이다. 전남 장성에서 초중고를 다녔다. 광주에서 오래 살았다. 여행 온 제주도가 너무 좋아 십수 년 전 아예 제주도로 이사했다. 가족들도 별로 반대하지 않았다. 서귀포에 살면서 가파도 여행을 왔다가 반했다. 4년 전 폐가를 사 카페로 리모델링해 2년 전 문을 열었다. 제주도가 거대한 항공모함이라면 가파도는 그 옆에 붙은 구명보트만 하다. 섬에 살면서 더 작은 섬에 반한다? 선뜻 이해되진 않지만 그럴 수도 있겠다. 자기 사는 땅의 끝이 어딘지 한 눈에 볼 수 있는 섬. 뭔가 거인이 된 듯한 느낌? 아님, 빼뻬용이 된 듯한 느낌? 뭐든 반하는 건 자유니 남이 뭐랄 건 아니다.

서귀포에서 가파도까지 출퇴근한다. 오후 네 시쯤 막배를 타고 가파도를 나온다. 서귀포에는 주업이 따로 있다. 가파도 카페는 부업이다. 주방에서 일하는 다른 여성은 잠시 도와주고 있는 지인이다. 하루 이틀도 아니고, 아침 일찍 들어갔다가 마지막 관광객들이 떠날 때 같이 배를 타고 나와 다시 서귀포 집까지 가야 한다. 세상엔 이렇게 부지런하게 사는 이들이 있다.

　　　　　　　　　　　　가파도 되고 마라도 되고

혹 가파도 가시는 분들. 여유를 갖고 카페 가파리212에 들러 돌담 너머 너른 바다를 보며 멍때리기 한 번 해보시라. 마당에 테이블과 의자가 놓여 있다. 자외선이 싫으면 카페 안에 앉아 편히 쉬시라. 이 책 얘기를 하며 아는 체도 해보시라.

낮에 모슬포중앙시장에서 산 배추김치와 파김치. 나중에 다시 서귀포로 돌아온 아내에게 모두 1만 5,000원어치라고 했더니 깜짝 놀랐다.

"이거 서울에서 사면 두 배는 줘야 돼요. 진짜 싸다."

그렇게 말하면서 나처럼 남은 햇반에 모슬포김치를 얹어 뚝딱 저녁을 해결했다. 제주도에선 작심한 살빼기 계획을 파탄낼 이유가 뜬금없이 생긴다. 서울 갔을 때 집에 있는 저울로 재본 몸무게. 두 사람 모두 1킬로씩 줄었다.

"아니 나보고 누가 날씬해졌다고 하던데, 이상하네."

내가 고개를 갸웃하며 말했다.

"뭘 핼쑥해져. 내가 보기엔 똑같은데. 1킬로는 빠진 게 아니야."

아내가 쿨하게 반응했다.

그래도 내 몸은 내가 안다. 다리에 힘이 붙어 걷는 게 더 쉬워졌고, 허리띠도 더 졸라맬 수 있게 되었다.

"그래. 다시 살빼기 시작이다!"

돌발 상황으로 서울행

제주국제공항   범환포구

1 ──────

제주공항이다. 결국 상경이다. 서울에 돌발 상황이 생겼다. 겸사겸사 투표도 할 수 있게 됐다. 상황이 투표 한 번 빼먹는 걸 허락하지 않는다. 간절한 마음들이 모여 우주의 기운을 불러일으킨 모양이다. 제발 좀 잘해라!

2 ──────

오후 세 시 반. 투표를 했다. 시장후보가 열두 명이라는 걸 투표용지를 보고 알았다. 나무에 걸린 후보자 소개 플래카드. 출마를 돈벌이 홍보 수단으로 이용하는 듯한 자도 보인다.

아파트단지. 바람에 사쿠라꽃이 다 떨어졌다. 화려하게 유혹하던 꽃 잎들이 땅에 뒹군다. 속절없이 밟힌다. 바람에 실려 전해오는 황홀한 향기. 하얀 라일락꽃이다. 꽃말이 '아름다운 맹세'다.

   하늘을 뚫을 듯 치솟은 마천루. 욕망의 바벨탑을 배경으로 곧게 자란 나무 한 그루. 꼭대기 가느다란 가지들 사이에 새둥지 하나 위태롭게 걸려 있다. 저 작은 집에서 어미새는 바람에 흔들리고 비에 젖으면서 아기새를 낳고 길러 떠나보냈을 것이다. 위태위태한 세상. 우리 아이들 모두 좀 더 편안한 세상에서 살 수 있길 바란다.

스무하루째 ① 제주국제공항 - ② 법환포구

스무이틀째 ① 차귀도 - ② 피제리아3657 - ③ 박수기정(올레길 9코스)

스무사흘째 ① 석부작박물관 - ② 엉또폭포 - ③ 수키하우스 - ④ 큰엉해안경승지 - ⑤ 매일올레시장

스무나흘째 ① 유수암리 - ② 애월맛차 - ③ 아르떼뮤지엄 - ④ 새별오름

스무닷새째 ① 이중섭거리 - ② 카페 벙커하우스 - ③ 법환포구

스무엿새째 ① 우도 - ② 하천리

스무이레째 ① 영실 - ② 윗세오름대피소 - ③ 모슬포항 수눌음 - ④ 법환마을 이발소

스무여드레째 ① 제주돌문화공원 - ② 토평동

스무아흐레째 ① 본태박물관

서른날째 ① 일출랜드 - ② 김영갑갤러리두모악 - ③ 혼인지 - ④ 호도제과 - ⑤ 부에난소라

서른한날째 ① 고근산 - ② 고쿠텐 - ③ 올레길 7코스 - ④ 속골 - ⑤ 돔베낭골

서른두날째 ① 거문오름 - ② 충세흑돼지

서른세날째 ① 조천 새콧할망당 - ② 조천포구 - ③ 법환마을

서른네날째 ① 제주항 - ② 목포항 - ③ 서울

제주항 ①

① 제주국제공항

애월맛차 ②

유수암리 ①

아르떼 ③
뮤지엄

④ 새별오름

윗세오름대피소 ②

① 영실

차귀도 ①

본태박물관 ①

토평동 ②

엉또 고근산 ①
폭포 ②

벙커 석부작 ⑤ 매일올레
하우스 박물관 시장
② ③ ① ⑤

피제리아3657 수키 ③ 이중섭
하우스 거리

박수기정 ② ③ 법환 ④ 속골
(올레길 9코스) 포구 ⑤ 돔베낭골

모슬포항 ②③
수눌음
③

호도제과 ④
부에난소라 ⑤
고쿠텐 ②
올레길 7코스 ③

스무하루째부터
서른네날째까지

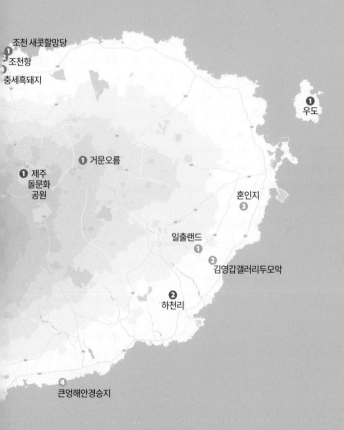

조천 새콧할망당
조천항
충세흑돼지

우도

거문오름

제주
돌문화
공원

혼인지

일출랜드

김영갑갤러리두모악

하천리

큰엉해안경승지

다시 제주도, 어릴 적 친구가 찾아오다   스무하루째

제주국제공항   범환포구

1 ──────

다시 제주도다. 탐라국이었다가 제주도였다가 다시 탐라였다가 제주였다가… 제주도의 운명은 뭍에 들어선 권력의 향배에 따라 출렁거렸다. 뭍의 백성들이라고 다르지 않았다. 정권에 따라 삶이 크게 영향을 받는 것은 매한가지였다. 그러나 아무리 강한 권력인들 천생 민심의 바다 위에 뜬 배였다. 유능한 선장은 바람을 잘 다루면서 목적지까지 무사히 항해해야 한다. 웬만한 파도에도 흔들리지 않도록 배의 크기를 키우고, 어떤 광풍도 뚫고 나갈 수 있는 항해술을 익혀야 한다. 무엇보다 바다 앞에 겸손해야 한다. 뜨는가 했더니 착륙이다.

2 ──────

어제. 투표를 하고, 볼 일을 보고, 오늘 다시 제주도로 돌아왔다. 오랜만

의 서울에서 바쁘고 피곤했다. 공항 주차장에 세워둔 차를 몰고 게이트를 통과한다.

"주차료, 8,400원입니다."

엥? 분명 하루에 만 원이라고 했는데 왜 이리 싸지?

의아해하는 표정을 읽었는지 근무자가 말한다.

"저공해차량이라 반값이에요."

아하. 이틀은 안 됐으니 2만 원은 아닐지라도 1만 원은 훨씬 넘을 걸로 생각했는데. 횡재한 기분이다. 제주도에 사는 사람은 무조건 하이브리드나 전기차로 사야겠다. 공항을 자주 이용할 테니까. 이마트에 들러 먹을거리를 사고, 법환 거처로 컴백한다. 나는 일박이일 만이고 아내는 니흘민이다.

저녁. 광주에서 온 나주 친구를 만났다. 조규웅. 오랫동안 다니던 직장을 퇴직하고 노후생활을 즐기고 있다. 아내는 여전히 일을 하고 있어 같이 내려오지 못했단다. 어릴 적, 향교가 있는 교동에서 같이 살았는데 서울로 올라간 뒤 오랫동안 교류가 없었다. 반도 달라 더 그랬을 수도 있다. 나는 5학년 1반, 친구는 2반이었다. 6학년 때도 그대로 1반, 2반이었다. 광주에 내려가면서 다시 이어졌지만 정작 광주에 있는 동안엔 만나지 못했다.

내 페북글을 열심히 읽어주는 친구다. 나처럼 자기도 제주도 한 달 살기를 하고 싶어서 매일 밤 자기 전에 내 제주도 다이어리를 읽는단다. 겸사겸사 나도 만나고 올레길도 걸을 겸 어제 제주도에 왔는데, 내가 서울로 올라가버린 통에 못 만날 뻔했다.

어제 저녁은 서귀포에 정착한 어릴 적 나주 친구 김덕민이랑 둘이서 먹었단다. 내가 있었으면 셋이 같이 모였을 텐데.

"경기도 양평 사는 정재가 서귀포 대정에 이재일이라는 친구도 산다고 얘기하더라. 오랫동안 교육공무원 생활을 하다 은퇴했는데 낚시를 너무 좋아해서 가끔 잡은 고기를 보내준다더라. 요즘엔 학꽁치가 잘 잡힌다고 해서 정재가 한 무더기 보내달라고 했다더라. 날보고 제주도에 있는 동안 꼭 만나보라고 하더라"고 내가 말했다.

그래서 전화 통화를 했는데 시간이 안 맞아 아직 못 만났다고 덧붙였다.

"아, 이재일. 누군지는 아는데 만날 기회는 없었네."라고 조규웅 친구가 말한다.

광주에 있는 3년 동안 한 번도 만나지 못했던 친구를 제주도 서귀포 법환에서 만나다니. 아이러니다. 나주에서 들었다는 이런저런 소문, 친

다시 제주도, 어릴 적 친구가 찾아오다

구 누구는 어디서 살았고, 누구는 어땠고… 50년도 더 지난 옛날 추억을 소환한다.

"김덕민이 하고, 이재일이하고, 그럼 셋이서 만나면 되겠네."라고 친구가 말했다.

만난 적도 없고, 얼굴도 기억나지 않는 친구들. 나주 말고는 어떤 인연도 없을 사람들. 어떤 인생을 살아왔든 반세기가 넘는 시간을 뛰어넘어 바로 어린 시절의 동무로 돌아갈 수 있는 고향 친구들이 있다는 건 행복한 일이다.

법환의 콩나물국밥집에서 저녁 식사로 시킨 전복콩나물국밥. 오분자기 같은(진짜 오분자기일 수도 있겠다) 작은 전복이 두 개 들어 있었다. 가성비가 괜찮았다.

조규웅 친구는 렌터카를 몰고 제주시로 돌아가고 나는 1킬로가 넘는 밤길을 걸어 집으로 돌아왔다.

이런 운동을 광주에서도 서울에서도 하지 않고 살았다.

그런데도 살이 안 빠진다니. 살이 이기나 내가 이기나 어디 한 번 해 보자고 각오를 다졌다.

어제 오늘. 정신없는 이틀이 이렇게 지나간다.

한곳한곳 허탕 친 곳을 탐방하다 스무이틀째

차귀도   피제리아3657   박수기정(올레길 9코스)

1

아침. 범섬에게 인사한다. 하늘은 맑고 푸르다. 걷기에 좋은 날이다.

지난번에 이어 다시 허탕을 만회하는 날로 하기로 한다. 놓친 고기가 큰 법 아닌가. 기어코 확인해야 직성이 풀린다.

먼저 차귀도. 지난번 허탕을 교훈 삼아 일찍 출발했다. 차귀도는 한경면 고산리에 있다. 제주도 정남쪽에 있는 법환에서, 좌우로 길쭉한 제주도의 거의 정서쪽까지. 거리로는 37킬로지만 차로 한 시간이 걸린다. 고속도로라면 반도 안 걸릴 것이다. 제주도의 도로는 애초에 속도를 내기 어렵게 돼 있다. 지형 탓이 크다. 또 어린이 보호구역이 많아 시속 30킬로를 지켜야 하고, 노인보호구역이라는 데도 자주 눈에 띈다. 어떤 데는 30킬로, 어떤 데는 50킬로 속도제한 표시가 돼 있다. 가능한 한 제한속도를 지키려고 하는데 간혹 뒤에 따라오던 차가 참지 못하고 급하게 차선을 바꿔 쌩하고 지나가는 경우가 있다. 어린이 보호구역이 많다는 건 동네에 초등학교와 아이들이 많다는 뜻이니 기쁜 일이다.

차귀도 가는 포구에 차를 세우는 동안 먼저 내린 아내는 배편을 알아보러 간다. 날씨는 어제에 이어 기막히게 좋다. 봄 햇살을 즐기며 느긋하게 걷는다.

"여보, 뛰어야 돼. 배 곧 떠난대."

아내가 큰 소리로 외치더니 앞서서 뛰기 시작한다. 나도 뛰기 시작한다. 이렇게 달려본 적이 얼마만이지? 내 몸이 이렇게 무거운지 새삼 깨닫는다. 맘은 급한데 속도는 안 난다. 헉헉. 배에 오른다.

사람들이 제법 들어차 있다. 시간을 확인하니 10시 25분이다. 아니, 5분이나 남았잖아.

"뱃시간 확인하고 온 거야? 하마터면 못 탈 뻔했잖아."

"확인하긴 했지. 근데, 그때그때 달라질 수 있다고 돼 있던데. 정확히 10시 반, 두 시라는 건 몰랐네."

"또 허탕칠 뻔했잖아."

"그럼, 또 어때. 시간이 좀 먹나. 한 달 살기는 왜 하는 건데. 느긋하게. 허탕치면 치는 대로. 그래야 또 스토리가 만들어지는 것이고."

평생 조바심내며 살았으니 제주도에선 좀 대충 살아도 되는 거 아닌가. 말은 그렇게 하지만 실은 제주도에서도 그렇게 살지 못하고 있다. 매일 페북 다이어리 쓴다고 백수 과로사하게 생겼다.

차귀도는 가깝다. 차귀도라고는 해도 배를 대는 곳은 죽도다. 차귀도는 죽도, 지실이도, 와도, 세 섬으로 구성돼 있다. 시계로 재봤더니 죽도 선착장에 도착하는 데 정확히 7분 걸렸다.

차귀도는 한자로 遮歸島라고 쓴다. 가로막을 차(遮), 돌아갈 귀(歸),

죽도, 지실이도, 와도의 세 섬으로 구성돼 있는 차귀도에서 배를 대는 곳은 죽도다. 대나무가 많아 죽도라고 했다는데 과연 선착장에 내리자마자 올라야 하는 가파른 오솔길 양쪽이 대숲이다.

섬 도(島). 옛날 중국 복주(福州)의 호종단이란 인물이 중국에 대항할 큰 인물이 날 걸 우려해 제주도의 지맥 수맥을 끊고 돌아가는 배에 올랐다. 뱃머리에 매 한 마리가 앉더니 홀연 돌풍이 일어 배를 가라앉혔다. 한라산신인 매가 호종단이 돌아가는 걸 막았다는 뜻에서 차귀도라는 이름이 붙었단다.

우리나라 여기저기에 비슷한 전설이 있다. 큰 인물이 날 걸 우려해 혈자리를 끊었다느니 애기 장수를 죽였다느니. 오랜 세월 동안 주변국들의 침략과 지배에 시달려온 백성들의 원망이 거꾸로 이런 류의 전설을 낳지 않았을까, 생각한다. 중국이든 일본이든 주변 나라들을 벌벌 떨게 만들 영웅이 제발 이 땅에도 좀 태어났으면 하고 바라는. 아무튼 허무맹랑한 얘기지만 옛날 중국인이 탄 배가 차귀도 인근에서 침몰한 적이 있을 수는 있겠다.

죽도에서는 정확히 한 시간 머무를 수 있다. 한 시간이면 정상까지 갔다 내려오는 데 충분하다. 대나무가 많아 죽도라고 했다는데 과연 선착

한곳한곳 허탕 친 곳을 탐방하다

장에 내리자마자 올라야 하는 가파른 오솔길 양쪽이 대숲이다. 큰 대가 아니라 가느다란 조릿대(篠竹)다. 어렸을 때 칼로 다듬어 연의 뼈대를 만들던 그 대나무다. 차귀도에는 이런 조릿대 군집이 서너군데 있었다.

죽도 하니 독도가 생각난다. 우리는 독도(獨島)라고 하지만 일본인들은 죽도=타케시마(竹島)라고 한다. 대나무가 하나도 없는 섬을 대나무 섬이라고 부른다? 뭔가 이상하다.

우리 이름 독도는 외로운 섬이라는 뜻이지만 원래부터 한자 이름 독도는 아니었다. 우리말로 부르는 이름이 있었고 나중에 거기에 한자를 갖다 붙였다. 한자로 된 지명의 경우, 이런 일은 무수히 많다. 그럼 독도는 애초에 어떤 이름이었을까.

독섬이 어원이라고 주장하는 언어학자가 있다. 매우 설득력이 있다. 나는 이것이 맞다고 생각한다. 독은 돌의 사투리다. 전라도 경상도에서 돌을 독이라고 한다. 돌로 된 섬. 돌섬=독섬이다. 거기에 누군가 독과 같은 음을 가진 한자, 외로울 독에 섬 도자를 가져다 독도라고 이름했을 것이다.

죽도=타케시마는? 죽도라고 하면 독도와 전혀 다른 섬이 되지만, 타케시마라고 하면 다르다. 타케는 어원이 우리 말 독이다. 물론 대나무도 타케다. 독을 일본식으로 발음하면 도쿠다. 타케로 전이하기 쉽다. 시마는 언어학자라면 누구나 인정한다. 한국말 섬이 어원이다. 독섬=도쿠시마=타케시마. 충분히 설득력이 있지 않은가. 물론 일본인들우 수긍하지 않는다.

한 그루 대나무도 자라지 않는 돌섬=독섬=독도. 우리가 부르던 이름을 일본인들도 따라서 그렇게 불렀다. 독도는 오랜 옛날부터 우리 땅이다. 이름도 그렇게 말하고 있다.

죽도는 화산섬이다. 외돌개처럼 우뚝 서 있는 장군봉은 마그마가 굳어버린 것이다. 죽도는 장군봉 자리가 폭발해 날린 화산재가 쌓였다. 절벽에 벌건 화산재가 그대로 노출돼 있다. 송이라고 부르는데, 좋은 성분을 방출해 건강에 좋다고 한다. 비자림에 갔을 때 길에 깔아놓은 벌건 흙이 송이였다고 전에 쓴 적이 있다.

죽도를 한 바퀴 도는 길. 대부분 오르막이다. 정상에 올라갔다 내려오면 끝이다. 사진 찍고 구경하면서 걸어도 한 시간이 안 걸린다. 10여 분 일찍 선착장으로 돌아와 배가 출발하길 기다리는 여행객들이 많다.

죽도에는 작고 하얀 등대가 하나 서있다. 옛날 고산리 주민들이 돌과 자재를 지고 날라 직접 세웠다고 한다. 등대가 위치한 곳을 볼래기동산이라고 하는데 주민들이 제주도 말로 볼락볼락 숨을 헐떡이며 져날랐다고 해서 그런 이름이 붙었단다. 무인등대인데 어두워지면 자동으로 불이 켜진다.

죽도 초입. 뱀조심이라는 팻말이 붙어 있었다. 풀숲을 아무리 봐도 뱀은 보이지 않는다. 등대 언덕을 올랐다 내려가는 오솔길이 거대한 구렁이처럼 보였다. 제주도 가는 곳 여기저기에서 뱀조심이라는 팻말을 본다. 뭍에 비해 고온다습한 기후와 관련이 있을 것이다. 뱀과 관련된 설화가 많은 것은 실제 뱀이 많아서일 것이다. 토산리 본향당 신은 나주 금성산신이었던 구렁이다.

죽도의 부속섬들. 옛날 중국인 호종단을 수장시켰다는 한라산신 매가 큰 바위가 되어 앉아 있다. 앞을 응시하며 여차하면 날아오를 준비 자세를 취하고 있다. 코끼리 바위도 있다.

한곳한곳 허탕 친 곳을 탐방하다

죽도는 화산섬이다. 마그마가 굳어버린 섬들이 우뚝 서 있다.

절벽 아래, 지저분한 쓰레기들이 모여 있다. 없다면 경치가 더 좋겠지만 거기까지 손이 미치지 않는 모양이다.

옛날 사람이 살았다는 돌집. 다 무너지고 일부만 남은 시멘트 벽 사이 작은 틈에 뿌리를 내린 식물이 있다. 자세히 보니 찔레나무 같다.

"고놈 참 생명력 대단하다."

감탄이 절로 나온다. 옛날 차귀도에 여러 가구가 살았다고 한다. 이 작은 섬에서. 인간의 생명력도 식물 못지않다. 벽에 붙어 뿌리 내린 찔레나무가 여기 사람이 살았어요, 하고 증언하는 듯하다.

차귀도에는 다양한 생물종이 분포하고 있어서 천연보호구역으로 지정돼 있다. 배의 선장이 행여라도 방풍나물 같은 거 채취해선 안 된다며 경고했다. 뭍이나 본섬에서 못 보는 식물도 있는 모양이고, 새로운 종이 발견될 수도 있다고 한다.

차귀도 가는 뱃삯. 1인당 1만 6,000원이다. 그냥 죽도만 들어갔다 왔으면 비싸다고 했을 것이다.

죽도 트레킹을 끝낸 여행객들이 모두 배에 오르자 차귀도 섬들을 한바퀴 돌기 시작한다. 선장이 관광 가이드가 된다. 설명이 제법 유창하다.

1980년대. 통영이었던가. 거제도 유람선을 모는 선장을 주인공으로 인간시대를 만든 적이 있다. 그때도 김상옥 선배가 연출, 내가 조연출이었다. 존나선장이라는 별명은 기억나는데, 이름은 잊었다. 볼거리들을 좌악 설명하고 나서 꼭 끝에 경상도말로 "좋나?" 하고 물었다. 그래서 별명이 존나선장이었다. 당시 나이가 얼마나 됐었을까. 지금은 살아계실까. 나이가 든 탓인지 비슷한 상황에 부딪히면 자꾸 옛날 기억이 되살아난다.

김상옥 선배가 알려준바, 1987년 8월 24일 제 100회 인간시대에서 방송한 '홈런호 존나선장', 본명 정병렬 씨란다. 그때 통영에서 처음 충무김밥을 먹었다. 전라도 음식 맛에 익숙한 입에는 좀 그랬다. 한참 후에 충무김밥은 전국적으로 유명해졌다. 차귀도 배를 모는 선장의 설명이 제법 유창하다. 그래도 옛날 존나선장만큼은 아니다. 존나선장 말 한 마디 한 마디에 관광객들은 죽는다고 웃었었다.

죽도 트레킹과 차귀도를 배로 한 바퀴 도는 유람까지 포함해 1인당 1만 6,000원. 리즈너블하다.

제주도. 음식은 맛이 없고, 가게는 깨끗하지 않고, 서비스는 친절하지 않고, 값은 비싸다는 소리가 나오지 않도록 노력해야 한다. 코로나 땜에 해외에 못가는 사람들이 제주도를 찾는다. 코로나가 종식되면 해외여행 수요가 폭발할 것이다. 그렇게 되더라도 제주도는 경쟁력을 갖

한곳한곳 허탕 친 곳을 탐방하다

춰야 한다. 한국인만이 아니라 외국인들에게도 최고의 여행지가 되어야 한다. 싸드에 코로나에, 어려움이 겹쳐 힘들지만 이런 때일수록 원점으로 돌아가 체질을 강화해야 한다.

허탕쳤던 차귀도를 다시 찾은 보람이 있었다.

배에서 내려 한치를 몇 마리 샀다. 구운 한치는 맛있었다. 이 지역 특산물이다. 포구가에서 한치를 말리는 풍경이 신기하다. 줄에 널린 한치들을 배경으로 관광객들이 사진을 찍고 있었다.

다음 행선지는? 허탕쳤던 또 다른 곳이다.

2 ————

오늘, 허탕친 곳 재방문 두 번째는 대평포구 옆 박수기정이다. 그 전에 점심을 먹기로 한다.

피제리아 3657. 크고 하얀 유럽풍 건물에 딱 피자 하나만 파는 곳이다. 지난번 비오는 날. 이탈리아 남부식 화덕 피자라는 문구에 끌려 찾았는데 문이 닫혀 있었다. 혹시나 또 그런 일이 있을까 해서 차귀도포구를 떠나기 전 전화를 한다. 늦어도 한 시쯤 도착 예정이라니 예약할 필요 없이 오시면 된단다.

날씨가 좋으니 점심으로 피자를 먹고 지난번 먼발치에서만 봤던 박수기정을 올라가봐야지. 박수기정을 따라가는 올레길 9번 코스도 걸어봐야지.

피제리아 3657엔 빈자리가 많았다. 우리가 자리를 잡은 후 여러 팀이 들어왔다. 지난번에 왔다가 허탕쳤다고 했더니, 준비한 도우(dough)가다 떨어져서 더 이상 피자를 만들 수 없었단다. 손님들이 몰리면 가끔 그런 일이 생긴단다. 여기서 피자집을 한 지 얼마나 되었냐니 6년 되었단다. 더 물어보고 싶었지만 바쁜 듯하여 단념했다.

메뉴판 리스트 맨 위에 있는 스페셜 피자를 주문한다. 값이 제일 비싸서가 아니라 피자 종류를 다 살펴보니 채소가 듬뿍 얹혀진 피자라는 점에 맘이 끌린 때문이다. 밀가루 많이 먹는 게 몸에 안 좋다는 사실을 쬐끔 의식하면서 채소라도 좀 섭취하면 중화되지 않을까, 살짝 기대하는 심리도 있다.

젊은 남자 둘과 여자 한 분이 일하고 있다. 밀가루로 도우를 만들고 화덕에 넣고 기다린다. 커다란 화덕이 그럴싸하다. 이탈리아 남부식 화덕이 저렇게 생긴 건가 보네.

가게에서는 피자 가져다주는 것 말고는 다 셀프서비스다. 피클을 가

피제리아3657에서는 이탈리아 남부식 화덕 피자를 판다.

한곳한곳 허탕 친 곳을 탐방하다

지러 여러 번 왔다 갔다 했다.

피자 맛은? 아주 맛있다,는 아니다.

"나도 이 정도는 만들 수 있어." 아내가 말했다. 약간 불만족인 듯하다.

"값이 비싸다고 생각해서 그러시는 건감?" 하고 묻자 잠시 망설인다.

"이런 건물에, 이런 장소라면 이 정도 가격은 받아야겠지" 하며 인정한다.

"레스토랑 분위기, 유리창 너머 풍경, 이태리 어디에 와 있는 것 같네."라고 덧붙인다.

나는 맛있기만 한데. 하긴 맛은 주관적이고 기분을 많이 타는 것이다.

다 먹고 일어서서 안팎 여기저기 사진을 찍는다. 바깥 베란다에서 보이는 풍경이 일품이다. 지난번 비 오던 때와는 딴판이다. 우뚝 솟은 박수기정. 절경이다. 화순에 있는 적벽 생각이 난다. 노루목적벽, 물염적벽, 보산적벽, 창랑적벽. 화순에는 무등산권 세계지질공원에 걸맞는 비경이 많다. 서울 등 타지역 사람들이 잘 모를 뿐이다.

피자집에서 차를 빼 박수기정 쪽으로 향한다. 포굿가 주차장에 차들이 가득하다.

화려한 할리 오토바이 세 대. 확 눈길을 끈다. 반짝이는 크롬 파트, 커스텀 핸들, 가죽 시트. 개중에는 만세 핸들도 있다. 두 팔을 높이 치켜들고 달리는 라이더들을 봤을 것이다. 원래 나온 정품 핸들 대신 바꿔 단 것이다. 흔히 만세핸들이라고 하지만 영어로는 ape hanger라고 한다. 원숭이 옷걸이, 원숭이가 매달리는 핸들이라는 뜻이다. "너무 길어 운전하기 힘들지 않나요?" 하고 묻는 사람들이 있다. 내 것은 다이나 스트리트밥에 붙어 나오는 정품 반만세핸들이라 그런 오토바이를 타본 적은 없지만 핸들이 높다고 운전이 어려운 건 아니다. 다만 비상시에 신속히 대처하는 데는 좀 어려움이 있을 것이다. 폼 잡느라고 그런 핸들을 일부러 다는 거 아니냐고 묻는 이들에게 이렇게 대답한다. 원래 오토바이는 상당 부분 폼으로 타는 거라고. 또 이렇게 말한다. 지나가는 사람들에게 얼마나 좋은 구경거리를 제공해주냐고. 어떤 의미에서는 봉사하는 거라고. 날이 추워지면 겨드랑이가 얼마나 춥겠냐고.

라이더들도 할리에 어울리게 좌악 차려입었다. 번호판을 보니 제주다.

"동호인들인가 봐요?"

"아뇨. 선후배들입니다."

일행 중 한 명의 얼굴에 하얀 수염이 난 걸로 보아 나이가 제법 있는 사람들이다.

"부럽네요. 나도 라이더인데, 제주도에서 한 달 살기 하고 있는데, 혼자가 아니라 오토바이를 못 가져왔어요."

"아, 그러셔요. 저는 제주도에서 2년 살기 중입니다."

"2년이면 정착이나 다름없는 거 아닌가요?"

몇 마디 대화를 나누고, 조심해 잘 타시라, 인사하고 헤어진다.

라이더는 라이더를 그냥 지나치기 어렵다. 세계 일주를 하던 중 곤경에 처했을 때 지나가던 다른 라이더에게 큰 도움을 받았다는 얘기는 흔하다. 전 세계 오토바이 라이더들은 서로 동지라는 의식이 있다.

라이딩을 할 때 반대 차선을 달리는 라이더들과 손을 들어 인사하는 것도 동지 의식의 표현이다. 오토바이를 흰자위로 보는 사회에서 자연스레 형성된 감정인지도 모른다. 선진국도 예전엔 마찬가지였다.

미국에서도 오토바이 라이더들이 시민권을 획득한 건 1980년대 들어

한곳한곳 허탕 친 곳을 탐방하다

서였다. 일제 오토바이의 공습으로 거의 망했던 할리가 애국심 마케팅으로 살아난 후, 회사는 껄렁껄렁한 문제아들이나 폭력배들의 탈것이 아니라 건전하고 훌륭한 탈 것이라는 점을 적극 강조하며 이미지메이킹을 했다. 모터사이클을 가족들이 같이 즐기는 하나의 라이프스타일로 프로모션했다. 그 결과 뉴욕의 돈 많은 증권맨들, 고학력, 고수입 직업을 가진 사람들이 주말에 오토바이를 타기 시작했다. 평일에 죽도록 일에 시달리다가 전혀 다른 복장으로 갈아입고 바람을 가르며 스트레스를 해소한다. 축제의 기능이 일상의 세계에서 벗어나 다른 세계로 들어갔다 나오도록 함으로써 사회생활에서 압력을 날려버리고 다시 살아갈 에너지를 충전해주는 것이듯, 오토바이 라이딩도 그런 것이다.

나는 이명박근혜 시대를 오토바이를 타고 건넜다. 이를 닦다가, 뭔가를 하다가, 나도 모르게 ××하고 고함을 지르는 때가 있었다. 아내는 미루어 짐작하고 오토바이 타고 바람 한 번 쐬고 오라 말했다. 적잖은 MBC 동료들이 심리치료를 받았던 야만의 세월이었다. 내가 상대적으로 스트레스를 덜 받은 건 오토바이 덕이었다.

주말의 오토바이 라이딩은 라이더들에겐 매주 한 번씩 열리는 축제나 같다. 물론 바이커들(건달 폭력배류 라이더들은 스스로를 바이커라 하고, 아닌 사람들을 라이더라고 부르기도 한다.)은 그런 라이더들을 엽피라이더(yuppie riders)니 선데이라이더(sunday riders)니 하며 비웃지만 오토바이를 건전한 취미로 즐기는 건 이미 견고한 하나의 라이프스타일, 문화가 되었다.

실제로 매년 일주일씩 오토바이 축제를 벌이는 곳들도 많다. 가령, 미국의 유명한 데이토나 바이크위크(the Daytona Bike Week)나, 스터지스 바이크위크(Sturgis Bike Week) 같은 것들이다. 한국에서도 이런 축제를 얼마든지 기획해서 지역을 프로모션할 수 있을 터인데 안타깝다.

책임 있는 자들의 무지와 무사안일은 사회와 경제발전의 적이다. 오토바이를 일대 산업으로, 또 문화로 인식하지 못한 결과, 국내 오토바이 시장이 어떤 지경에 놓여 있는지 조금만 관심을 갖고 살펴보면 알 것이다. 택배용 빼고 대배기량 레저용 오토바이는 전부 외제 일색이지 않은가. 최근에는 저배기량마저 중국제 대만제에 점령당해 고사하고 있다. 미국이나 유럽을 여행한 사람들이라면 고속도로 휴게소나 유명 관광지에서 머리가 하얀 할아버지가 뒷좌석에 아내를 태우고 느긋하게 투어링을 즐기는 모습을 봤을 것이다. 오이씨디 국가들 중 우리나라만 여전히 오토바이 후진국이다. 이 문제를 얘기하기 시작하면 한도 끝도 없고, 분통이 터지니 여기서는 생략한다. 아무튼 영어로는 comradeship, 또는 camaraderie라고 하는 오토바이 라이더들의 동지의식은 각별한 데가 있다.

포굿가에 대평리 어촌계의 호소문이 걸려 있다. 양심 없는 다이버들이 주민들이 가꾸는 바다에 들어가 몰래 해산물을 채취하고 항의 하는 노인들에게 행패까지 부리는 모양이다. 사람들 눈이 없는 밤에 들어가 불법을 저지르는 듯한데 왜 이런 행위를 근절하지 못하는지 궁금하다. 혹시라도 경찰력이 달리는 문제라도 있는 건가.

배도 부르겠다, 슬슬 박수기정을 올라가볼까. 위에서 바라보는 풍경, 올레길 9코스가 선사하는 경치는 어떨까. 기대가 부푼다. 좁고 험한 오르막길을 헐떡이며 올라간 박수기정. 그리고 올레길 9코스. 그런데, 뭔가 이상하다.

한곳한곳 허탕 친 곳을 탐방하다

3 ───────

헉헉거리며 박수기정 위로 올라가는 험한 산길을 걷는다. 대평포구는 해안을 따라 걸어온 올레길 8코스가 끝나고 9코스가 시작되는 지점이다. 9코스 시작과 동시에 가파르고 좁은 오솔길을 한참 올라야 한다. 박수기정은 높이가 100미터가 넘는 수직절벽이다.

참, 박수기정이란 이름 특이하다. 성이 박씨고 이름이 수기정이라는 사람과 관련이 있나, 박수 잘 치는 기정이라는 사람하고 관련이 있나, 박수무당하고 무슨 관계가 있나, 여러 가지로 추측해보는 재미가 있다. 제주도 말로, 박수는 바가지로 퍼마시는 샘물, 기정은 절벽이란 뜻이란다. 박수기정은 바가지로 떠 마시는 샘물이 있는 절벽이다.

다 오르니 왼쪽에 너른 비닐하우스, 오른쪽은 잘 갈아놓은 밭이다. 박수기정 정상에 이런 넓은 밭이 있다니. 아래서는 전혀 상상이 안 됐다. 뒤돌아 올라온 쪽을 보니 깊은 계곡이 바다로 이어지고 있다. 계곡 건너편에는 근사한 집들이 들어서 있다. 그 뒤로 오름이 솟아 있다. 대평리를 뒤에서 엄호하고 있는 굴메오름, 군산이다. 그 옆을 흐르는 계곡은 창고내(倉川)다. 아하, 여러 차례 교통표지판에서 본 창천리가 여기서 유래한 이름이었구나.

군산에 관한 전설*이 있다. 아주 오랜 옛날에는 지금 자리에 군산이 없었다. 지금의 창천리 같은 큰 마을도 없었고, 겨우 10여 호 정도의 작은 동네가 있었을 뿐이다.

학문이 높은 상씨라는 훈장이 있었다. 제자들을 모아 가르쳤다. 어느

───────

* 현용준 지음, 『제주도 전설』, 서문당, 1996.

박수기정은 높이가 백미터가 넘는 수직절벽이다. '바가지로 떠 마시는 샘물이 있는 절벽'이란 뜻이란다.

날 방안에서 '하늘 천 누루 황' 하면 밖에서도 그대로 따라 읽는 소리
가 들렸다. 문을 열어 확인하면 아무도 없었다. 3년이나 같은 일이 계속
되었다. 어느 날 밤 잠결에 한 젊은이가 찾아와 말했다. 스스로를 용왕
의 아들이라 칭하며, '지난 3년 스승님한테 글 잘 배웠다, 이제 고향으
로 돌아가니 뭐든 원하시는 바를 말씀해보시라'고 했다. 선생은 부족한
게 없다고 답했다. 용왕 아들은 글 가르치실 때 큰 비가 오면 냇물 소리
가 시끄러워 지장이 있다고 하셨는데, 그걸 해결해드리겠다고 말했다.
용왕 아들은 자기가 돌아간 후 7일 동안 풍운조화가 일어날 것이니 방
문을 꼭 닫고 절대 바깥을 내다보지 말라 일렀다. 뇌성벽력이 7일간 계
속됐다. 궁금증을 못 참고 바깥을 내다본 순간 불티가 날아들어 선생의
한쪽 눈이 꺼져버렸다. 여드레째가 되니 천지가 고요해졌다. 마을에 없

한곳한곳 허탕 친 곳을 탐방하다

던 산이 하나 생겼다. 새로 생긴 산 때문에 큰 비만 오면 시끄럽던 창고
내는 건너편으로 자리를 이동했다. 그 후로 글방은 큰 비가 와도 조용
했다.

군산이 중국 곤륜산 봉우리 하나가 날아온 것이라느니, 중국 서산이
옮겨온 것이라느니 하는 설들이 있다. 군산(軍山)이라는 이름은 모양새
가 군막을 쳐놓은 것 같다고 해서 붙었다.

박수기정 정상부 입구. 비닐하우스 쪽으로 가느다란 오솔길이 보일
듯 말 듯 숨어 있다. 오른쪽은 거기 비하면 넓은 길이다. 올레길 팻말은
오른쪽을 가리키고 있다. 이상하다. 바닷가에서 떨어진 길이네. 검색해
봤더니 절벽 아래 경치를 내려다보는 좋은 위치에 쉬어갈 벤치도 놓여
있던데.

비닐하우스를 지나자마자 왼쪽에 야자수밭이 있다. 비닐하우스와 야
자수밭 사이로 길이 있다. 이 길로 가도 되는 거 아닌가. 한참을 걸어간
다. 이 길이 바닷가를 걷는 길일 거야. 그런데, 큰 팻말이 가로막고 있
다. 사유지 출입금지 개조심이라고 크게 써놓았다. 엥? 길이 없나보네.
되돌아 나온다.

너른 밭이 왼쪽에 펼쳐져 있다. 오른쪽엔 귤밭이다. 귤나무들은 관리
를 하는 낌새가 없이 방치된 느낌이다. 계속 걷는다. 산길이다. 산의 경
치가 좋은 것도 아니다. 바다는 전혀 보이지 않는다. 혹시라도 바닷쪽
으로 가는 길 없나 하고 보면 사유지 출입금지 팻말이 붙어 있다. 거참,
올레실 9코스는 별로네.

멀리 산방산이 보이는 곳까지 왔다. 화순금모래해변이 앞이다. 왼쪽
으로는 급하게 내려가는 길이고 오른쪽으로 작은 오솔길이 나 있다. 올

레길 표지는 작은 오솔길을 가리키고 있다. 한 남자가 오솔길에서 나온다. 느릿느릿 대평포구쪽을 향해 걷는다. 나 홀로 올레객인 듯하다.

"어째? 더 가? 아님 돌아가?"

왔던 길을 되짚어 걷기 시작한다. 아까 지나왔던 너른 밭에 이른다. 길가에 작은 트럭 한 대가 주차하더니 여성이 먼저 내린다.

"왜 바닷가쪽으로 가는 길이 전부 막혀 있지요?" 하고 묻는다.

"아, 그거요. 여그 땅주인들이 전부 막아부렀수다."

뒤따라 내린 남자가 대답한다. 칠순은 넘은 것 같다.

서서 나눈 짧은 대화를 통해 알게 된 내용이다. 남자는 이 밭을 경작하는 소작농이다. 원래 제주 사람인데 외지에 나가 있다가 20년 전에 돌아왔다. 다른 일을 하다가 13년전부터 농사를 짓기 시작했다. 땅주인은 이곳 박수기정 정상부 땅 4만 평을 소유하고 있는 서울사람이다. 자신은 그 중 경작 가능한 2만 평을 빌려 양파 양배추 브로콜리 감자 같은 작물을 기른다. 친환경농산물로 인정받아 경기도 학교급식으로 공급한다. 서울 양재동 하나로마트에서도 팔고, 현대 롯데 백화점에도 낸다. 그런대로 괜찮아서 아들 보고 이어 받아 하게 하고 자신은 아내랑 설렁설렁 돕는다.

"작년 말까정은 바닷가로 댕길 수 있었는디 올해부터는 못 다니게 이짝 땅 갖고 있는 주인들이 막아부렀수다. 해안가 올레길이 경치도 좋고 해서 사람들이 하루 400명도 넘게 왔는디 지금은 그 반도 안 오지 뭡니까. 사람들이 많이 오면 땅값도 올라가고 좋을 텐디, 그런 거 상관없는 거 같아요."

"워낙 돈이 많은 사람인가 보네요."

"그래도 그렇지 여그까지 오는 사람들헌티 좋은 경치도 볼 수 있게 해주면 좀 좋겠습니까. 저는 쪼끔 이해가 안 가요."

"그러게요. 아무리 사유지라고 해도 그렇지 밭 가운데로 지나가는 것도 아니고 옛날부터 있었던 오솔길로 다니는 것인데."

"귤나무도 내버려두는 통에 보기가 싫게 돼야부렀습니다. 귤농사는 안하더라도 관리라도 잘 해주면 보기에도 좋을 텐데."

그러고 보니 방치된 느낌의 귤밭도 서울사람 것인 모양이다. 넓은 제주도 땅을 사놓고 그냥 내버려두고 있는 사람들. 철조망으로 막아 놓은 땅 안쪽에 별장이라도 있는가 했더니 그도 아니다. 세월아 네월아 하면서 땅값 오르기를 기다리고 있는 건지 모를 일이나 올레길까지 막아버린 건 너무했다. 어떤 사람인지 취재해 보고 싶어졌다.

너른 밭에 양파를 캐는 사람들이 많다.

"저기 일하는 사람들, 어느 나라 사람들이어요?"

농촌에서 일손 구하기가 힘들다는 건 전국 공통이다.

"국산이 반, 외국산이 반이어요."

대답을 재밌게 한다. 대부분 중국, 동남아에서 온 노동자들이란다.

"저짝으로 가면 바닷가길로 갈 수 있어요."

눈에 잘 안 띄지만 수풀 사이로 좁은 오솔길이 있다. 막아놓지 않았다. 그새 자라 앞길을 막는 수풀을 헤치고 한참을 걸어 들어가자 박수기정 아래, 파노라마처럼 펼쳐지는 절경. 그래, 바로 이거지. 바로 아래 대병포구, 피지를 먹은 피제리아 3657, 돌메오름, 깊은 계곡… 전에 다녀갔던 사람들이 남겨 놓은 사진에서처럼 벤치와 평상이 놓여 있는 곳. 한 부부가 앉아 쉬고 있다. 좁은 오솔길을 용케도 찾아냈다.

눈에 잘 안 띄지만 수풀 사이로 난 좁은 오솔길을 한참을 걸어 들어가자 박수기정 아래로 파노라마처럼 절경이 펼쳐졌다.

지금 상태라면 올레길 9코스는 가장 짧고 재미없는 길이다. 사유지라는 이유로 자신도 즐기지 않는 경치를 못 보게 막아버린 땅주인들에게 부탁한다. 박수기정 위에서 바라보는 절경은 아무리 사유지라도 독점해선 안 되는 법이다. 일년에 몇 번 내려와 혼자서만 즐기는지 알 수 없으나 그래서는 안 된다. 수천만년 존재해온 제주도의 비경을 돈 주고 샀다고 철조망을 치고 개조심 팻말을 세워 다른 사람들 못 보게 막아버리는 일은 지나치지 않은가.

올레길 9코스가 원래 모습을 회복할 수 있기를 바란다. 더불어 지자체에 부탁한다. 아무리 땅주인들이 그렇더라도 설득을 하든 사용료를 주든 9코스의 핵심을 다시 올레객들에게 돌려주는 노력을 해야 하지 않겠는가.

한곳한곳 허탕 친 곳을 탐방하다

퍼레리아 365 구에서 본 대포항과 박수기정 주상절리

석부작, 엉뚱한 폭포
그리고 제주도에 정착한 부부

석부작박물관   엉또폭포   쉬카하우스   큰엉해안경승지   매일올레시장

##

법환에서 이어도로를 타고 동쪽으로 달리다 일주동로로 갈아타고 잠시만 더 가면 오른 쪽에 석부작박물관이 있다. 그 앞을 지날 때마다 이름참 특이하다고 생각했다. BBC 배원정 PD가 소개한 정명숙 PD네 집을 오후에 방문하기로 한 터라 멀리 가서 땀을 빼기도 뭐해 오늘 오전은 가까운 곳 위주로 돌아보기로 한다. 석부작박물관은 법환 거처에서 2.7 킬로밖에 안 되는 거리라 금세 도착한다.

석부작(石附作)은 돌에 식물을 활착시켜 만든 작품이란 뜻이다. 최근 취미로 즐기는 사람들이 많다고 한다. 온실 안에 수많은 석부작이 진열돼 있다. 제주도의 자연석을 사용하여, 이끼, 풍란, 천사의 눈물 등 다양한 식물을 착근시켰다. 돌과

석부작박물관 정원에는 각종 나무들과 화초들이 가득해, 사부작사부작 걸으며 사진도 찍고 시간 보내기 좋다.

식물이 하나로 어우러진 작품들이 예쁘고 신기하다. 가을에 여기저기 지자체에서 많이 하는 국화축제에 출품된 국화 석부작들 보신 적이 있을 것이다. 국화나 철쭉 같은 것도 돌에 붙여 작품으로 만드는데 난이도가 높단다.

주인이 20년 넘게 가꿨다는 정원에는 각종 나무들과 화초들이 가득한데, 구경하는 길을 말 그대로 구절양장으로 만들어놨다. 사부작사부작 걸으며, 사진을 찍으며, 시간 보내기 좋다.

정원에서는 한라산이 시원하게 보인다. 한라산 아래 왼쪽, 서귀포 신도시 뒤에, 볼록 솟아오른 작은 산이 하나 있다. 고근산이다. 정상에 작은 원형 분화구가 있는데, 한라산 꼭대기를 베고 누운 설문대할망이 엉덩이는 고근산 분화구(굼부리)에 두고 두 발은 범섬에 걸친 채 물장구를 쳤다는 전설이 있다. 범섬에 뚫려 있는 쌍굴은 설문대할망의 발이 닿아 생긴 것이라는 얘기는 전에 한 적이 있다.

정원 구경이 끝나는 지점에 카페가 있다. 유리창을 통해 내다보는 바깥 경치가 근사하다. 바깥에 놓인 테이블에 앉아 커피 한 잔과 감귤스콘을 먹는다. 카페 앞에 목재로 지은 집들이 여러 채 있다. 서귀포귤림성이라는 펜션이다. 석부작박물관은 석부작 실내전시관, 야외 정원, 카페, 펜션 등으로 이루어진 농업형 관광휴양컴플렉스라 할 수 있겠다. 한 건물 안에서 일꾼들로 보이는 일단의 사람들이 점심 식사를 하고 있다. 제법 많은 사람들이 일하고 있는 듯하다.

"여긴 개인이나 가족 단위 정도 관광객들만 갖고는 수지 맞추기 쉽지 않을 텐데. 코로나 땜에 단체 관광객들이 안 와서 힘들 거야."

아내의 의견이다. 입장료는 1인당 6,000원이고, 안에 있는 카페에서 커피나 빵을 사먹으면 20% 할인해 준다. 주말인 걸 감안하면 입장객들이 많다고 할 수 없다. 이 정도 시설을 관리하려면 비용이 꽤나 많이 들텐데…. 주제넘은 걱정이다.

정원 한 켠에 근사한 저택이 있다. 대문 앞에 고급 승용차도 몇 대 주

석부작, 엉뚱한 폭포 그리고 제주도에 정착한 부부

차돼 있다. 개인 집이니 외부인은 출입금지라는 경고문이 붙어 있다. 석부작박물관 주인 집인 듯하다.

다음 목적지는 엉또폭포다. 제주도에는 참 재미있는 지명들이 많다. 제주도말이 워낙 뭍의 말과 달라서 신기하게 들리는 것일 테지만. 엉은 제주도말로 작은 바위그늘 혹은 집보다 작은 굴, 또는 입구라는 뜻이다.

엉또폭포는 석부작 박물관에서 멀지 않다. 주차장에 차를 세우고 나무데크로 만든 길을 따라가면 나무로 된 가파른 계단이 나온다. 계단을 끝까지 올라가면 바로 앞에 거대한 절벽을 마주하게 된다. 엉또폭포다.

배낭을 맨 여성 한 분이 "폭포가 어디예요?" 하고 묻는다.

"저기 보이는 게 폭포예요."

"예? 물이 어딨어요?"

엉또폭포 앞에서 어디가 폭포인지 묻는다. 엉또폭포에 대해 사전에 전혀 알아보지 않은 것 같다. 엉또폭포는 없고 엉뚱절벽만 있으니 의아할 것이다. 엉또폭포는 비가 와야 폭포지 평소엔 그저 높은 절벽이다. 70밀리 이상 비가 내리면 50미터 높이의 절벽이 폭포로 변한다. 뭔가 근사한 전설이 있을 법한데 못 들어 봤다.

대신 원나라가 숨겨놓은 금은보화에 관한 전설은 있다. 원나라 말기. 기황후의 남편인 순제는 1367년 제주도에 피난궁을 짓기로 하고 금은보화를 제주도로 옮겨 숨겼다. 1369년 원나라 황실이 명나라한테 쫓겨 몽골초원으로 물러가는 바람에 피난궁 건립 계획은 무산되었지만 금은보화는 남았다. 추정컨대 엉또폭포 주변이 유력하다는 것이다. 믿거나 말거나다.

엉또폭포 근처에 제법 근사한 건물이 있다. 무인카페라는 글이 쓰여

엉또폭포는 비가 와야 폭포지 평소엔 그저 높은 절벽이다. 70밀리 이상 비가 내리면 50미터 높이의 절벽이 폭포로 변한다.

있다. 안으로 들어가보니 뜨거운 물이 나오는 물통, 인스턴트 커피, 과자류, 유자차 같은 것들이 놓여 있다. 마시거나 먹고 싶은 사람은 돈통에 1,000원을 넣고 직접 만들어 먹으면 된다. 집 뒤에는 멀리 마라도까지 볼 수 있다는 전망대가 있다.

무인카페 안 사방 벽에 잔뜩 포스트잇이 붙어 있다. 다녀간 사람들이 적어서 붙여놓은 글들이다. 무인카페 주인한테 감사하다는 글, 연인들의 사랑 고백, 가족들의 안녕과 행복을 비는 글 등등. 무인카페가 있는 집 이름은 엉또산장 또는 석가려(夕佳廬)라고 한단다. '해질 녘 더 아름다운 오두막'이라고 매직으로 크게 써놨다. 려(廬)는 농막집이다.

그러고 보니 폭포에 더 가까운 쪽에 있는 작은 정자 이름이 비슷하다. 석가정(夕佳亭). 해질 녘이 더 아름다운 정자라는 뜻이겠다. 석가(夕佳)라는 말은 원래 도연명의 시 음주(飮酒)에 나오는 말이란다.

석부작, 엉뚱한 폭포 그리고 제주도에 정착한 부부

山氣日夕佳   산빛은 해질 녘 더 아름답고

飛鳥相與還   떠돌던 새들도 무리지어 돌아오네

석가정에 앉아 점심을 먹는다. 오는 길에 사온 김밥이다. 엉또폭포. 비가 오지 않으니 그냥 절벽인 이곳을 찾는 이들은 거의 없다. 멀리 바다가 보이는 정자. 들리는 건 오직 새 소리 바람소리 뿐이다. 봄 소풍 온 기분이다. 두 시가 가까운 시각. 정명숙 씨네는 두 시쯤 갈 생각이었지만 조금 더 정자에서 쉬고 싶다. 가능하다면 해질녘에 다시 한 번 와서 석양을 보고 싶다. 해질 무렵의 석가정, 엉또폭포는 어떤 분위기일지.

석가정 석가정 하다가 중국에도 비슷한 데가 있는데, 하는 생각을 했다. 석가정이 아니라 석가장이었다. 石家庄(스자좡). 하북성 하북평원에 있는 석가장은 우리가 태산이라고 부르는 태항산이 있는 도시고, 삼국시대의 영웅 조자룡이 태어난 곳이다. 태산=태항산은 우공이산의 고사가 있고, 태산이 높다 하되 하늘 아래… 하는 우리 시조가 있고, 중국 인민해방군에 편제된 조선의용군이 일본군에 맞서 싸운 곳이다. 한국 발음이 석가정, 석가장이지 중국 발음으로는 전혀 다르다. 앞의 것은 시쟈팅, 뒤의 것은 스자좡. 또 엉뚱한 데로 얘기가 튄다.

석가장 아닌 석가정에서 김밥으로 점심을 먹고 다음 목적지를 내비에 입력한다. 옛날엔 방송사 작가로 일했고, 요즘엔 주로 영화 프로듀싱, 문화기획과 컨설팅을 하는 정명숙 프로듀서의 집은 채 10분도 걸리지 않는 거리에 있다.

2

엉또폭포에서 도순동 수키하우스까지는 10분이 채 안 걸린다. 도순동 옆은 오순동인가, 했더니 그런 동네 없다.

동네 한복판. 마른 담쟁이 넝쿨이 붙어 있는 시멘트벽에 '수키하우스 낮은 언덕 사진관'이라고 쓰여 있다. 철대문이 달린 너른 마당을 가진 집. 문을 열고 들어간다.

"여기가 정명숙 씨네 집 맞는가요?"

"아이구, 오셨어요?"

정명숙 씨다. 반갑게 인사한다. 말 인사는 하면서도 몸은 계속 화분 앞이다. 모종삽으로 흙을 뒤적이면서 작은 싹들에게 뭐라 말을 걸고 있다. 음. 예술쪽 일을 하는 사람들은 좌우지간 조금씩 특이해.

집안에서 남자가 나온다.

"안녕하세요. 안으로 들어오셔요."

안경을 쓰고 제법 긴 머리를 하고 있다. 박중일 씨다.

아내 먼저 집안으로 들어가고 나는 바깥에 서서 둘러본다. 봄햇살이 마당 한가득 쏟아지고 있다. 편안하고 포근하다. 바다가 보이는 것도 아니고 나무숲에 둘러싸인 집도 아닌 동네 한 가운데 자리한 집. 그냥 평범한 제주도 집이다.

정명숙 박중일 부부. 정명숙 씨는 SBS 작가를 했고 케이블TV가 시작 된 1990년대 중반부터 오랫동안 음악프로그램을 세 개씩이나 맡아 했 으며 MBC 라디오에서도 구성작가를 한 적이 있다. 그 후 영화계로 들 어가 임상수 김기덕 감독의 조감독을 했고, 지금은 영화 시나리오를 쓰 고, 극영화와 다큐영화를 기획 제작하면서, 문화 기획 및 컨설팅 일도

석부작, 엉뚱한 폭포 그리고 제주도에 정착한 부부

정명숙 박중일 부부의 수키하우스. 동네 한복판 마른 담쟁이 넝쿨이 붙어 있는 시멘트벽에 '수키하우스 낮은 언덕 사진관'이라고 쓰여 있다.

하고 있다. 방송계와 영화계는 비슷한 듯하면서도 많이 다른 업계인데, 두 업계를 두루 거치며 경험치를 높여온 셈이다. 재밌는 스토리를 그만큼 많이 가진 사람일 터이니 만나면 들을 얘기가 많을 것이다. 관광공사의 지원을 받아 많은 지자체의 관광 프로그램을 기획하고 컨설팅을 해주었다는 말에도 관심이 끌렸다.

박중일 씨는 사진작가다. 주로 상업사진을 찍는다. 인물 사진도 찍고 제품 사진도 찍는다. 줄곧 서울에서 활동했는데, 이렇게 사는 게 무슨 의미가 있을까, 번아웃된 느낌이 들었다. 여유 있게 살고 싶어 제주도로 내려왔다. 집이 곧 사진관인데 마당 한 켠에 있는 창고가 작업실이다.

일은 서울에서도 하고 제주도에서도 하는데 주로 서울에서 일을 하는 아내만큼 서울 비중이 높지 않다. 아내인 정명숙 씨는 매주 월요일 아침 서울로 올라갔다가 목요일이나 금요일 제주도로 내려온다.

두 사람은 9년 동안 연애하다 1년 전 결혼했다. 연애는 하면서도 딱히 결혼할 생각은 없었는데, 춘천에 계신 정명숙 씨 아버지의 갑작스런 병환이 결혼해야겠다는 생각을 불러일으켰다. 팔순의 연세에도 건강해서 지금도 건설일 농사일을 하시는 아버지가 어느 날 갑자기 대장암이 발병했다. 수술을 받았는데, 의사도 놀랄 정도로 빠르게 회복해 지금은 완전히 예전의 건강을 되찾았다. 나이가 쉰에 가깝도록 혼자 사는 딸에게 평생 결혼하라는 말씀은 안 하셨지만 틀림없이 혼자 살아갈 딸 걱정에 만약의 경우 편히 돌아가시지 못할 수도 있겠다는 생각이 들었다.

오랜 남자 친구 박중일 씨한테 결혼하자고 했더니 바로 그러자고 했다. 9년의 연애 기간 동안 한 번도 싸운 적이 없을 정도로 좋은 사이였다. 뭐든 자분자분 대화하고 존중해주는 이런 사람이라면 부부가 되어 해로해도 좋겠다고 생각했다.

주된 일터인 서울에도 거처가 있어야 하지만 집은 제주도에 마련하기로 했다. 상당 기간 별채를 빌려 생활했던 현재의 집을 통째로 빌렸다. 사고 싶었지만 주인이 팔려고 하지 않았다. 주인 할머니보다 자녀들이 반대했다. 딱히 돈이 쪼들리는 것도 아닌데 자신들이 나고 자란 집을 처분한다는 게 싫었을 것이다.

제주도에 흔한 년세로 1년에 700만 원 정도 낸다. 생활하는 본채, 민박으로 빌려주는 별채, 사진작업실로 쓰는 창고. 이렇게 세 동의 건물에 넓은 마당. 다 합해서 190평 정도 되는 넉넉한 집의 임차료치고는 싼 편이다. 주인이 처음 그대로 한 번도 올리지 않았단다. 곧 새로 계약할 때 20년 장기 계약을 할 생각이다. 올해 나이 쉰이니 20년 후면 70이다. 그때쯤이면 노쇠할 테니 병원 가까운 대도시로 이사할 생각이다. 제주도든 어디든 지역으로 내려가 사는 사람들의 공통된 걱정거리는 역시

석부작, 엉뚱한 폭포 그리고 제주도에 정착한 부부

더 늙으면 병원 가까운 데 살아야 하는데,인 것 같다.

　박중일 씨가 커피를 내려 내온다. 거실 마루에 앉아 주로 정명숙 씨 얘기를 듣는다.

　너무 바빠 일주일에 다 합해 열 시간도 채 못 잔단다. 어떻게 그렇게 살 수 있느냐니 평생 그렇게 살아왔단다. 다만, 틈나는 대로 조금씩 자는 데 선수란다. 성격이 급한지 말도 엄청 빠르다. 화제도 다양하다. 방송이나 영화쪽 일하는 사람 중에 많이 보는 타입이다. 물론 느려터져서 제작비 만들어내야 하는 프로듀서 애간장을 태우는 감독이나 연출가도 있다. 방송사에도 있다. 세월 좋았을 땐 용납됐지만 지금은 어림없다. 하루 늦어지면 그만큼 비용이 가산되기 때문이다. 유능한 프로듀서는 돈을 잘 만들고 비용을 잘 통제해야 한다.

　매주 월요일 아침 비행기로 서울로 올라가는 정명숙 씨는 다큐 영화

정명숙 박중일 부부의 수키하우스. 부부가 집을 통째로 빌리기 전 세들어 살던 별채는 민박으로 빌려주고 있다. 주로 지인들이 많이 와서 묵고 가지만 지인이 아닌 사람도 된다.

'카일라스 가는 길' 3부작을 프로듀싱하고, '무스탕 가는 길'을 제작했고, 영화 '섬'의 대본을 썼고, '해부학 교실'의 조감독을 했고, '처녀들의 저녁식사' 대본 작업에 참여하고 단역으로 출연했다. 방송작가, 영화 프로듀서, 영화 스크립트 작가, 영화배우, 문화 기획자…. 정명숙 씨의 여러 캐릭터다.

현재 서울 사무실 스태프들과 함께 서울시 국제홍보일을 맡아 하고 있고, 극영화 시나리오를 다듬고 있고, KCA(전파진흥원)의 지원을 받은 다큐멘터리를 마무리하는 중이다. '큰 까마귀의 땅을 찾아서'라는 작품인데 알래스카 원주민들의 자연을 존중하며 자연과 더불어 사는 삶에 관한 이야기다. 다큐 영화지만 TV로 방송해줄 데를 찾고 있단다. KCA의 지원조건이 지원받은 작품은 반드시 지상파 채널을 통해 방송되어야 한다는 것이기 때문이다. 방송하고 싶은 채널이 있는데 방송사 측에서 송출해주는 돈을 내라고 해 엄두를 못 내고 있단다. 좋은 다큐를 그냥 틀어주기만 하면 된다는데. 방송사 입장에서는 어느 시간대라도 상관없고, 외주편성 비율을 채우는 데도 좋고, 좋은 콘텐츠를 시청자들에게 보여줄 수 있어서도 좋은 일인데, 쓸 데 없이 까다롭다. 서울 본사나 지역사 어디든 상관없다는 것이어서, 바로 연결해주었다. 환경의 날이나 세계소수자권리의 날이 들어 있는 달에 방송하면 좋을 것이다.

집을 통째로 빌리기 전 세들어 살던 별채는 민박으로 빌려주고 있다. 등록하지 않고 하면 또 어떤 일이 생길지 몰라 정식으로 민박업소로 등록했다. 주로 아는 지인들이 많이 와서 묵고 간다. 물론 아닌 사람도 된다. 수키하우스라고 카카오맵에 쳐보면 나온다. 서귀포시 도순남로 29.

이야기꽃을 피우다보니 어느 새 시간이 많이 흘렀다. 정명숙 박중일

석부작, 엉뚱한 폭포 그리고 제주도에 정착한 부부

부부가 서귀포시 도순동 집에 들어와 살면서 겪어온 일들은 생략한다. 자칫하면 동네 사람들한테 오해를 살 수도 있다. 서울에 오래 살던 사람들이 지역에 내려와 살면서 겪는 공통된 일이다. 전라도 시골 출신인 나도, 서울 생활이 길었다고는 하지만, 광주에 내려간 후 처음 얼마동안은 당황하는 경우가 있었다. 일종의 문화적 충격이었다.

하지만 로마에 가면 로마인이 하는 것처럼 해야 한다. 물론 전혀 말이 안 되는 경우엔 따지고 싸울 필요도 있다. 어떤 경우든 외지에서 온 사람들의 영향은 스며들게 돼있다. 천천히 그렇게 변해가는 것이지 하루 아침에 서울 스타일이나 문화가 통하기를 기대할 순 없다. 답답해도 참고 대화하고 어울려야 한다.

아쉽지만 일어서야 할 시간이다.

"다음은 어디로 가시나요? 제주도 계신 동안 즐거운 시간 보내셔요. 기회 되면 서울에서도 뵙고요."

마당을 가득 채우고 있는 햇볕이 따뜻하다. 가슴이 뻥 뚫리는 기분. 어떤 스트레스도 녹아사라질 듯한 분위기. 서울에서는 느낄 수 없는 맛이다.

마당 귀퉁이에 노란 꽃이 피어 있다. 유채꽃인가 했더니 아니다.

"노랑이니까 유채꽃인줄 아는 사람들이 많아요. 배추꽃이에요. 작년에 심었는데 저렇게 피었어요."

아직도 해가 많이 남았으니 이대로 집으로 돌아갈 수는 없다. 아내의 표정이 그렇게 읽힌다.

3

오늘 걸은 거리가 충분치 않아 올레길을 좀 더 걷다가 귀가하기로 한다. 목적지는 남원 큰엉해안경승지. 내비를 쳐보니 수키하우스에서 40여분이 걸린다고 나온다. 거리상으로는 그다지 멀다는 느낌이 없어도 실제 주행시간은 상당히 걸린다. 속도를 내기 어려운 제주도 도로의 특성 때문이다. 어린이 보호구역, 노인보호구역 등이 많고, 쭉 벋은 도로가 드물다. 오르막길 내리막길도 많다. 또 제주도 정남쪽에 있는 법환에서 북쪽 제주시로 넘어가는 것이나 동쪽의 성산 또는 서쪽의 차귀도 포구로 가는 것이나 걸리는 시간이 비슷하다. 제주도가 남북으로 짧고 동서로 긴 타원형이기 때문이다.

큰엉해안경승지에 도착한 시간. 다섯 시가 넘었다. 일몰까지는 두 시간 가까이 남아 있지만 쌀쌀한 것이 벌써 저녁 기운이 느껴진다. 그래도 주차장에는 차들이 빽빽하고 관광객들이 적지 않다. 토요일이다.

설명문에 의하면 큰엉은 남원 구럼비부터 서쪽으로 황토개까지 2.2킬로에 이르는 해안 절벽 한 가운데 뚫려 있는 큰 동굴이란다. 엉은 바닷가나 절벽 등에 뚫린 바위그늘(언덕)을 말한단다. 엉또폭포에서도 이렇게 설명한 안내판이 있었다.

그런데, 바위그늘 괄호 치고 언덕? 바위그늘이 언덕이란 뜻인가? 읽어도 무슨 소린지 알 듯 모를 듯하다. 그 앞의 문장도 깔끔하지 않다. 도대체 관광지 안내판의 한글 문장은 누가 짓는 것인지, 지리멸렬한 비문이 적지 않다. 한국어, 결코 쉽지 않다. 혹여라도 담당 공무원이 대충 쓰는 경우가 있다면 안 될 말이다. 글 쓰는 전문가에 맡겨 제대로 감수를 받은 다음, 안내판에 옮겨야 한다.

남원포구에서 쇠소깍에 이르는 올레길 5코스에 포함된 큰엉해안경 승지의 바닷가길은 과연 훌륭하다. 금호리조트가 떡하니 자리잡고 있는 이유를 알겠다. 또 영화배우 신영균 씨가 만든 신영영화박물관도 가까이 있다. 사실 큰엉해안경승지는 신영영화박물관의 사유지인데, 관광객들을 위해 개방해주는 것이란다. 박수기정 정상부의 올레길을 사유지라고 해서 막아버린 땅주인들과 대비된다.

바닷가엔 나무들이 무성하다. 군데군데 길 양쪽의 나뭇가지들이 휘어져 터널을 이루고 있다. 그 안을 걷는 기분이 자못 신선하다. 그렇잖아도 다른 올레길에 비해 사람들이 많은데 한 군데에 이르자 한 떼의 사람들이 긴 줄을 이루고 서 있다. 줄 맨 앞 남녀 둘이 땅에 엎드려 포즈를 취하고 있고 한 사람이 엎드린 남녀를 향해 휴대폰을 겨냥하고 있다. 긴 줄은 사진 찍을 차례를 기다리는 사람들이다.

"뭘 찍는 거예요?" 하고 물었더니 "한반도요." 한다.

올레길 5코스에 포함된 큰엉해안경승지의 바닷가길. 군데군데 길 양쪽의 나뭇가지들이 휘어져 터널을 이루고 있는데 그 안을 걷는 기분이 자못 신선하다.

줄 뒤쪽으로 가서 줄 앞쪽을 바라보니 나뭇가지들이 만든 터널의 끝이 과연 한반도 모양으로 돼 있다. 전에 걸었던 소노캄제주 앞 작은 숲. 나뭇가지들이 하트 모양을 만들고 있고 젊은이들이 사진 찍을 차례를 기다리고 있었다. SNS 덕에 어디에 사진 찍기 좋은, 예쁘거나 재밌거나 신기하거나 한 뭔가가 있다고 소문만 나면 전국에서 사람들이 몰려 온다. 그런 데만 찾아다니는 사람들이 적지 않다. 음. 처음부터 나무들을 심고 가지들을 서로 얽히고설키게 하여 특정한 모양을 만들면 사람들을 불러모을 수 있겠네, 하는 생각이 든다.

바닷가 절벽에는 호랑이머리를 닮은 호두암, 여성의 젖가슴을 닮은 유두암, 매부리코를 한 인디언추장얼굴바위도 있다. 관광객들을 끌어들이고 보는 재미를 선사하기 위해 뭔가와 닮은 바위들을 더 찾아내 이름을 붙이는 건 잘하는 일이다. 또 제주도에 전하는 많은 전설, 설화 중 어느 것 하나라도 관련된 곳이라면 그것도 적극 활용할 필요가 있다.

큰엉해안경승지에서 바라보는 일몰이 장관이라는 얘기를 들은지라 해가 질 때까지 기다려볼까, 잠시 생각했지만 그만두기로 한다. 낮에는 더울 정도였는데, 저녁 바닷바람이 몰고 오는 냉기가 심상치 않다. 겉옷을 단단히 여미는데도 찬 기운이 속으로 파고든다. 몸이 으슬으슬 떨린다. 감기라도 들면 큰일이다. 정상 체온을 넘기라도 하면 무슨 코로나 의심환자로 문전박대를 당할 텐데. 그런 일이 있으면 곤란하지.

"그만 돌아가자. 추워."

차를 몰고 법환의 집으로 돌아가는 길. 서귀포 매일올레시장에 들른다. 전에 갔을 때 사람들이 줄을 서 있던 순대 오뎅 김밥을 팔던 가게가 떠올랐기 때문이다. 순대로 간단히 저녁을 때우자.

석부작, 엉뚱한 폭포 그리고 제주도에 정착한 부부

큰엉해안경승지의 바닷가 절벽에는 호랑이머리를 닮
은 호두암, 여성의 젖가슴을 닮은 유두암, 매부리코를
한 인디언추장얼굴바위 등 뭔가와 닮은 바위들이 많다.

각오하기로는 저녁은 건너뛰기로 한 건데, 오뎅 두 꼬치와 순대 일인
분 먹는다고 무슨 문제 있을라고. 제주도 오기 전보다는 확실히 적게 먹
고 많이 운동하고 있는데. 살은 분명 조금씩이라도 빠지고 있을 거야.

아내는 끝까지 참았고, 나는 모른 척하고 엉덩이만 붙일 수 있는 의
자에 앉아 순대와 오뎅을 거의 다 먹어치웠다. 가끔은 시장통 인파 속
에서 길거리 음식을 사먹는 것도 재미있는 일이다. 저 많은 사람들 모
두가 다, 먹고 살자고 저리 열심인 것 아닌가. 열심히 돌아다닌 하루가
또 지나간다.

"와아, 너무 좋다"
아내가 연신 셔터를 누르다

유수암리   애월맛차   아르떼뮤지엄   새별오름

1 ————

BBC 서울지국에서 일하는 배원정 PD네 제주도 부모님 댁을 방문하기로 한 날이다. 군 장성으로 퇴역한 아버지와 어머니가 제주도에 정착해 산 지 16년째라는데, 어떤 마을, 어떤 집에서, 어떤 생활을 하고 계신지 궁금했다. 주말에 집에 내려올 예정이었던 배 PD가 진작부터 부모님께 선배님 얘기를 해서 잘 알고 계신다며 초대했다. 아버지 고향이 광주이니 더욱 반가워하실 거라면서.

배원정 PD랑은 중국 청두에서 열린 국제 다큐멘터리 피칭 현장에서 알게 됐다. 피칭이란 세계 여러 나라 전문가들로 구성된 심사위원단 앞에서 기획하거나 제작 중인 다큐멘터리를 제한된 짧은 시간 내에 알기 쉽게 소개하는 것인데 사전 선정된 참여자들이 모여 겨룬다. 입상하면 상금으로 제작지원비도 탈 수 있고, 세계 방송사들이나 제작사들로부터 투자를 받거나 공동제작 파트너를 구할 수도 있다.

만들고 싶은 혹은 만들고 있는 다큐멘터리가 어떤 작품인지 간결하고 알기 쉽게 소개하는 것이 포인트인데, 영어를 잘하면 훨씬 유리할 것임은 불문가지다. 경험이 없거나 영어가 짧은 참가자들은 그냥 준비해온 PPT를 서툰 영어로 읽다가 무대를 내려오는 경우가 흔하다. 질의응답도 당연히 순조롭지 않으니 보는 사람이 안타까울 때도 있다.

그런데, 한국에서 참여한 한 참가자가 확 눈길을 끌었다. 피칭 작품은 이창준 감독의 '왕초와 용가리'였다. 배원정 PD와 이창준 피디가 함께 무대에 올랐다. 피칭 참가자들은 대부분 무대 한 쪽에 설치된 포디엄 뒤에 서서 앞에 놓인 마이크에 대고 스크린을 보면서 작품을 소개한다. 짧은 동영상 트레일러를 보여주거나 PPT를 보며 설명한다. 배원정 PD는 달랐다. 마이크를 집어 들더니 무대 한 가운데 앞쪽으로 뚜벅뚜벅 걸어나오더니 두 다리를 벌리고 따악 서는 게 아닌가. 어엉? 아무리 청바지를 입었다고는 하지만 '우와, 저 여성 뭐여?' 하는 소리가 안 나올 수 없다. 참관자들은 무대 아래다. 큰 목소리와 유창한 영어로 좌악 작품을 설명한다. 대단한 임팩트다.

알고 보니 대학을 졸업하고 미국으로 유학 가서 영화를 공부한 후 시카고의 프로덕션에서 일한 경력이 있었다. 여러 해 동안 알자지라에서 방송되는 시사프로그램을 제작했는데, 제작사 오너가 돈을 잘 안줘서 항의했다가 사이가 틀어졌다. 취업비자 연장을 해주지 않아 귀국을 결심했다. 한국에서도 국제공동제작 같은 게 활발해질 것이니 나 같은 PD가 필요한 때가 되지 않았을까 하는 기대가 있었다. 한국 다큐멘터리 여러 작품을 국제 무대에서 피칭하고, 직접 국제 공동제작에 참여했다. 연출도 하고 프로듀싱도 했다. 배원정 PD가 프로듀서로 참여한 작품의 국제 피칭 성과는 좋았다.

그러나 현실은 국제적으로 활동하는 다큐 PD라는 그럴듯한 타이틀과는 달리 힘들었다. 도저히 먹고 살 수 없을 정도의 수입밖에 벌 수 없었다. BBC 서울지국에 프로듀서로 취직했다. 큰돈은 아니지만 매달 꼬박꼬박 월급이 나온다. 특파원의 취재를 돕고, 기획하고, 직접 현장 취재를 나가고, 할 일이 많다.

시카고 컬럼비아칼리지 영화과 대학원 재학 시절 만든 단편 다큐멘터리 '베라 클레멘트 : 블런트 엣지(Vera Klement : Blunt Edge)'로 학생아카데미상, 전미감독협회상, 뉴욕퀸즈영화제 등에서 수상했다. 베라 클레멘트는 1970~80년대 시카고 여성주의 운동의 중심이고, 40년 넘게 시카고대에서 가르친 예술가였다. 여든 살이 된 그녀가 자신의 삶을 회고하는 다큐멘터리였다. 촉망받는 젊은 다큐멘터리 감독이었으나 배원정 PD가 맞닥뜨린 현실은 미국에서도 한국에서도 녹록치 않았다.

영화계나 방송계나 톡톡 튀는 개성을 가진 인물들이 적지 않은데 배원정 PD도 빠지지 않는다. 그렇다고 무슨 오타쿠 같은 분위기로 사람을 불편하게 하는 타입이 아니다. 큰 목소리, 남자들도 따라하기 힘든 호탕한 웃음, 늘 생기발랄한 표정, 넘치는 자신감. 나는 그런 게 맘에 드는데 간혹 아닌 사람도 있는 모양이다. 여자를 보는 한국 사회의 눈이 아직도 좀 그런 데가 있다. 찌질이들이 많다.

아직 미혼이다. 비혼주의자도 아니니 좋은 배필이 있으면 언제든 사귀고 결혼할 마음이 있다. 좋은 신랑감 있으면 소개하라는 어머니 말씀에 "그러게요. 괜찮다 싶으면 다들 결혼을 해버려서요."라고 대답했다. "송 피디님이 좋은 총각 있으면 왜 소개 안 해주셨겠냐, 없어서 안 해주

"와아, 너무 좋다" 아내가 연신 셔터를 누르다

배원정 PD 부모님댁. 마당은 나무들과 꽃들이 적당히 자리를 잡아 예쁘고 깔끔하다.

시는 거겠지, 라고 원정이한테 얘기했어요."라는 건 배 PD 어머니 말씀
이다. 여전히 좋은 신랑감 찾아보라는 말씀을 이렇게 하신 걸로 이해했
다. 일에 바빠, 혹은 이런저런 사정으로 어쩌다 보니 아직 결혼 안 한 좋
은 총각 어디 없을까. 마흔 넘은 친구로. 하긴 요즘엔 남자가 연하라도
상관없는 시대니 마흔 아래라도 괜찮겠다.

배 PD 부모님댁은 애월읍 유수암리에 있다. 제주도의 오래된 마을
중 하나로 동네에 수백 년 된 아름드리 퐁낭(팽나무)들이 많다. 물이 좋
기로 유명한 동네다. 배PD 어머니 말씀이 처음 집 지을 땅을 살 때 유
수암(흐르는 물 바위)이란 이름을 보고 이 마을에서 살자고 정했단다. 틀
림없이 물이 좋을 것이고 경치가 좋을 것이라 생각했는데 과연 그대로
였다. 빈 땅이 있어 사려 하자 동네 부동산에서 그 터는 기가 세서 웬만
한 사람은 못살 텐데, 했단다. 우린 상관없다고 하고 샀다. 집 짓고 16

년 아무 일 없이 잘 살고 있다. 동네사람들은 군인이라 기가 센 모양이
네, 라고 한단다.

마을에서 약간 떨어져 조금 더 올라간 곳에 자리한 집. 도로 가에 있
고 대문이 없다. 16년 전 처음 집을 지을 때는 마을 집 모두가 대문이
없어서 만들지 않았는데, 지금은 다들 대문을 달고 부모님댁만 그대
란다. 그새 땅값이 많이 오르고 다들 부자가 되었는지 지켜야 할 것이
많아졌다는 뜻일 것이다.

집의 입구는 지붕 덮인 차고다. 나무로 아버지가 직접 지었단다. 지
붕에 등나무꽃이 피어 있다. 온통 지붕을 덮은 가지들을 잘라냈더니 올
해는 볼품이 없단다.

배 PD 부모님과 반갑게 인사한다.

"배 PD한테 말씀 많이 들었습니다."

"우리도 원정이한테 송 PD님 말씀 많이 들었어요. 가난한데 늘 밥 사
주시고 하셨다고."

혼자 동분서주 죽어라 열심히 일하는 모습이 대견스러워 가끔 밥 사
준 것밖에 없는데 과한 말씀이다.

부모님댁 마당. 와아. 아내의 감탄사다.

2 ———————

배 PD 부모님댁 정원. 나무들과 꽃들이 적당히 자리를 잡았다. 예쁘고
깔끔하다. 큰 두 그루 목련나무 아래 진노랑 동그란 꽃송이들이 가득하
다. 황매화란다. 이름은 매화인데 꽃은 흔히 보는 매화꽃이 아니다. 귀

"와아, 너무 좋다" 아내가 연신 셔터를 누르다

엽고 탐스럽다. 집 전체에 밝고 화사한 기운을 가득 발산하고 있다.

"지금은 꽃이 지고 없는데 이 목련나무 두 그루에 꽃이 피면 장관이지요. 저 가지들이 모두 하얀 꽃잎으로 뒤덮인 모습. 동네에서 유명해요. 모두들 감탄하지요."

직접 정원을 가꾼 자부심이 배어 있는 아버지 말씀이다.

"이 집에서 최고는 단연 돌담이에요. 큰 바위 위에 작은 제주도 돌들. 이런 담 드물어요. 너무 너무 잘 쌓은 담이에요. 우리가 오기 전부터 있었던 건데. 너무 너무 좋아요."

나중에 집을 떠날 때 한 어머니 말씀이다.

집은 구조가 간단하다. 거실에 방 하나, 정식 이층이 아니라 거실에서 계단으로 올라가는 다락방처럼 생긴 공간이 있다. 아버지가 쓰는 서재다.

배 PD 아버지는 37년 군생활을 하다 퇴역했다. 최전방인 백령도에서

배원정 PD 부모님댁 정원에는 목련나무 아래 황매화가 가득 피어 있다.

배원정 PD 부모님댁으로 들어가자마자 만나게 된 지붕 덮인 차고. 배 PD 아버지가 나무로 직접 지은 것으로, 지붕에 등나무꽃이 피어 있다.

오래 근무했다. 영어를 잘 해 한미연합사에서도 근무했다. 배 PD 말.

"아버지가 영어를 잘 하신다는데, 한 번도 본 적이 없어요."

자기가 영어를 잘 하는 것이 아버지 재능이랑 아무 상관 없는 줄 안다. 자식들이 저 혼자 잘 난 줄 아는 데 천만의 말씀이다. 콩 심은 데 콩 나는 법인데.

배 PD 아버지. 고등학교 시절. 학교에 특강 온 재미교포 해군이 그렇게 멋있을 수 없었다. 해사를 졸업하고 해병대를 지원했다. 해사 졸업 전 세계 일주 항해실습을 떠났을 때 너무 힘들었단다. 항해실습 기간 내내 멀미에 취해 누워지내기만 했던 동기생은 해군으로 가 잘 복무했단다.

집안에 있는 대부분의 가구는 아버지가 만든 것이다. 취미로 배운 목공기술이 프로 수준이다. 집 뒤에 목공실이 있다. 간단히 집구경을 하

"와아, 너무 좋다" 아내가 연신 셔터를 누르다

고 거실에 앉아 차를 마신다. 벽에 걸린 먹으로 그린 긴 족자. 조각 작품 들도 놓여 있다. 어머니 작품들이다. 배 PD 어머니는 대학에서 미술을 전공했다. 아하. 그래서 보통 솜씨가 아니었구나.

유리창밖으로 정원이 내다보인다. 눈과 마음이 정화되는 느낌이다. 편안하다. 16년 세월을 지나며 완전히 자리를 잡았다.

배 PD와의 인연. 36년이 넘는 방송 생활. 앞으로의 계획. 주로 내가 말을 많이 했다. 지나고 보면 좀 자제할걸 하고 늘 후회한다. 37년 군인 으로 살았던 아버지는 차분하고 과묵한 성격인 듯하고 어머니는 활달 하고, 여장부 스타일이다.

"배 PD가 아버지보다 어머니를 닮은 것 같아요"라고 했더니 "늦게 알아채셨네"라고 어머니가 말한다.

아버지는 광주 사람인데 어머니는 부산 사람이다. 옛날엔 흔치 않은 커플이라 사연이 궁금했다.

배 PD 아버지가 포항에서 해병대 장교로 근무할 때 대대장 친구가 배 PD 어머니 오빠였다. 오빠가 "어디 참 군인 없나, 여동생 신랑감 있 으면 소개하라"고 대대장인 친구한테 부탁했다. "있제, 그런데 왼쪽이 다."라고 대대장이 대답했다. 호남 출신이라는 뜻이었다.

"그런 거 상관없다." 오빠가 말했다.

그렇게 해서 선을 보고 결혼했단다.

"이런 집에서 한 번 살아보고 싶어요."라고 아내가 말한다.

정작 배 PD 부모님은 조만간 이 집을 떠날 예정이다. 칠십이 되니 집 안 일이 힘에 부친다. 또 부부 두 사람만 사는 생활이 점점 더 외롭다. 어쩌다 한 번 오는 사람은 "와, 너무 좋다." 하지만 막상 사는 사람은 그런 감동보다는 생활하느라 허덕인다. 집관리 정원관리 특히 음식 만들어 먹기.

전라북도 고창에 너른 실버타운이 있어 그리 옮길 예정이다. 병원이 두 개나 있고 골프장이 있고 각종 취미생활을 할 수 있는 시설들이 있고 음식도 나오고 비슷한 또래의 사람들이 있어 외롭지도 않고. 거기 있는 작은 타운하우스를 하나 사서 이사할 계획이다.

아내가 내게 말한다.

"이분들 일흔, 예순아홉이시래. 실버타운 이르시지 않느냐 했더니 한 살이라도 젊었을 때 덜 외롭고 재밌게 살아야지 더 늙어 들어가는 건 아니라고 하시네. 맞는 것 같애."

그러더니 "한 달 살기는 좋은데 여기 와 아예 사는 건 아닌 것 같아."라고 말한다. 아내보다 다섯 살 위인 인생 선배, 배 PD 어머니 말씀이 그런 생각을 하게 한 것 같다. 얼마든지 제주도 내려와 살 수 있을 것 같고, 살아보고 싶다더니, 바뀌었다. 대도시에서만 살아온 사람들에게 지역 정착은 역시 쉽지 않은 일일 것이다. 그러면서 "우리 나이도 벌써 육십 중반인데, 이젠 놀고 즐기면서 살아야지 또 뭘 하겠다는 건지 맘에 안 들어"라고 덧붙인다.

거실에서 얘기하던 중에 "아직 팔팔하고 이렇게 에너지가 넘치는 사람은 어쩔 수 없어요. 하고 싶은 거 하게 해야 돼요."라고 한 배 PD 어머니 말씀이 어떻게 작용할지 궁금하다.

한 시간 반. 길게도 수다를 떨었다. 즐거웠다. 점심 후 함께 항몽유적지를 둘러보고 여기 오셨으니 꼭 먹어봐야 한다는 팥빙수 집에 들렀다. 카페 뒤 너른 녹차밭에서 직접 재배한 찻잎으로 만든 가루차와 손수 끓

"와아, 너무 좋다" 아내가 연신 셔터를 누르다

인 팥으로 만든 가루차팥빙수. 과연 맛있었다.

제주도 곳곳을 돌아다니면 아직 널리 알려지지 않은 맛집들이 적지 않다. SNS로 유명해진 가게들 중엔 괜찮은 곳들도 있지만 실망스러운 데도 적지 않다. TV에 나온 집은 가게 되면 가고 굳이 찾아다닐 필요까진 없다고 생각한다. 제작진이 찾아가서 취재한 집을 맛없다고 방송할 수 있겠는가. 리포터의 반응은 과장되지 않을 수 없다. 별의별 형용사를 다 동원해서 기가 막히다고 연신 떠들어야 사람들의 주의를 끌고 시청률이 나오는 법이다. 사유리가 가끔 솔직하게 표현한 적이 있었지만 쉽지 않은 일이다.

다들 어디 어디 프로에 나왔다고 크게 써붙이는데 정작 자존심이 있는 집은 그렇게 하지 않는다. 싸구려처럼 보이고, 누가 인정하고 자시고 하기 전에 자기 음식에 대한 자부심이 있기 때문이다. 별 시시껄렁한 채널에 나온 것까지 대문짝만하게 붙여 놓는지라 어떤 집은 '지금까지 TV에 한 번도 안 나온 집'이라고 큼지막하게 붙여놓기까지 한다. 실제로 그런 가게를 봤다.

배 PD 부모님이 안내한 카페의 가루차팥빙수는 최고였다.

"한 번도 안온 사람은 있어도 한 번 온 사람은 없어요."

배 PD 부모님의 단골 빙수집이다.

카페 애월 맛차. 맛차는 맛있는 차라는 뜻으로 읽히지만 일본어 발음으로 보면 가루차(抹茶, 맛챠)라는 뜻이다. 알고서 그렇게 붙였을 것이다.

점심에, 항몽유적지 안내에, 팥빙수에 배 PD 부모님으로부터 융숭한 대접을 받았다. 되풀이 말하지만 사람의 인연이란 묘한 것이다. 어떤 사람이든 언제나 마음을 열고 따뜻하게 대할 일이다. 작은 인연이라도

애월 맛차에서는 카페 뒤 너른 녹차밭에서 직접 재배한 찻잎으로 만든 가루차와 손수 끓인 팥으로 만든 가루차 팥빙수를 파는데 과연 맛있었다.

소중하게 여기고 지켜갈 일이다. 보통 사람이니 원수까지 사랑할 수는 없을지라도 남녀노소, 직업, 학력 상관없이 모든 (좋은) 사람에게 늘 상냥하고 친절하게 대하는 것. 스스로의 인생을 풍요롭게 하는 길이다.

3 ──────

애월읍 유수암리에 있는 배원정 PD 부모님 댁에 가기 전 아르떼뮤지엄을 구경했다. 애월읍 어음리에서 유수암리까지 멀지 않다.

사실은 성산에 있는 빛의 벙커를 다시 가고 싶었는데, 지난번에 갔더니 휴관이었다. 오랫동안 고흐전을 하다가 새로운 작품으로 교체하는 중이었다. 오월이 돼야 새로 문을 연다고 했다. 제주도를 떠나기 전에 새 작품전을 보기는 힘들 것 같다.

"와아, 너무 좋다" 아내가 연신 셔터를 누르다

빛의 벙커는 2018년 11월 제주도 성산에 문을 연 최초의 몰입형 미디어아트극장이다. 나는 오픈 전날 구경했다. MBC 지역사 사장단 회의 후 빛의 벙커 측에서 특별히 우리들을 초대했다. 원래 국제 통신용 해저케이블의 제주도쪽 터미널로 사용되던 벙커였는데 용도 폐기돼 빈 채로 버려져 있던 것을 디지털미디어아트뮤지엄으로 개조했다는 설명을 들었다. 통신쪽 사업을 해 돈을 많이 번 사업가가 파리에서 보고 이거다 싶어 장소를 물색하다 이 벙커를 발견했다 한다.

벙커라는 이름답게 눈에 잘 안 띄게 나무들이 있는 산 밑을 깊이 파 튼튼하게 시멘트로 시공한 900여평의 공간. 들어가는 문 빼고는 빛이 들어갈 수 없는, 지상이지만 지하나 마찬가지인 공간을 온통 찬란한 빛으로 채웠다. 오프닝 전시는 구스타프 클림트와 에곤 쉴레 등 오스트리아 표현파 화가들 작품이었다.

극장 안으로 들어선 순간 웅장한 음악과 함께 360도 현란한 미디어

1400평짜리 스피커 제조공장을 개조해 만든 아르떼뮤지엄.

아트가 상영되고 있었다. 우와아. 경험해보지 못한 감동이었다. 중간중간 서 있는 기둥들, 천장, 벽, 바닥. 상하좌우. 살아 움직이는 그림들, 딱 들어맞는 배경음악. 빛의 벙커는 클림트와 그를 이어받은 에곤쉴레의 그림들, 퇴폐적까진 아니나 선정적이고 극단적으로 화려한 명화들을 미디어아트로 만들어냄으로써 새로운 부가가치를 창조해내고 있는 현장이었다.

그걸 보면서 생각했다. 왜 이런 곳이 빛의 도시를 자처하는 광주엔 없는 것인가. 어느 지역보다 먼저 이런 시도를 해야 하는 거 아닌가? 꼭 벙커가 아니라도 비어 있는 커다란 창고를 활용하거나, 없으면 지어서라도 얼마든지 할 수 있을 텐데.

광주엔 이이남 작가를 비롯해 세계적인 미디어아티스트들이 있다. 양림동에 이작가 혼자 세운 이이남스튜디오가 단기간에 젊은이들을 불러들이는 핫플레이스가 된 것은 시사하는 바가 크다. 군이 외국의 유명한 회사 힘을 빌리지 않더라도 얼마든지 거대한 몰입형 디지털 미디어아트뮤지엄을 구축할 수 있지 않나. 결국 문제는 마인드와 아이디어인데, 문화수도, 빛의 도시 운운하면서 왜 안 하는 걸까. 못하는 건가? 무엇이 문제일까. 광주만이 아니라 전남, 아니 다른 모든 지역에 해당하는 문제다. 광주MBC 사장 3년을 하며 절감했다.

빛의 벙커는 도저히 그런 게 있을 것 같지 않은 곳, 좁은 길을 따라

"와아, 너무 좋다" 아내가 연신 셔터를 누르다

구불구불 운전해 찾아가야 하는 곳에 있다. 원래 벙커가 거기 있었기 때문에 거기 들어선 것일 뿐 다른 지역에도 얼마든지 비슷한 시설을 만들 수 있겠다 생각했다.

그런데, 생겼다. 애월읍 어음리에 있던 스피커 제조공장을 개조해 만든 아르떼뮤지엄. 옆에 있는 냉동물류창고와 똑같이 생긴 1,400평짜리 창고가 2020년 9월 미디어아트뮤지엄으로 재탄생한 것이다. 이 또한 금년 초 제주도에서 열린 마지막 MBC 지역사 사장단 회의 후 방문했다. 빛의 벙커에서 받은 인상만큼 강력하진 않았지만 그런대로 볼만 했다. 빛의 벙커를 보면서 누가 창고 같은 거 활용해서 이런 걸 해도 되겠네, 라고 생각했더니 아니나 다를까 그런 생각을 행동으로 옮긴 사람이 있었다.

영업 시작 10분 전쯤 도착했는데도 주차장엔 벌써부터 차들이 여러 대 있었고 사람들이 줄을 서기 시작했다. 일요일인 것도 있고, 코로나 걱정 때문이기도 하고. 무엇보다 사람이 적은 이른 시간에 한가하게 구경하고 싶어서일 것이다.

다시 보는 나는 재미가 덜했지만, 이런 전시를 처음 보는 아내는 연신 감탄이다. 사진 찍는 걸 별로 좋아하지 않는 사람이 계속 휴대폰을 치켜들고 있다. 사방에서 등꽃들이 쏟아지고, 폭포가 떨어지고, 파도가 밀려오고, 밀림 속 동물들이 걸어오다 숲과 같은 색이 되어 사라지고. 중세 유럽의 벽화들, 고흐와 밀레의 그림이 방안에 세워진 칸막이들, 사방의 벽 위에 투사되고 있다. 이어서 제주의 자연을 테마로 한 영상이 방 전체를 가득 채운다. 성산일출봉, 박수기정처럼 가본 곳도 있고 아닌 데도 나온다. 제주도에 있으니 제주도를 소재로 한 작품을 만들어 상영하는 것일 테다. 의미 있는 일이다. 살아 움직이는 빛과 소리의 매직, 디지털미디어아트 감상은 다른 장르의 예술에서 느낄 수 없는 몰입감과 감동을 경험하게 한다.

제주MBC 김지은 PD는 빛의 벙커가 새 작품으로 교체할 때마다 빼놓지 않고 가서 봤단다. 못 본 사람은 있으나 한 번 본 사람은 없다는 말은, 애월의 맛있는 가루차팥빙수 카페에만 해당하는 것이 아니다.

긴 데스크 앞뒤로 열심히 그림을 그리는 사람들이 있다. 주로 아이들이고 같이 온 부모들도 있다. 앞에 놓인 색연필로 그린 그림을 슬라이드 투사기 위에 놓으면 컴퓨터가 읽어 들여 벽의 스크린에 비친다. 스틸로 그린 그림들인데, 스크린에서는 움직인다. 자기가 그린 그림이 살아 움직이며 왼쪽에서 오른쪽으로, 또 반대로 왔다 갔다 하는 걸 보는 즐거움. 어른들도 신기한데 아이들은 더 할 것이다. 좋은 교육이 되겠다.

관람 코스의 마지막엔 기념품 매장이 있다. 상영된 작품들을 소재로 한 여러 소품들, 제주의 다양한 기념품들이 다시 한 번 관람객들을 붙

"와아, 너무 좋다" 아내가 연신 셔터를 누르다

든다. 빛의 벙커도 같은 구조인데, 다만 벙커를 나오면 커다란 카페가 있었다. 이름이 커피박물관이었던가. 아르떼뮤지엄엔 없다. 관람 코스 마지막에 차를 파는 곳이 있긴 한데, 캄캄한 카페에 앉아 차를 마실 기분은 들지 않는다.

관람을 마치고 나오는데 계속해서 사람들이 입장한다. 햇살이 폭포처럼 쏟아지는 바깥 주차장에 어느 새 차들이 빽빽하다. 빛의 벙커가 휴관인 덕도 있을 테지만 기본적으로 이런 류의 미디어아트가 손님들을 끌어들이는 힘이 있다는 뜻일 것이다.

어음리에서 유수암리로 차를 몬다. 배원정 PD 부모님댁까진 채 10분이 걸리지 않는다.

4 ———

법환에서 제주 쪽으로 넘어갈 때 타게 되는 1135호선 지방도, 평화로다. 제주도에서 보기 드문 쭉 벋은 도로로 고속도로 느낌이 난다. 중간에 구간단속 지역이 있어 시점과 종점에 카메라가 설치돼 있고, 시점과 종점 통과 시간을 계산하여 평균주행 속도도 단속한다. 그래도 제주도에서 그나마 속도를 낼 수 있는 도로다.

자주 이 도로를 달리면서도 가로로 크게 영어로 코비드-19 아웃 (COVID-19 OUT)이라고 쓰여 있는 민둥산이 새별오름인 줄 몰랐다. 배원정 PD네 집이 있는 애월에서 법환으로 넘어가는 도중에 올라가 보기로 한다.

거대한 고분 같은 오름은 주변의 비슷비슷한 오름들 중에서도 유독 광활한 들판 가운데 우뚝 솟아 있다. 입구에 새별오름이란 이름이 새겨진 돌, 들불놀이 사진이 들어 있는 입간판이 서있다. 아하, 여기가 새해 보름 때면 으레 TV에서 보여주는 제주도 들불놀이 축제가 벌어지는 곳이었구나. 몇 번을 지나가면서도 모르다니.

오름 앞에 넓은 주차장이 있고 여러 대의 푸드 트럭이 있다. 많은 차들로 주차장은 제법 가득 찼고, 줄을 이루며 왼쪽 경사면을 오르는 사람들이 보인다. 설명문을 읽는다. 30분이면 오름 정상에 올랐다가 내려오는 트레킹 코스를 완주할 수 있단다. 해발 519.3미터라지만 오름 밑에서 꼭대기까지는 글쎄 100미터나 될까(119m).

밤하늘에 홀로 빛나는 샛별 같다고 해서 새별오름이라는 예쁜 이름이 붙었단다. 생긴 게 경주나 나주에 갖다 놓고 고대 어느 최고 권력자의 무덤이라고 해도 믿겠다. 복합형화산체고 어떻고 하는 정보는 검색해보면 다 나오는 것이니 구구절절이 적을 필요가 없을 것이다.

왼쪽에 난 길을 올라간다. 야자수매트가 깔려 있고 그 위에 굵은 밧줄이 일정한 간격으로 가로로 박혀 있다. 미끄럼 방지용이다. 그만큼 경사가 급하다. 길 오른쪽에 설치해놓은 울타리의 밧줄을 잡고 올라가는데, 힘들다. 제주도살이 3주 동안 매일 제법 걸었다고 생각하지만, 여전히 멀었다. 헉헉대기만 할 뿐 좀처럼 올라가지 못하고 있는데 아내는 벌써 꼭대기

"와아, 너무 좋다" 아내가 연신 셔터를 누르다

거대한 고분 같은 새별오름은 주변의 비슷비슷한 오름들 중에서도 유독 광활한 들판 가운데 우뚝 솟아 있다.

다. 잘 걷는다. 오름 중간 중간에 소화전이 설치돼 있다. 대형 불놀이를 하는 곳인지라 화재로 번지지 않도록 대비하고 불놀이 사후 처리를 위해서일 것이다.

드디어 정상. 비석 앞에서 사진을 찍는 사람들, 바닥에 주저앉아 아래를 내려다보며 쉬는 사람들. 사방에 툭 트인 광활한 대지, 군데군데 불쑥불쑥 솟아 오른 오름들. 뭍에서 볼 수 없는 이국적 풍경, 신기한 풍경이다.

왼쪽 멀리 한라산 정상이 또렷하게 보인다. 꼭대기에 거대한 바위가 우뚝 솟아 있다. 서귀포쪽에서 보이는 설문대할망의 얼굴은 보이지 않는다.

제주도 사람들은, 제주쪽에서 보이는 한라산이 최고다, 서귀포쪽이 최고다, 하며 서로 우긴단다. 집이건 절이건 보통 남향으로 앉히는 법이니 설문대할망이 한라산을 그렇게 만들었다면 서귀포가 정면이고 제주쪽이 뒤가 될 것이다. 음. 설문대할망이 한라산을 베고 누운 모습이 서귀포쪽에서만 보이는 것이 그 때문인가.

정상에서 쉬며, 바다와 산이 함께 있는 사방의 경치를 구경하며, 놀멍 쉬멍하다 내려온다. 그래봤자 30~40분밖에 걸리지 않는다. 모자란 듯 적당한 운동량이다.

새별오름에서 멀지 않은 곳에 새별오름을 배경으로 나 홀로 서있는 유명한 나무가 있다는데 굳이 가보지 않기로 한다. 어떤 그림일지 충분히 상상이 간다.

차를 달려 법환으로 돌아온다. 30분이면 충분하다.

김새별 PD한테 새별오름 사진을 보낸다. 서울MBC 후배인, 지금은 회사를 떠난, 프로그램을 잘 만들던 PD다. 이명박근혜 시대를 거치며, 좋았던 예전의 MBC 분위기는 사라져버렸고, 선후배 동료들간의 관계도 망가졌지만, 언제 어디서든 샛별처럼 빛나는 삶을 살기를 기원한다.

"와아, 너무 좋다" 아내가 연신 셔터를 누르다

스물닷새째

비 오는 이중섭거리를 걷고
라떼를 마시다

이중섭거리   카페 벙커하우스   법환포구

I ━━━━━

비가 온다. 예보는 하루 종일 비다. 어제는 그렇게 화창한 봄날이었는
데. 180도 표변이다. 매일 휴일인데 모처럼 휴일이다. 놀멍 쉬멍 책 읽
으멍 글 쓰멍 보낼 참이다.

그런데 말입니다(그알의 김상중 톤). 힘들 것 같습니다.

"나는 비 와도 나갈래. 이중섭 거리, 칠십리시공원, 새섬 또 가고 싶
어. 커피도 마시고."

멋진 카페, 맛있는 커피. 그런 거 안 좋아하는 줄 알았는데. 어제 배
원정 PD 어머니 뵌 게 무슨 영향이 있나. 제2의 인생. 한 살이라도 젊었
을 때 즐겨야 한다고.

맞는 말씀이다. 가슴은 안 떨리고 다리만 떨리기 시작하면 늦다.

2 —————

비가 온다. 줄기차게 내린다.

"비 오는데 어디 가시려고요?"

"우산 쓰고 이중섭거리, 칠십리시공원, 새섬을 걷고, 유동커피에서 블랙커피 한 잔 하고 싶어요."

"예. 모시겠습니다."

빗속을 달려 이중섭미술관 주차장에 차를 세운다. 빗속인데도 차들이 가득하다. 골목을 통해 이중섭거리로 가는 길. 팥죽집이 있다. 입맛이 당긴다. 떡본 김에 제사라고 나중에 점심 뭐 먹을까 고민하느니 여기서 간단히 해결하고 가자.

작은 가게다. 좁은 주방에 가마솥을 걸어놓고 직접 끓이는 듯하다. 비싼 돈을 들이진 않았지만 실내 장식이 아기자기하다. 벽에 걸린 페트병들 안에, 바닥에 놓인 아기 신발 안에, 식물이 자라고 있다. 주인의 솜씨일 것 같다. 그냥 팥죽과 새알 팥죽을 하나씩 주문한다. 옆 테이블에 앉은 세 여자. 나중에 합류한 나이 지긋한 분 한 명과 상대적으로 젊은 여자 둘. 젊은 여성의 목소리가 가게 안을 울린다. 우린 안중에 없다. 화제는 다양하다.

제주도를 찾는 관광객이 코로나 이전 80% 수준을 회복했단다. 도청의 관광과는 희색인데, 방역책임자는 죽을 지경이란다. 어디서 확진자가 나왔는데, 예전처럼 정보를 자세히 알려주지 않아 불안하단다. 자세한 코로나 정보는 SNS가 더 낫단다. 나이 든 여성 보고 나이가 들어도 시낭송도 하고 그림도 하고 하면서 바쁘게 지내는 것이 좋단다. 세 여성 모두 이 팥집을 예전부터 다닌 듯 주인과 서로 아는 사이 같다. 전에

비 오는 이중섭거리를 걷고 라떼를 마시다

비 오는 이중섭거리. 사람들이 없다. 간혹 비옷을 입은 관광객들이 눈에 띌 뿐 가게들도 한산하다.

다른 곳에 있었던 이쪽으로 옮겨왔단다. 더 많은 정보를 들었지만 생략한다. 귀를 쫑긋하고 들은 게 아니라 목소리가 워낙 커 그냥 다 들렸다. 나중에 들어온 여성이 팥죽 포장을 받아들고 먼저 나가고 두 여성이 팥죽을 먹기 시작하면서 가게 안이 조용해졌다.

새알팥죽. 묽은 팥수프 안에 새알들만 들어 있다. 예상이 빗나갔다. 보통 쌀팥죽과 새알이 같이 들어있는 것 아닌가. 새알 수도 적다. 결국 쌀팥죽과 새알팥죽을 한데 섞어 먹었다. 광주MBC 근처에 팥죽집이 있다. 팥칼국수, 쌀팥죽, 새알팥죽을 판다. 냉면 그릇이 넘치게 담아준다. 처음 갔을 땐 5,000원이었는데, 퇴임 무렵엔 6,000원으로 올랐다. 그렇더라도 언제나 한 그릇을 다 비우기 힘들었다. 어딜 가든 광주와 비교할 수는 없을 것이다. 다 맛있는데도 포만감은 없다. 포만감을 느낄 정도로 먹으면 안 되는 것을 아는데도 뭔가 부족하다.

비 오는 이중섭거리. 사람들이 없다. 간혹 비옷을 입은 관광객들이 눈에 띌 뿐 가게들도 한산하다.

서귀포극장이 비를 맞고 있다. 지난번에는 밖에서만 봤는데 들어가 볼까. 한쪽에선 사진전이 열리고 있다. 다른 쪽에선 한라산 백록담의 흰 사슴을 모티브로 한 작품이 전시되고 있다. 백록의 뿔은 천장까지 이어져 있는 식물의 뿌리로 표현되어 있다. 빛은 뿌리를 타고 천장으로, 다리를 타고 땅으로 흐른다. 하늘과 땅과 사슴이 하나로 이어진다. 백록(흰 사슴)은 성스러운 생명을 상징한단다.

서귀포극장의 객석에 비가 내리고 있었다. 지붕이 철거되고 없는 극장이었다. 건물의 기본 틀은 살리되 천장을 없애 사방이 벽으로 막혔지만 하늘은 뚫린 노천극장으로 만들었다. 신선한 아이디어다. 그런데, 효용성은 좀 떨어질 것 같다. 비나 눈이 오면 그대로 맞아야 한다.

언덕을 올라 멀지 않은 서귀포매일올레시장 구경을 한다. 간식으로

건물의 기본 틀은 살리되 천장을 없애 하늘이 뚫린 노천극장으로 만든 서귀포극장의 객석에 비가 내리고 있었다.

비 오는 이중섭거리를 걷고 라떼를 마시다

먹을 요깃거리를 좀 산다. 유동커피. 이중섭거리는 그렇게 한산했는데 사람들이 가득하다. 대부분 중년 여성들이다. 도대체 뭐지? 유명세가 이렇게 무서운 거구나. 새삼 실감한다.

기다릴 수는 없다. 걸으며 그냥 보고 지나쳤던 바닷가 카페 벙커하우스로 가자. 활처럼 휘어져 들어온 작은 만. 그 위 언덕에 자리잡은 비닐하우스 모양의 카페. 지붕에 잔디가 심어져 있는 콘크리트 건물이다.

비는 쉬지 않고 내린다. 바닷가라 바람까지 세다. 그런데, 이게 웬일. 월요일이고 빗속인데, 벙커하우스 앞에 차들이 가득하다. 건물 처마(어닝) 밑에 놓인 의자에도 사람들이 앉아 있다. 카페에서 빌려주는 담요를 무릎 위에 덮은 사람도 있다. 커피를 마시며 파도치는 바다를 바라보고 있다.

안으로 들어간다. 마찬가지다. 아니 이 많은 사람들이 이 빗속에 여기까지 찾아 왔단 말이야. 2층으로 올라간다. 앉을 자리가 없다. 비닐하우스 식으로 지은 건물의 2층은 천정이 아주 낮다. 바다가 내려다보이는 창가 쪽은 물론 안쪽 자리까지 모두 사람들이 앉아 있다. 다시 1층으로 내려온다. 안쪽 자리가 빈다. 바다를 바라며 앉는다.

아내는 블랙커피, 나는 라떼다. 주방 앞 매대에 진열된 빵들의 유혹. 하나 살까. 아니지, 참아야지. 그래도 커피랑 곁들이면 맛있을 텐데. 살은 언제 빼고. 그래, 관두자. 유혹을 물리친다. 따뜻한 커피가 혈관을 타고 흐른다. 움츠러들었던 몸이 풀린다. 창밖엔 쉬지 않고 비가 내리고, 밀려온 파도가 하얀 거품을 내며 부서지고 있다. 스르르 졸음이 밀려온다. 그 짧은 순간, 온갖 잡다한 조각꿈들에 시달린다. 눈을 뜨는 순간 하나도 기억나지 않는다.

활처럼 휘커져 들어온 작은 만의 언덕에 자리잡은 비닐하우스 모양의 카페 벙커하우스. 주차장에 차들이 가득하고 건물 처마(어닝) 밑에 놓인 의자에도 사람들이 앉아 있었다.

잠결에 들려오는 소리.

"저기 창가 자리 비었네. 우리 옮기자."

나는 그냥 있어도 되는데.

창가 자리는 바깥이나 진배없다. 누가 자바라식 창문을 활짝 열어놓았다. 바람이 프리패스다. 춥다. 두 손으로 밀어 닫는다. 바깥 의자에 사람들이 없다. 들이치는 비를 피해 모두 안으로 들어왔다. 엉덩이가 편치 않다. 안쪽 의자와 달리 딱딱한 나무 의자다. 앉아서 졸 수도 없다. 덜 마신 커피가 다 식어버렸다.

"그만 갈까. 춥고 배고파."

빗속의 산책과 카페 탐방이 끝났다. 그것 조금 했다고 피곤하다.

집으로 돌아온다. 역시 집이 제일 편안해. 제주도 살이 3주 남짓만에 남의 집이 우리 집 같다. 거실에 요를 깔고 눕는다. 그대로 곯아떨어진다.

비 오는 이중섭거리를 걷고 라떼를 마시다

눈을 뜨니 여섯 시다. 두어 시간을 꿀처럼 잤다. 카톡에 메시지가 와 있었다. 앗, 큰 실수를 할 뻔했다.

3 ———

"제주 공항에 도착했습니다. 4시 25분."

화가 이민이다. 아참, 저녁에 보자고 했지. 내처 잤으면 낭패를 당했을 것이다.

이민 작가는 부산아트페어에서 막 돌아온 참이다. 대한민국에서 화가로 살아간다는 것의 어려움을 재삼 실감한 전시회였던 모양이다. 새벽에 카톡 메시지가 와 있었다.

참 힘들다

새벽 일어나서 와인 한 잔

화가의 길

참 힘들다

답을 구하기가

답을 알지도 모를(못하고)

그냥 걷기만 하는

화가의 길

참 힘들다

오늘도 구름 한 점

날씨는 맑은데

속내는 비구름

부스안의 작품들

떠안고 돌아가는 그 길

소낙비 천둥만큼

참 힘들다

화가의 길

또 오일장 나서는

그날

맑은 샘물 솟듯

노랑 국화송이 손에 쥐고

또 다시 길을 걸어(걸어) 볼까

참

힘들다

화가의 길

읽는 순간 즉시 감정이입했다. 카톡을 주고받으며, 제주도에 돌아오면 소주 한 잔 하자고 했었다. 깜박 잠들어서 이제야 메시지를 봤다고 알리고 법환에서 만나자고 한다.

저녁 7시. 이민 작가랑 만난다. 약속 장소였던 흑돼지돌돌이도, 이탈리안레스토랑 블란디아도 모두 문을 닫았다. 월요일 정기휴무일이란다. 둘이서 법환포구를 향해 걷는다. 문을 연 곳이 있다. 포차 탐복. 산책을 할 때 늘 보면서 지나가기만 했던 곳이다. 이름 잘 지었다 생각했었다. 탐복은 탐라의 복인가, 발음이 비슷한 탄복을 연상시키려는 것인

비 오는 이중섭거리를 걷고 라떼를 마시다

가, 탐스런 복어인가. 복어집은 아니니 세번째는 해당되지 않을 것이고. 아무튼 추측을 해보는 재미가 있다.

김치찌개에 소주 한 병을 주문한다. 커다란 냄비에 익은 김치와 돼지고기 세 덩어리가 들어있는 김치찌개. 40대(?)로 보이는 여주인이 가위를 들고와 고깃덩어리를 자른다. 낑낑 힘들어 한다. 아직 덜 익어서 그렇다며 좀 더 익으면 와서 마저 자르겠다 한다. 처음부터 잘라서 넣어놓으면 되지 왜 테이블에 와서 힘들게 그러는지 묻자 대답이 순진하다. 그렇게 하면 손님에게 주는 인상이 강할 거 같아 그런단다.

"그냥 특이하네, 하는 정도지, 우와 고기 많이 주네, 이런 느낌 없어요. 다음부턴 주방에서 잘라서 가져오셔요."

"그래야겠네요."

나름 손님 앞에서 임팩트 있게 쇼를 시전하려 한 의도가 빗나갔다. 불편하게 "왜 이러지?" 하는 느낌만 있을 뿐 별 효과도 없고 효율적이지도 않은 불필요한 액션이었다. 그래도 덕분에 주고받은 대화는 재밌었다.

주문한 소주는 한라산이다. 제주도 지역 소주다. 광주전남에도 로컬 소주가 있다. 잎새주. 보해에서 나온다. 광주에서 사는 3년 동안, 식사를 할 때면 으레 소주와 맥주를 섞어 소폭을 몇 잔 곁들여야 직성이 풀리는 사람들이 적지 않았다. 소주를 시키면 늘 주인이 물어본다. 참이슬이죠? 그러면 꼭 "무슨 소리. 광주에서는 잎새주제. 동쪽에 갔더니 전부들 좋은데이만 마시더구만. 전라도 사람들은 고향 술에 대한 사랑이 없어. 글쎄, 잎새주 시장 점유율이 형편없이 낮대잖아."

옆엣사람이 박자를 맞춘다.

"소비자 탓만 할 것도 아니어요. 지역 술에 대한 애정이 생기게끔 회사가 뭔가 지역에 잘한다는 느낌이 들어야 할 거 아니어요. 아시아나를 봐요. 일부 몇 사람 빼놓고, 저 지경이 됐는데 지역에서 무슨 동정여론이 있나. 금호가 누구 덕에 컸는데."

그래도 나랑 같이 식사하는 사람 중엔 악착 같이 잎새주를 시키는 사람들이 많았다. 딱 한 사람. 꿋꿋이 참이슬을 시키는 사람이 있긴 하다. 순해서란다. 소폭을 시킬 때면 으레 "카참으로 줘" 했다. 맥주는 카스, 소주는 참이슬이라는 뜻이다. 종업원은 알아듣는 이도 있고 몰라서 어리둥절한 이도 있었다. 속으로 '거참, 카참 좋아하시네', 하며 웃었을 것이다.

탐복에서도 소주 한 병을 시키자 주인이 물었다. 어떤 술로 드릴까요? 제주도니 제주도 술로 해야지. 한라산 주세요.

내가 두세 잔, 이 작가가 나머지를 마셨다. 17도라선지 술맛을 모르는 내 입에도 순하다.

화가의 삶, 미술계 상황, 왜 예향이라는지 알 수 없는 광주, 돈은 많이 벌었지만 문화예술에 대한 지원은 할 줄 모르는 천민 자본가, 문화 마인드라곤 없고 예술이 뭔지 모르는 지역 리더들, 부산아트페어에서 보고 느낀 부산에 대한 부러움…. 화제가 끝이 없다.

나이 예순. 일본에서 판화를 공부했고, 판화와 유화를 접목시킨 판타블로라는 기법을 개발해 자기만의 특색을 가진 그림을 꾸준히 그려온 화가. 나름 유명하고 한국 화단에서도 중진에 속하는 화가. 그런데도 화가로서의 삶은 여전히 힘들다. 이민 작가가 이 정도인데 무명의 젊은 화가들은 어떻겠는가. 스타 화가가 아니면 모두 밥 먹고 살기 어렵고,

돈을 버는 아내의 지원이 없으면 그림을 계속하기 어렵단다.

밤 9시. 옆 테이블에서 이야기꽃을 피우던 남자 셋도 돌아갔다.

"자, 오늘은 이만. 또 만나 얘기합시다."

서울에서 보기로 한다. 5월 17일 서울 코엑스에서 개막하는 국제조형아트페어에 이민 작가도 참가한다.

하루 종일 내리던 비의 기세는 현저히 누그러졌다. 추적추적 빗방울이 떨어지는 밤길을 터벅터벅 걸어 귀가한다. 쓸쓸함이 엄습한다. 오늘 밤은 나도 이민이다. 불현듯 어릴 적 고향의 이발소 벽에 걸려 있던 푸시킨의 시가 떠올랐다.

삶이 그대를 속일지라도

슬퍼하거나 노하지 말라

힘든 날들을 참고 견디면

기쁨의 날이 오리니

마음은 미래에 살고

현재는 슬픈 것

모든 것은 순식간에 지나가고

지나가 버린 것은 그리움이 되리니.

이중섭 산책길을
이민이 걷다 #2

고생의 추억 '우도'

화창하다. 한라산 둘레길은 어제 종일 내린 비로 걷기에 좀 그럴지 몰라. 우도로 가자.

11시 반 가까이 되어 성산포여객종합터미널에 도착한다. 너른 주차장과 주차빌딩이 있다. 주차빌딩과 주차장에 차들이 들어차기 시작한다. 주말이 아닌 평일인데 그렇다. 제주도 관광객이 코로나 이전 80퍼센트 이상으로 올라갔다는 말이 사실인 모양이다.

우도행 배엔 차를 실을 수 있으나 세워 두고 가기로 한다. 터미널 앞 주차장. 차에서 내리니, 바람이 세다. 승선신고서를 작성하고 신분증을 내밀고 표를 산다. 배를 탈 때 신분증 제출은 필수다. 혹시라도 섬에 갈 생각이 있으면 신분증은 늘 지니고 다녀야 한다.

티켓을 들고 서둘러 배로 갔으나 간발의 차로 놓쳤다. 속절없이 다음 배를 기다려야 한다. 배는 30분 간격으로 있으니 많이 기다리는 건 아니다. 우도행 배편은 많다. 배삯은 왕복 1만 원이다. 선박요금 4,500원 ×2에, 해양도립공원 입장료 1,000원을 합한 금액이다.

배를 타는 데 바람이 어지간히 센 게 아니다. 몸이 휘청거린다. 선실 밖에서 경치를 구경할 상황이 아니다. 바람도 그렇고, 춥다. 높은 뱃전으로 물방울이 날아든다. 사람들은 대부분 문을 꼭 닫고 선실 안에 있다.

배는 15분여 만에 우도목동항에 도착한다. 성산포에서 우도로 가는 배는 우도목동항 아니면 천진항 두 곳 중 한 곳에 도착한다. 어느 곳이든 상관없다. 나올 때 순환버스에 탄 승객이 우도에 올 때 천진항에 내렸으니 천진항으로 가야 한다고 운전기사에게 말했다. 운전기사는 "아무 배나 상관없으니 우도목동항에서 타고 나가세요." 한다.

우도와 성산포는 손에 잡힐 듯 가깝다. 부는 바람이 태풍급이다. 부두를 걷는데 모자가 날아간다. 꽉 잡고 휘청휘청 걷는다. 점퍼의 구멍으로 파고드는 바람이 느껴진다. 춥다. 티셔츠 한 장을 덧입지 않았더라면 큰일 날 뻔했다.

항구의 커피숍에서 뜨거운 커피 한 잔을 사들고 섬순환관광버스를 탄다. 미니버스다. 30분 간격으로 배차되어 섬을 한 바퀴 돈다. 군데군데 포인트에서 내릴 수 있고 탈 수 있다.

커피숍 주인이 전기차는 타지 말랬다고, 아내가 말했다. 좁은 길에 너무 많이 몰려 정체하기 쉽고, 자칫하면 위험할 수도 있다고. 삼륜 오토바이에 커버를 씌운 장난감 같은 차들이다. 항구에 내리자마자 개미처럼 빨빨거리고 움직이는 전기차들이 시선을 끌었다. 빌려주는 가게만도 여러 곳이다. 재밌을 것 같아 타보고 싶었는데, 포기하고 버스로 바꾸었다. 버스요금은 싸지 않다. 1인당 6,000원.

우도봉 가는 도중, 우도 팔경 중 한 곳인 지두청사에서 보는 경치. 절경이다. 멀리 성산포가 보이고, 우도가 내려다보인다.

좁은 버스 안에 손님이 가득하다. 운전기사는 운전도 하고 관광해설도 한다. 바람이 원래 이렇게 세냐니 오늘 바람은 아무 것도 아니란다. 어제는 파도가 심해 배가 못떴는데 오늘은 다행히 배가 뜰 수 있을 정도로 바다가 잠잠해졌단다. 제법 크게 파도가 일고 바람에 날린 바닷물이 갑판을 적실 정도였는데.

우도봉 밑 정류장에서 내린다. 식당, 카페는 있으나 모두 문을 닫았다. 뜨거운 호떡을 하나씩 사서 먹는다. 우도봉으로 걸어 올라간다. 바람에 몸이 밀린다. 캡 위에다 점퍼에 달린 모자까지 뒤집어 쓰고 한 손으로 누르며 휘청거리며 걷는다.

우도봉 가는 도중, 우도 팔경 중 한 곳인 지두청사에서 보는 경치. 절경이다. 멀리 성산포가 보이고, 우도가 내려다보인다.

바람에 몸이 휘청한다. 필사적으로 버틴다. 난간이 없으면 절벽 아래로 떨어질 수도 있겠다.

우도 8경의 이름들. 주간명월, 동안경굴, 전포망도, 지두청사, 후해석벽, 서빈백사, 천진관산, 야항어범. 넉자로 된 한자어다. 옛날부터 전해오는 이름인지, 새로 만든 건지 알 수 없다. 추측컨대 중국인 관광객들을 위해 일부러 작명한 것 같은데. 지두청사(地頭靑莎)는 쇠머리오름(地頭)에 올라 바라보는 푸른 경치란다. 莎는 바닷가 모레땅에서 자라는 풀, 잔디다.

우도에 사람들이 들어와 살기 시작한 지는 오래되지 않았다. 17세기 말 국유목장이 설치되어 관리인들이 왕래하기 시작했고, 19세기 중반, 최초로 진사 김석린 일행이 들어와 정착했단다.

지금 우도는 엄청 잘 사는 섬이란다. 버스기사 말이다.

"우도 사람들 다 부잡니다. 보통 몇십억에서 100억대까지 재산 다 갖고 있어요. 그래서 우도를 돈섬이라고 부르기도 합니다. 주민수는 800명 그 중 해녀가 248명입니다. 전기가 들어온 건 1985년이고 수도가 들어온 건 불과 7~8년밖에 안 돼요. 2년의 공사 끝에 제주도에서 우도까지 관을 연결해서 제주도 물을 우도로 끌어와 마시고 있습니다."

과장이 섞이긴 했지만 몰려드는 관광객들 덕에 돈은 많이 버는 듯하다. 성산포를 왕복하는 배들도, 섬 안의 관광버스도, 전부 우도 주민들이 운영한단다. 어떤 제주도 사람이 내게 이런 말을 했다.

"우도는 베레부렀수다. 돈 때문이우다."

환경이 훼손됐다는 건지, 사람들 관계가 돈 때문에 벌어졌다는 건지, 물어보지 않았지만 예전의 공동체가 아니게 된 것만은 분명할 것이다.

우도봉에 올랐다. 레이더기지인가. 철조망이 쳐져 있다. 작은 표지석이 있다. 들여다보니 삼각점이라 쓰여 있다. 강풍 탓에 오래 머무를 수 없다. 바로 내려온다.

조금 내려오자 우도등대, 검멀레해변이라고 쓰인 나무팻말이 서 있다. 오른쪽 방향으로 가는 길. 소나무숲을 통과한다. 우도엔 올레길 1-1 코스가 나 있다. 나뭇가지에 올레길 표시 리본이 달려 있다. 배낭을 맨 올레객들 몇이 걸어온다.

우도등대에 이른다. 제주도를 만들었다는 설문대할망의 돌조각상이 서 있다. 발밑엔 물. 물속엔 동전들. 소원을 빈 사람들이 던져넣었을 것이다. 한라산 꼭대기를 베고 누운 여장부가 동전 몇 푼에 눈 하나 깜짝할까. 아님, 정성이 갸륵하여 소원을 들어줄까. 우도등대는 1906년에 무인등대로 설치되어 1959년에 사람이 살며 관리하는 유인등대가 되었다. 제주도 동쪽 바다를 항해하는 배들의 안전을 지키고 있다.

검멀레해변으로 가는 길. 영업을 하지 않는 짚라인이 있다. 철거한 듯 쇠줄도 보이지 않는다. 이렇게 바람이 센 섬에서 애초에 어떻게 영업을 했담. 방송에도 나왔던 듯하다. 출연자들의 바래고 낡은 사진들이 붙어 있다.

검멀레해변 앞은 사람들로 북적인다. 음식점, 카페도 여럿이다. 저만치 전복김밥집 간판이 보인다. 가까이 해물짬뽕 짜장면집이 있다. 무슨 TV 프로에 나왔다고 선전하는 사진들이 붙어 있다.

우도등대

춥고 배고픈데, 점심은 대충 여기서 때우기로 한다. 제주도에 오니 서울에선 거의 먹을 일 없던 짬뽕을 벌써 세 번째 먹네. 아내의 말이다. 어떻게 해서 제주도 부속 섬들에 가면 면을 먹게 되는 건지. 마라도 짜장면이 유명해진 이후인가. 커다란 소라가 턱 좌정하고 있는 시뻘건 국물의 짬뽕. 보기엔 그럴 듯한데, 맛은 그냥 그렇다. 소라는 해감이 덜 되었는지 딱딱한 껍질조각 같은 것들이 씹힌다. 짜장 맛도 보통이다. 애초에 관광지 음식에 큰 기대를 하는 것 자체가 잘못일 것이다.

검멀레해변. 검멀레는 검은 모래라는 뜻이다. 100미터 정도 되는 해수욕장 모래가 온통 시커멓다. 우도의 동남쪽 끝에 있다. 조금 떨어진 곳에 우도 8경 중 7경인 검멀레동굴이 있다.

바람이 보통 센 게 아니고 추워, 해안으로 내려갈 엄두가 나지 않는다. 패딩겉옷을 차안에 두고 온 아내는 추위 때문에 관광이고 뭐고 할 기분이 아니다. 그만 돌아가자. 우도는 영 실패네. 그런데, 이 긴 줄은

고생의 추억 '우도'

뭐지?

2 ————————

버스정류장에 사람들이 긴 줄을 서 있다. 모두들 도중에 돌아가기로 한 사람들 같다. 버스가 온다. 줄 앞 몇 사람만 타고 떠난다. 다음 버스를 기다린다. "버스가 좋다더니, 이렇게 타기 어려울 줄 알았으면 저거나 빌릴걸 그랬어." 줄에 선 아주머니가 투덜거린다.

정말이지 전기차를 빌릴걸 그랬다. 앞뒤로 앉아 운전하는 장난감 같은 삼륜오토바이. 춥지도 않고, 편리하고, 재밌었을 텐데.

"커피숍 주인, 전기차 업자하고 틀림없이 무슨 문제가 있을 거야. 아니면 버스 회사하고 무슨 관계가 있든가."

경사진 길을 올라오던 전기차가 중간에 서더니 뒤로 밀리기 시작한다. "어어, 저 아가씨, 운전을 못하나 봐." 뒤로 밀리다 선 차. 문 옆에 친구로 보이는 여자가 문을 열려고 하는데 안 열린다. 몇 사람이 달려간다. 뒤에서 민다. 언덕을 다시 오르기 시작하더니 달린다. 친구로 보이는 여성이 따라 달린다. 이번에는 멈추지 못하는 거 아냐? 운전면허가 없나 봐. 어떡하지.

전기차는 언덕을 계속 달려 올라가고 있고, 운전자의 친구로 보이는 젊은 여성은 전기차를 따라 계속 뛰고 있다. 어찌 되었을까.

다음 버스도 사람이 꽉 차 못 타고 세 번째 버스를 겨우 탄다. 완전 콩나물시루다. 빌 디딜 틈이 없다. 어린이들이 불편한 자세 땜에 허리가 아프다고 난리다. 제주도 관광지. 코로나 따위 저세상 일이다. 우도

앞뒤로 앉아 운전하는 장난감 같은 삼륜오토바이. 경사진 길을 올라가다 중간에 서더니 뒤로 밀리기 시작한다. 몇 사람이 달려가 뒤에서 밀자 언덕을 다시 오르기 시작해 달린다.

목동항까지 가는 도중에 내리는 사람들이 없다. 몇 군데 관광명소를 모두 패스한다. 그저 성산포로 돌아가고 싶어하는 사람들뿐이다. 다시 승선신고서를 작성하고 배에 오른다. 그래도 우도에서 보낸 시간이 서너 시간이다.

"너무 추워서 구경이고 뭐고 할 기분이 아니었어. 우도는 정말이지 날이 좋을 때 와야지 안 그러면 개고생이네."

주차장에 도착하자마자 아내는 차안의 패딩재킷을 꺼내 입는다.

귀가 길. 제주시에 집이 있지만, 표선에 있는 농장에서 주로 시간을 보낸다는 오문수 선생을 방문했다.

"하필이면 오늘처럼 바람이 센 날 우도를 가셨구만. 우도가 제주도서 젤 추운 섬이여."

삼천평인 너른 농장. 말은 농장이지만 정원이다. 싸목싸목 나무와 화

고생의 추억 '우도'

초들을 보살피고, 평생 수집한 수석들을 감상하고, 놀멍쉬멍 지내다 제주시 집으로 돌아간다. 정원 말고도 엄청난 넓이의 밭을 갖고 있다. 평생 땀 흘려 일해 사 모은 땅이다. 다 남에게 빌려줬다. 정원 옆에 있는 귤밭도 남이 농사를 짓고 있다. 나이 팔십에 농사일은 도저히 무리란다.

차 한 잔만 하고 가겠다는 걸 한사코 맛있는 흑돼지구이집이 있다고 붙잡는다. 우도에서 먹은 짬뽕이 아직 소화도 되지 않았는데.

성읍민속마을 가까운 곳. 관광객은 전혀 모르고 주민들만 오는 흑돼지구이집이 있었다. 푸짐하고 맛있었다. 나무에 미친, 석부작 만들기를 좋아하는, 착한, 사람이 운영하는 양심적이고 맛있는 음식점이라 주민들이 많이 온다고 오문수 선생이 말했다.

표선 하천리에서 법환까지 36킬로. 시간으로는 근 한 시간이 걸린다. 제주시를 빼고, 큰 정체가 발생할 일은 드물지만, 거리에 비해 많은 시간이 걸리는 것이 제주도 도로다. 남북으로 짧고 동서로 긴 제주도. 법환에서 제주시 가는 것보다 성산포 가는 게 외려 시간이 더 걸린다. 제주공항까지 한 시간여, 성산포까지 한 시간 20여 분. 법환이 제주도 남쪽 한 가운데 있는 데도 그렇다. 만일 서쪽 끝에서 동쪽 끝으로 간다고 하면 두 시간이다.

추위에 떠느라 흡족한 구경은 못했지만 어쨌든 우도는 갔다 왔다. 바람도 없고 따뜻한 날. 기회가 되어 다시 가게 되면 느긋하게 구석구석 돌아보고 싶다. 그러면 느낌이 달라질 것이다.

드디어 한라산… 영실 등반기 스무이레째

영실   윗세오름대피소   모슬포항 수눌음   법원마을 이발소

———

아내는 제주도에 온 이래 한라산 노래를 부르고 있다. 제주도에 한 달
이나 있으면서 어떻게 한라산도 안 갈 수 있느냐는 것이다. 서귀포휴양
림, 절물휴양림, 새별오름, 곶자왈 등은 한라산이 아닌 것이다. 나는, 백
록담까지 가는 건 좀 엄두가 안 난다. 오랫동안 등산이고 운동이고 하
질 않아서 자신이 없는 게 크고, 굳이 사전신청을 해가면서 올라가야만
하는 건지 내키지도 않는다. 그래도 확인은 해본다. 토요일은 성판악코
스 예약한도 천명이 꽉 찼다. 500명 제한인 관음사코스는 여유가 있다.
백록담으로 가는 두 코스 중에 성판악코스가 더 인기가 있는 모양이다.
나는 어쨌든 굳이 백록담까지 올라가고 싶은 마음은 없다. 더구나 젊었
을 때 두 번 올라간 적이 있어 환상도 없다.

　"백록담은 힘들 것 같네. 사전예약도 꽉 차 있고(실은 평일은 널널하다),
체력도 달리고. 꼭 올라가야만 맛인가. 가까이서 보면 되지. 영실로 가

자. 지난번 만난 나문 대표가 영실, 존자암, 정말 좋대."

법환에서 영실까지는 거리로는 9킬로 남짓이지만 시간은 30~40분이 걸린다. 구불구불 헤어핀커브를 조심조심 올라가야 한다. 제주도에서 관광객들이 모는 렌터카 사고가 가끔 일어난다. 들뜬 기분에 차를 몰다가 아차하면 사고다. 또 제주도 사람들 운전이 얌전한 것도 아니다. 최근에도 제주대학 근처에서 트럭이 일으킨 대형사고로 사람들이 죽고 다치는 일이 벌어졌다. 가끔 무서운 속도로 속도제한구역도 무시하고 달리는 트럭이 있다. 겁난다.

영실 주차장까지 올라가는 도로. 메말랐던 가지들 끝에 새잎들이 돋아나고 있다. 연두색이라고 간단히 표현하지만, 실은 엘로우 그린 블루 화이트, 여러 색들이 뒤섞인 묘한 색깔이다. 어떤 화려한 꽃들보다 아름답다.

"와아아. 이맘때 일제히 돋아나는 연두색 새싹들이 제일 이쁜 것 같애. 연두색 나뭇잎들이 바람에 살랑거리면 가슴도 덩달아 출렁거리고. 너무 좋아."

갑자기 시인이 된 듯 평소 잘 하지 않은 말을 하고, 차문을 활짝 연다. 쏟아져 들어오는 바람은 차다.

영실코스 입구의 게이트. 소형차 시설이용료 1,500원을 지불하니 차단봉이 올라간다. 친환경자동차는 반값 할인 아닌가요? 하고 물었더니, 주차료가 아니라 시설이용료라 할인이 없단다. 알 듯 모를 듯하지만 더 이상 묻지 않는다.

제1주차장. 여러 대 주차돼 있다. 존자암 가는 길이라는 안내글씨가 큼지막하게 달려 있다. 영실코스가 시작되는 지점은 제2주차장이다.

차를 몰고 조금 더 올라간다. 다리 건너 영실코스 입구 근처 주차장과 갓길에 이미 차들이 가득하다. 다리 이 편 주차장은 여유가 있다.

차에서 내리자, 와아 바람이 장난 아니다. 게다가 춥다. 아뿔싸. 포개 입을 옷을 더 가져오는 건데. 어제 우도 갔을 때와 같은 복장. 우도보단 낫겠지 했던 게 오산이었다. 걷기 시작하면 땀이 날 거야.

돌기둥 위에 까마귀들이 여럿 앉아 있다. 조형물이다. 오백나한과 까마귀. 매점 이름도 같다. 빵과 커피로 아침을 먹은 지 얼마 안 된지라 점심을 들 기분은 들지 않는다. 시간도 11시 20분밖에 안 됐다. 영실코스 왕복은 네 시간이 걸린다. 평균으로 계산하더라도 다시 돌아오면 오후 네 시 가까울 것이다. 백설기 한 조각과 초콜릿, 생수 한 병을 산다.

영실은 석가모니가 설법하던 영산과 비슷하다 해서 붙은 이름이다. 한라산 남서쪽 가파른 경사면에 우뚝 서있는 많은 바위기둥들은 오백나한 또는 오백장군이라고 부른다. 사시사철 영실코스를 찾는 이들에게 병풍바위와 함께 장관을 보여준다. 전설이 있다.

먼 옛날 500명의 아들을 둔 어머니가 있었다. 흉년이 들자 아들들이 사냥을 나갔다. 돌아오면 먹일려고 큰 솥에 죽을 끓이던 어머니가 그만 솥에 빠져 죽고 말았다. 사냥에서 돌아온 아들들이 죽을 먹다가 뼈만 남은 어머니를 발견했다. 너무도 충격을 받고 목놓아 울다가 모두 돌기둥으로 변해버렸다.

그런데, 안내판에 만화로 그려진 전설의 주인공인 어머니는 실은 설문대할망이다. 그렇게 써 있질 않으니, 설문대할망 자식도 500명이었는데…. 전설 속 제주도 여자들은 아들 500명이 기본인가 하고 생각하기 십상이다. 설문대할망은 죽솥에 빠져 죽었다는 설과 큰 키를 자랑하

영실코스 입구에서 올려다본 오백나한.

다가 물장오리 연못에 빠져 죽었다는 설이 있다. 아무튼 어머니가 빠진 솥의 죽을 먹은 아들 500명 중에 막내만은 먹기 전에 그 사실을 알았다. 충격을 받고 집을 뛰쳐나가 차귀바위가 되었고, 죽을 먹은 499명의 아들들은 영실의 기암들이 되었다. 차귀도에서 본 장군바위가 막내아들이었다.

2 ————

영실코스는 출발 후 조금만 걸으면 나오는 소나무숲을 지나 조금 더 가면 경사진 산길이 나온다. 입구부터 1.5킬로 정도 계속된다. 계속해서 가파른 산길과 계단을 올라가야 하는 길. 급한 경사는 병풍바위를 지나 조금 더 가야 끝난다. 힘들다. 다리 근육은 뻣뻣해지고 심장이 터질 듯하다. 숨소리가 거칠어진다. 오른쪽 무릎이 시큰거리기 시작한다. 방위

병으로 근무할 때 아침 체조 시간에 한 다리로 일어섰다 앉았다 하다가 뻑하는 소리와 함께 악하고 쓰러진 적이 있다. 제때 치료하지 않고 그대로 나뒀다. 시간이 지나니 괜찮아졌는데, 오래 걷거나 하면 그 때 다친 오른쪽 무릎이 시큰거리고 아파오기 시작한다. 제주도 온 후 매일 걸었어도 괜찮았는데, 이런 경사는 처음이라 그런가.

가볍게 앞서던 아내가 걱정스런 얼굴로 묻는다. 그만 올라갈까. 아침에 고혈압약 고지혈증약 드셨어? 나, 인공호흡 할 줄 몰라. 너무 힘들면 돌아가자. 갑자기 쓰러지기라도 하면 어떡해. 끝까지 가는 건 어려울 것 같애.

어려울 것 같다고 하면 투쟁심이 생기는 성격이다. 자존심이 작동한다. 괜찮아. 갈 수 있어. 한 발 한 발 올라가기 시작한다.

계단을 내려오는 남자 셋. 한 명이 말한다.

"제주도 여행 다녀왔다고 하면 다들 한라산은 갔다 왔어? 하고 물어볼 텐데 마지막 날 드디어 클리어했네. 백록담은 아니지만 그래도 한라산이잖아. 가까이서 본 한라산 봉우리, 근사하더라."

그렇구나. 제주도 한 달 살기 하고 왔다고 하면 한라산은 올라가봤어? 하고 물을 사람이 많겠구나. 아내가 한라산 노래를 부른 이유를 알겠다.

이를 악물고 올라가니 병풍바위가 눈앞이다. 장관이다. 광주 무등산 서석대 주상절리처럼 갈라진 돌기둥들이 좌악 늘어선 절벽. 장관이다. 사실 산꼭대기 주상절리는 무등산에만 있는 건 아니다. 한라산 꼭대기에도 있다. 제주도엔 산과 바닷가에 주상절리가 참 많다. 대한민국에서 유네스코 지질공원 1호가 된 것은 당연한 일이다. 제주도는 섬전체가

드디어 한라산… 영실 등반기

지질학적 보물이다. 무등산권도 그렇다. 알려지지 않았을 뿐이다.

병풍바위를 지나 절벽 위에 설치된 쉼터. 나무데크를 깔고 난간을 둘러쳐 놓은 곳이다. 남자 둘 앉아서 쉬고 있다. 바람이 세다. 아내는 데크 위 계단에 앉고, 나는 데크 바깥 바위 앞 풀위에 드러눕는다. 바위가 바람을 막아주어 따뜻하다.

얼굴 위로 햇살이 쏟아진다. 선글라스를 꼈는데도 눈이 부셔 뜰 수가 없다. 선크림을 발랐지만 소용없을 것이다. 비타민D는 원없이 만들어질 것 같다. 제주도 사는 동안 얼굴이 현무암 색깔이 돼간다. 손도 등은 까망, 바닥은 하양이다. 시골 가도 위화감은 없겠다.

쉬던 남자 둘. 일어서기 전 아내에게 천혜향 하나를 준다. 목 마를 텐데 드시라고. 오토바이 라이더들이 가진 동지의식보다는 약하지만 등산을 하는 사람들 사이에도 있다. 역시 사람은 어려움을 같이 겪어야

갈라진 돌기둥들이 좌악 늘어선 병풍바위 절벽.

인간애가 발동하는 존재인 모양이다.

작금의 세상. 물질은 과거에 비해 엄청나게 풍부해졌는데, 이웃간의 정은 없어지다시피 했다. 다 같이 없을 땐 콩 한 조각이라도 나눠 먹었는데, 가진 게 많아지니 욕심이 더 커졌다. 짧은 기간 선진국 대열에 합류한 대한민국. 농업사회에서 정보화사회로, 촌락에서 대도시로, 상전벽해도 이런 변화가 없다.

다 좋은데 과거의 좋은 점까지 몽땅 휩쓸려가버렸다. 의도적으로 파괴하기도 했다. 겉은 선진국인데 내용은 후진적이다. 전통적 공동체 정신은 사라지고 아직 보편적 인간애는 자리잡지 못했다. 너와 내가 함께가 아니라 너 아니면 나 식의 무한경쟁 속에서 인간성은 메마르고 욕심은 한라산보다 커졌다.

이름 모를 등산객이 건네준 천혜향 하나에서 상념이 꼬리를 문다. 제주도 천혜향은 즙이 많고 달고 맛있다. 백설기까지 꺼내 먹는다. 순식간에 없어진다. 배가 고팠던 것이다. 거의 한 시간 반 이상이 흘렀다. 다른 사람들보다 속도가 느리다.

다시 올라가기 시작한다. 위에서 갑자기 반짝반짝하는 사람이 내려온다. 온 몸에 황금색 비닐 커버를 쓰고 있다. 쓴 게 아니라 몸을 감싸게 묶었다. 다리를 절뚝거린다. 계단 옆에서 잠시 쉬던 한 남자 등산객. 배낭에서 하나 더 지팡이를 꺼낸다. 몇 단으로 접혀 있던 지팡이를 편다.

"불편하신 것 같은데, 이 지팡이 쓰세요."

다리가 불편한 황금색 비닐 커버를 쓴 할머니(?)에게 말한다.

"아녜요. 감사하지만 괜찮아요." 젊은 여성이 대답한다. 딸인 듯하다. 모녀가, 아님 가족이 영실 등산을 왔다가 어머니가 다리를 다쳤든지,

무리가 왔든지 한 것 같다.

"아뇨. 그냥 쓰셔요. 훨씬 편할 텐데."

다시 권하는 남자.

"정말 괜찮아요. 천천히 가면 됩니다."

딸로 보이는 여자가 말한다. 위태위태하게 계단을 내려간다.

차를 타고 영실로 오던 길에 만났던 눈부신 신록은 이미 없다. 고도가 높아 기온이 찬 탓이다. 군데군데 핀 철쭉이 보인다.

자, 일어서자. 대피소까진 가야지. 한라산 남벽을 눈앞에서 봐야지. 그래야 영실코스 등산했어, 라고 자신있게 말할 수 있잖아.

계속 걸어가자 제법 나무들이 많아지기 시작한다. 말라죽은 나무들도 있다. 무슨 나무지? 주목인가?

아니었다. 구상나무다. 소나무과의 한국특산식물. 지리산 덕유산 그리고 한라산 1400미터 고지대 800만평에 서식하고 있다. 늘 푸른 나무

윗세오름 대피소를 오르는 사이 제법 나무들이 많아지기 시작한다. 말라죽은 듯이 보이는 나무들은 소나무과의 한국특산식물 구상나무다. 지리산과 덕유산, 한라산 등 1400미터 고지대 800만평에 서식하고 있다.

로, 붉은 구상, 푸른 구상, 검은 구상 세 종류가 있다,고 안내판에 쓰여 있다.

군데군데 철쭉이 있다. 아직 열리지 않은 봉오리들. 확실히 아래쪽과 비교할 수 없이 기온이 차다. 해발 1280미터에서 출발해 거의 1700미터까지 올라왔다. 1.5킬로 오르막 코스가 끝나자 비교적 평탄한 길이 이어진다. 2.2킬로미터 코스 끝에 윗세오름대피소가 있다. 거기서 왼쪽 길은 어리목탐방로, 계속 가면 남벽분기점, 거기서 다시 돈내코탐방로로 이어진다. 오늘 가는 최종 목적지는 윗세오름대피소다.

구상나무숲을 지나 계속 간다. 나무 숲이 사라지고 작은 조릿대숲이 나타난다. 선작지왓이다. 여기서만 자라는 식물들이 있다. 멀리서 보면 마른 잔디로 덮인 평원이다. 확 트여 있어 가슴도 확 트인다. 조릿대숲 사이로 깔린 나무데크길. 노루샘이 나타난다. 솟아나는 물이 있다. 가늘게 도랑을 이루며 흐른다.

노루 한 번 보고 싶네. 노루가 와서 마시는 샘물이란 뜻인데, 이렇게 사람들이 많은데 노루가 오겠어, 밤이면 올까.

돌아다니다 노루관찰지역, 야생동물조심 같은 간판을 종종 마주쳤지만 그럴 듯한 야생동물을 본 적은 없다. 그많은 뱀조심 경고판도 봤지만 한 번도 뱀을 본 적이 없다.

윗세오름대피소. 왠지 버려진 건물 같다. 대피소 안은 긴 벤치들이 놓여 있고, 응급환자를 위한 진료소가 있고, 제세동기가 배치되어 있다. 몇 사람, 바람을 피해 쉬고 있다.

화장실. 산 아래 깨끗한 화장실과 비교해선 곤란할 것이다. 수세식이다. 수압이 약한지 일을 본 흔적이 남아 있다. 여자화장실에 들어갔던 여성들이 그냥 나온다.

"더러워."

아직 참을 만한 모양이다. 볼일을 보고 물 내리는 버튼을 찾는데, 없다.

3 ─────

앞 벽에 붙은 설명문을 보고, 위치를 확인하고, 누른다. 쫄쫄쫄 물이 가득 찬다. 어라, 이 상태면 곤란한데. 잠시 난감해하고 있는데, 쏴아 하고 시원하게 내려간다. 앞사람의 흔적은 그대로 남아 있다. 사용 설명문은 일부는 한글과 중국어, 변기 버튼에 관한 내용은 한글 중국어 영어 일어로 돼 있다. 변기 버튼의 위치, 누르고 나서 3초가 지나면 물이 쏟아진다고 돼 있다.

아하, 그래서 그랬구나.

그런데, PUSH라는 영어 밑에 있는 중국어. 여기를 누리시오라는 뜻으로 安这里라고 써놨다. 틀렸다. 安이 아니라 按이라고 써야 한다. 安은 편안하다, 진정시키다이고, 按이 누르다는 뜻이다. 여기를 눌러 진정시키시오라는 의미가 아니라면 按这里라고 써야 한다. 그래서 전문가에게 감수를 받으라는 것이다.

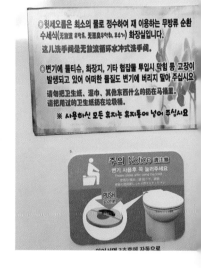

한중일프로듀서포럼에 오래 관여했다. 한국과 일본에서 회의를 할 때는 문제가

없는데, 중국에서 할 때는 꼭 통역이 문제였다. 한국말 일본말 할 줄 안 다고 통역을 할 수 있는 게 아니다. 더구나 국제회의통역은 전문적으로 훈련받은 사람들이 하지 않으면 안 된다. 중국에서 할 때면 으레 일당 이 너무 비싸서 그런 건지, 통역이 뭔지 몰라서 그런 건지, 대충 한국말 할 줄 아는 조선족 동포들에게 통역을 맡긴다. 한 귀로 듣고 한 귀로 말 해야 하는 동시통역. 말 좀 한다고 할 수 있는 게 아니다. 통역대학원에 서 빡세게 2년을 훈련 받아도 쉽지 않다. 전문가도 외국어를 동시통역 한다는 게 어려운 일인데, 아마추어에게 맡긴다는 건 어불성설이다.

중국에서 할 때는 항상 포럼 참가자들이 도대체 무슨 말인지 하나도 못 알아듣겠다고 불평이었다. 뭐가 문제인지 중국 측에게 설명하고 시 정을 요구해도 그때뿐이었다. 3년마다 중국에서 할 때 똑같은 문제가 되풀이 됐다. 보통 회화도 동시로 통역하는 게 쉽지 않은데 방송계에서 쓰는 용어를 전혀 모르는 아마추어들을 데려다 부스 안에 넣어놓고 동 시통역을 하라니, 도대체가 커뮤니케이션이 되질 않았다. 돈 좀 아끼려 다 귀중한 국제회의를 망치고, 욕 먹고, 나라 얼굴에 먹칠을 하고. 통역 이든 번역이든 제대로 전문가를 써야 한다. 엉터리들을 쓰면 돈 좀 아 끼려다 더 큰 돈이 들어간다. 제일 좋은 건 그 분야에서 일하는 사람이 통역도 하는 것이다. 무슨 소린지도 모르고 길게 횡설수설 하는 걸 짧 은 몇 마디 문장으로 간단히 뜻을 전달할 수 있기 때문이다. 전문가들 끼리는 아 하면 어 하고 알아듣는데, 아마추어 통역사는 그런 통역이 안 된다.

전문통역사를 쓰면 일당이 비싸다고 생각하지만 뭘 모르는 말이다. 자기 전문도 아닌 분야의 동시통역을 맡으면 통역사들은 그 분야에 관해 미리부터 공부해야 한다. 회의 관련 자료도 챙기고, 단어도 외우고, 표현도 익혀야 한다. 통역사들에게 제일 고마운 사람은 미리 발표문을 전달해주는 사람이다. 통역할 수 있는 시간을 주면서 천천히 끊어서 또 박또박 말하는 사람이다.

한중일프로듀서포럼에서 통역을 듣다가 답답해서 몇 번 끼어든 적이 있다. 지나고 나면 후회하지만, 간단한 말 몇 마디면 될걸, 도통 무슨 말인지 모르게 하고 있으니 도저히 보고 있을 수 없어서였다. 그래도 그래서는 안 되는 것이었다고 후회한다.

며칠 전 문 대통령이 한국말에 서투른 인도네시아 통역사가 난처한 처지에 처하자 한국측 통역사의 통역으로 이해한 후에, 인도네시아 통역사에게 계속 통역하라고 했다는 뉴스를 봤다. 늘 느끼는 것이지만 남에 대한 배려가 타의 추종을 불허하는 분이다. 다른 나라 정상과의 만남을 통역한다는 것은 대단한 일인데 그걸 망친 인도네시아통역사는 얼마나 속이 상했겠는가. 구겨진 자존심은 또 어떻겠는가. 그보다 나라 망신시켰다는 걱정은 또 어떻겠는가. 계속해서 한국측 통역사가 통역을 했더라면 커뮤니케이션은 훨씬 순조로웠을 것이다. 그런데 문 대통령은 인도네시아 통역의 입장을 헤아렸다. 말은 쉬워도 쉽지 않은 일이다. 인간을 대하는 자세. 참으로 배울 게 많다.

전에도 썼지만 다시 부탁한다. 지자체에서 관광지나 유적지 설명문 담당하는 분들. 제발 좀 전문가들에게 감수받으라. 아예 처음부터 전문가들에게 맡기라. 지역의 수준, 이미지와 관계되는 일이다.

윗세오름대피소. 바로 한라산 정상 아래 서 있다. 제주 쪽에서 보면 우뚝 솟은 바위봉오리. 서귀포쪽에서 보면 누워 있는 설문대할망의 얼

윗세오름대피소에서 올려다본 한라산 정상.

굴. 한라산 높이는 1,950미터, 윗세오름대피소 높이는 1,700미터다. 거대한 바윗덩어리가 보는 이를 압도한다. 꼭 저 위에까지 올라가야 하는 건 아니지. 이 정도로도 충분히 만족스럽다. 오는 동안 센 바람에 시달리고 손은 시렸지만 고생한 보람이 있다. 목은 마른데 출발할 때 산 차가운 생수를 마실 기분은 들지 않는다.

자, 슬슬 내려가볼까. 올라갔던 길을 되짚어 내려온다. 산은 올라갈 때보다 내려갈 때가 더 위험하다. 올라갈 땐 돌부리에 걸려 넘어져도 대개 괜찮지만 내려갈 때 그랬다간 큰 일이 날 수도 있다. 천천히 한 발 한 발 조심해서 내려와야 한다. 인생도 마찬가지다. 높은 자리에 오를 때보다 내려올 때 조심해야 한다. 물론 높은 자리에 있는 동안에도 마찬가지다. 세상에 영원한 것은 없다. 화무백일홍 권불십년이다. 올라갈 때보다 다리가 더 시큰거린다. 근데, 저 앞에 뭐지?

속도를 높인다. 한 남자가 몸에 큰 글씨들이 쓰여 있는 하얀 천을 두르고 있다. 그 뒤를 여자가 따른다. 부부 같다.

"아니, 이게 뭡니까? 무슨 플래카드를 두르고 다니셔요?"

4 ───────

남자가 선선히 대답한다.

"이거요. 이벤트 하는 겁니다. 우리 마누라 환갑."

그러고 보니… 짝 한종식 회갑, 뭐라고 써 있다.

아하. 회갑 축하 부부여행을 왔구나.

"자식들이 보내주셨나요? 효자가 보네요. 부모님 회갑 여행을 보내
드리고."

그렇단다.

전주에 사는 부부. 남편은 벌써 직장을 퇴직했고, 이번에 아내가 환
갑이 되었다. 자식들이 보내준 삼박사일 제주도 여행. 사람들에게 자랑
도 할 겸 천에 큼지막하게 회갑여행이라고 쓰고 제주도를 돌아다니고
있다.

재밌는데, 사진 좀 찍어도 될까요. 부부를 세워놓고 찍을 요량이었는
데, 잠깐만요, 하더니 몸에 두른 천을 푼다.

어어, 그대로가 좋은데, 만류할 새도 없다.

나란히 서서 천을 펼쳐든다. 모든 글자들이 제대로 보인다. 위에는
자녀들 이름. 아래에 조춘희(짝 한종식) 회갑여행, 그 아래 기간.

"남편이 이러고 다니는 거 창피하지 않으셔요?"

아내에게 묻는다.

"좀 창피해요."

재밌는 부부다. 얼마나 아내가 사랑스럽고 고마웠으면 이러고 다닐까. 마스크를 쓴 아내의 얼굴은 보이지 않는다.

삼박사일 여행 동안, 어제는 우도, 오늘은 영실 코스 등산, 내일은 마라도에 갈 예정이란다. 짧은 여행기간에 웬 섬들을 그리 많이 가나니, 제주도는 전에 많이 왔단다. 나도 광주에서 마지막으로 퇴직하고 제주도에서 한 달 살기를 하며 곳곳을 여행하고 있다고 말하니, 자기도 그러고 싶단다. 그러면서 덧붙이는 말.

"실은 나도 광주에 있었어요. 병역을 전경으로 마쳤거든요. 바로 광주에서 일이 터진 1980년이었습니다."

당시 광주항쟁을 지켜본 목격자다.

"안병하 국장님 정말 훌륭하신 분이어요. 그분 아니었으면 우리도 총으로 사람을 쐈을지 몰라요. M16이었어요. 지금 생각해도 끔찍해요."

전경으로 근무했는데 시민과 충돌하지 않고 시민들한테 공격당하지 않은 건 안병하 국장 덕이란다.

"그때 우리들보고 시위대한테 밀릴 것 같으면 길을 터주라고 했어요. 안 그랬으면 어찌 되었을지. 안병하 국장님, 정말 훌륭하신 분이어요."

재차 안병하 국장 얘기를 한다. 시민들을 향해 절대 폭력 진압을 하지 말라고 했던 안병하 국장. 결국 전두환 반란세력에게 체포되어 갖은 고문을 당하고, 그 후유증으로 세상을 떠났다.

드디어 한라산… 영실 등반기

산은 올라갈 때보다 내려갈 때가 더 위험하다. 천천히 한 발 한 발 조심해서 내려와야 한다.

자랑스런 민주경찰의 표상이다. 우리 경찰이 국민들에게 사랑받는 경찰로 있고 싶으면 안병하 국장 같은 분을 기리고 모셔야 한다.

"그때 전경에서 나간 친구들 중에는 바로 시위대에 합류해 같이 싸운 사람들도 있었어요."

한종식 씨가 말한다. 한정없이 광주 얘기를 할 수 있을 것 같다. 뒤쳐졌던 조춘희 씨가 내려온다.

"먼저 가셔요." 유쾌한 한종식 씨 부부와 헤어진다.

아내가 천천히 계단을 내려온다.

"올라갈 때보다 힘드네. 무릎이 아파."

"천천히 내려가면 되지. 시간이 좀 먹나."

그렇게 한라산 영실코스를 다녀왔다. 거리상으로는 3.7킬로밖에 안 되지만 네 시간 이상 걸렸다. 특히 올라갈 때 쉬엄 쉬엄 천천히 올라갔다. 남들 두 시간이면 된다는데 거의 세 시간이 걸렸다. 내려올 때는 한 시간 이상 걸렸다. 존자암도 좋다던데, 도저히 더는 못걷겠다. 귀가하기로 한다.

제대로 점심을 못 먹은 탓에 배가 고프다. 모슬포에 있는 방어요리 전문점 가서 먹자. 배원정 PD 가족이 가서 먹었는데 맛있고 좋대.

거리가 좀 멀다. 그래도 가보지 뭐.

모슬포항에 있는 수눌음. 여기저기 방송에 나온 그림들을 액자에 넣어 걸어놨다. 초밥은 좋아하나 회는 잘 안 먹는 아내 땜에 방어세트 2인분을 시켰다 낭패를 봤다. 혼자서 먹느라 힘들었다. 오징어를 얹은 국수는 손도 안댔다. 매운탕은 개운했다. 점저로 저녁까지 해결했다.

법환에서 오랜만에 머리를 잘랐다. 늘 지나다니며 봤던 이발소. 불이 켜진 때보다 꺼진 때가 더 많았다. 오면서 보니 이발소 표시등이 회전하고 있었다.

50대 중반쯤 됐을까. 마스크를 쓰고 있으니 짐작하기 쉽지 않다. 문을 열고 들어가니 컴퓨터로 바둑을 두고 있다.

"머리 자를 수 있나요?"

"앉으세요."

"바둑 두고 계신 것 같은데, 괜찮아요?"

"…."

의자에 앉는다. 말없이 머리를 다듬는다. 뜨내기 손님이라 그런가. 바둑 생각에 그런가. 친절하지 않다. 바리깡은 쓰지 않고 가위로만 커트한다. 머리 뒷부분은 혁띠에 날을 가는 긴 면도칼로 다듬는다. 머리에 뭔가를 붓는다. 시원하다.

"알콜인가요?"

"헤어 토닉이어요."

맨날 속성 커트만 하고 지내온지라 이런 이발소, 얼마만인가.

만 2,000원. 오랜만에 만족스런 이발을 했다.

광주에 있을 땐 단골로 가는 미용실이 있었다. 광주로 내려간 직후. 취임식 전 머리를 자르고 싶어서 회사 근처 미용실을 갔다. 순식간에 커트가 끝났다. 요금을 물으니 5,000원이었다. 왜 이렇게 싸? 원래 서민 동네잖아요. 운전기사의 대답이었다. 5,000원을 얹어 만 원을 줬다. 그후 줄곧 광주에서 머리를 자를 때면 그 집만 다녔다. 커트 솜씨는 훌륭하다고 말하기 어려웠다. 늘 5,000원을 팁으로 얹어줬다. 처음엔 황송해하더니 나중엔 당연해졌다. 그래도 쌌으니 삼년 동안 그 미용실에 신세를 많이 진 셈이다.

거울을 보니 시골 아저씨다. 아무려면 어떤가. 이 나이에. 깔끔해졌으면 됐지.

근육이 당기고 어깨는 뻐근하다. 움츠리고 걸은 후유증이다. 씻고 자리에 눕자마자 금세 곯아 떨어졌다. 영실 코스에서 본 넘어진 구상나무처럼 쿨쿨 잤다. 이제 한라산은 안 가도 된다.

자구리해안공원 앞바다와 한라산

스무여드레째 거대한 돌 공원과 친구의 귤밭

제주돌문화공원   토평동

I ────────

어제 영실 산행의 피로도 풀고 페북 다이어리도 쓸 겸 오전은 집에서 보낸다.

아내는 내 머리 자른 걸 보고 "무슨 머리를 그렇게 짧게 자르셨어? 군인 같애."라고 한 마디 하더니 자기도 커트를 해야겠다고 나간다.

영실 산행 이야기는 어젯밤 한참 쓰다가 잠이 들었는데, 아침에 일어나 보니 사라지고 없다. 페북을 이리 뒤지고 저리 뒤져도 찾을 수가 없다. 쓰다가 그만 뒤도 다시 켜면 그대로 있는데, 요상한 일이다. 할 수 없이 처음부터 다시 쓴다. 그래도 생으로 다시 쓰는 것보단 빠르다. 한번 쓰면서 생각한 내용들이 머릿속에 남아 있기 때문이다.

"진작 머리를 자를걸. 배추머리를 해갖고 사람들을 만났잖아. 첫 인상이 중요하다면서 왜 뜬금없이 예정에 없던 사람들을 만나는 선지 모르겠어."

깔끔해진 머리를 하고 아내가 돌아온다.

"요 아래 포구쪽 미용실, 싸게 잘랐어. 어젯밤에 간 미용실은 파마하는 사람 있다고 커트는 못 해주겠다더니. 오늘 간 미용실은 얼마든지 잘라준다고. 이제 나갑시다."

헐! 오늘은 좀 쉬면 안 될까,라는 말은 속으로 삼킨다.

"그래, 나가지 뭐. 근데, 어디 가지? 나가기 전에 라면 하나 끓여먹자. 점심시간이잖아."

열두 시가 넘은 시간이다. 얼큰한 라면을 끓여 먹는다. 화악 입맛이 살아난다.

제주돌문화공원에 가기로 한다. 제주도를 만든 거구의 여인, 여기저기 많은 관련 전설이 있는 설문대할망을 테마로 한 공원이고, 제주 돌문화의 역사를 볼 수 있는 공원이다. 알고 있었던 건 아니고 검색을 하다 반달같은 오름이 커다란 호수에 비친 사진이 멋있어서 끌렸을 뿐이다. 땅 위엔 리얼 오름, 물속에는 버추얼 오름. 근사했다.

공원까진 50분 정도 걸렸다. 가는 도중 갓길에 길게 차들이 주차된 구간이 있었다. 여기 뭐가 있길래 차들이 이렇게 많지?

사려니숲길이었다. 어? 지난번 우리가 갔던 곳하곤 다른데. 여긴 큰 도로가에 있네.

그랬다. 여기로 왔으면 바로 차를 대고 숲길 산책을 즐길 수 있었을 텐데, 모르면 손해다. 하긴 덕분에 전혀 생각에 없던 절물휴양림을 구경했고 걸었다. 어딜 정해 놓고 다니는 게 아닌 바에야, 허탕쳤다고 실망할 이유는 없다. 외려 그 덕분에 더 재밌는, 더 가치 있는 경험을 하기도 한다.

거대한 돌 공원과 친구의 귤밭

제주돌문화공원은 생각 이상으로 넓었다. 입구에 들어서자마자 맞는 큰 돌탑들은 설문대할망과 오백장군을 상징하는 탑이란다.

야아. 여기 왜 이리 넓어?

제주돌문화공원은 생각 이상으로 넓었다. 1998년 기획해 2001년 9월 기공식, 2006년 2월에 오픈했다. 돌박물관, 오백나한박물관, 야외 전시장, 제주전통마을인 돌한마을이 사람들을 맞이하고 있지만, 아직 완성되지 않았다. 공사중인 설문대할망전시관이 문을 열지 않았다.

연혁을 보니 탐라목석원과 북제주군이 민관협력 사업으로 조천읍 교래리 100만 평 부지에 돌박물관을 건립할 계획을 세웠고, 이후 이름을 돌문화공원으로 바꾸어 추진해왔단다. 전시 작품은 대부분 탐라목석원이 기증한 것들이라는 설명으로 보아 민간에서 수집품들을 기증하고 지자체가 땅과 자금을 지원하는 것 같다. 탐라목석원이 기증한 작품 수가 무려 2만 441점이란다.

설문대할망을 테마로 하고 있는 공원답게 매년 5월에는 설문대할방 축제를 개최한다. 일정으로는 설문대할망전시관을 2020년 11월에 끝낸다고 돼있으나 아직 오픈하지 않은 걸로 보아 준비가 덜 된 모양이다.

입구에 들어서자마자 맞는 큰 돌탑들은 설문대할망과 오백장군을 상징하는 탑이란다.

돌박물관 안. 기기묘묘한 돌들이 많이도 전시돼 있다. 사람이 칼로 새기려고 해도 힘들 만큼 작고 섬세한 무늬들이 조각돼 있는 돌은 용암이 모래밭을 통과하면서 만들어졌단다. 새, 뱀, 고릴라, 사람, 온갖 모양을 한 신기한 돌들. 자연이 만들어낸 조화에 감탄하지 않을 수 없다.

유치원생으로 보이는 아이들 수십 명이 줄지어 지나간다. 화산폭발로 인한 제주도 탄생 과정을 보여주고 있는 전시장은 화산, 지질, 지형에 관해 확실하게 배울 수 있는 좋은 교육장소이기도 하다. 시대별 돌문화 전시장, 제주 전통 초가 마을, 제주도민들의 생활사를 보여주는 집들이 조성되어 있고, 야외에는 맷돌, 절구, 연자방앗돌, 초가집 초석들 같이 인간이 다듬어 사용해온 돌들과 가공하지 않은 자연석들이 그야말로 어마어마하게 많이 배치돼 있다.

인상적인 것은 오백장군을 상징하는 거대한 돌기둥들이었다. 몇 줄로 늘어서있는 오백장군들을 사열하며 걸으면 오백장군갤러리가 나온다. 나무뿌리 작품들과 예술작품들을 전시한다. 홍양숙 점동벌립전이 열리고 있었다.

오백장군갤러리로 가는 길 입구, 어머니의 방이 있다. 들어가는 문이 석굴암을 연상시킨다. 어두컴컴하여 으스스한 느낌마저 든다. 보고 나오는데, 들어오려던 여성이 깜짝 놀라 뒤로 물러섰다. 여기 좀 으스스하다, 말하고 들어서려는 찰나에 안에서 사람이 나오니 깜짝 놀랐단다.

안에 전시된 자연석. 조명을 받은 돌의 그림자가 영낙없이 아이를 안

은 여인의 형상이다. 설문대할망이 아기를 어르고 있는 것 같다. 소개
리플렛 표지에 사진이 실려 있는 것으로 보아 돌문화공원을 대표하는
돌인 듯하다.

주제돌문화공원. 이렇게 큰 곳인 줄 몰랐다. 건너 뛰며 돌아보는데도
두 시간이 넘었다. 이 많은 돌들을 언제부터 어떻게 다 수집했을까. 전
국 도처에 대단한 일을 하는 사람들이 있다는 사실을 새삼 느낀다.

주차장에 차들이 많지 않았다. 1인당 5,000원 받는 입장료로는 답이
나오지 않는다. 그래서 지자체와 협력하여 사업을 진행하는 것이겠지
만, 보통사람으로서는 엄두도 내지 못할 엄청난 일을 기획하고 해내는
사람들이 있다. 훌륭하다.

돌문화공원에 가보고 싶다는 맘이 들게 했던 사진, 오름이 반사된 연
못 얘기는 어찌 됐느냐고요?

연못은 없었다. 돌박물관은 주변 환경을 해치지 않기 위해 지하에 들
어서있다. 고로, 지상이 박물관 지붕이 되는 셈인데, 그 지붕 위에 거대
한 인공 대야(못)가 설치되어 있다. 하늘연못이라는 작품이다. 하늘연못

은 죽솥, 물장오리, 백록담을 한꺼번에 상징하며, 공연을 하는 수상무대로도 활용하고 있단다. 하늘연못과는 별도로 공원 안에는 죽솥과 물장오리를 상징하는 곳이 조성돼 있다.

돌박물관 뒤로 반쯤 떠오른 달처럼 솟은 오름은 바농오름, 왼쪽으로 작은지그리오름, 그 다음에 큰지그리오름이 있다. 물에 비친 바농오름의 사진은 실은 이 하늘연못에 비친 것이었다.

"물 담긴 연못은 어딨나요?" 하고 전시관 근무자에게 물었더니,

"아, 하늘연못이요? 지금 시설보강 공사 중이라 물을 빼놨어요."라고 한다.

또 허탕이다. 아내는 공원이 느긋하게 산책하기 너무 좋다며 상관하지 않는다. 다행이다. 뒤늦게 홈페이지를 확인하니, 공지가 떠 있다. 4월 5일부터 말일까지 관람시설 보강공사 중이란다. 휴대폰으로 보자니 깨알 같은 글자들은 잘 보이지도 않는다. 검색해보고, 누군가 쓴 방문기에 올라와 있는 멋진 사진을 보고 '그래, 여기 가보자.'라고 하고, 홈페이지에 들어가서 확인하지 않은 잘못이다. 그러면 어떤가. 다음에 또 오면 되지. 그런데, 5월이 돼야 물이 찬 하늘연못을 볼 수 있다면, 한 달 살기가 끝난 후네. 그럼 어때. 언젠가 와서 보면 되지.

돌문화공원은 관람코스가 1코스, 2코스, 3코스 식으로 나뉘어 있는데, 그냥 마음 내키는 대로 걸으면 된다. 그래도 순서대로 돌게 돼 있다. 돌박물관 뒤쪽 열린 길이 있어서 가봤더니 자바라 문이 닫혀 있었다. 그 너머에 주차된 차들이 보였는데, 바농오름 밑이었다. 바농오름에 온 사람들 차인 듯했다.

시계를 보니 네 시가 다됐다. 귀가하는 길에 한 군데 들를 데가 있다.

거대한 돌 공원과 친구의 귤밭

제주돌문화공원에 조성되어 있는 제주전통마을 돌한마을.

2 ————

서귀포시 토평동. 바닷가에서 9킬로 정도 떨어진 중산간지역이다. 고등학교 대학교를 같이 다닌 친구 홍순석을 만나러 간다. 친구는 서울집과 제주도를 반반씩 왔다갔다 하며 산다. 전화를 걸어도 받지 않다가 한참 후에 회신이 온다.

"귤밭에서 일 하느라 못 받았어."

보목포구에서 제지기오름과 설오름을 잇는 직선을 긋고 주욱 따라 올라가다 칡오름과 인정오름 사이를 잇는 직선의 가운데 약간 아래쪽에 있는 3천평짜리 귤밭이다. 작은 숙소와 커다란 창고가 있다.

1136번 도로를 타고 가다, 도로를 벗어나 바로 옆길, 도로와 나란히 달리는 비포장길로 가라고 내비가 가르쳐준다. 시키는 대로 달리니 계곡을 따라 내려간다. 목적지에 다 왔다고 안내를 종료하는 지점 오른

쪽으로 들어가는 길이 있다. 양쪽에 높은 돌축대가 있다. 내비는 그 사이로 좀 더 들어갈 것을 지시하고 있으나, 멈춘다.

"왔네. 돌축대 사이로 들어가면 되는가?"

"뜨라비펜션이라고 보여?"

"그런 거 없는데."

잠시 후.

"그대로 있어. 보인다. 내가 갈게."

돌축대 사이로 난 길, 끝에서 휴대폰을 귀에 대고 서 있는 친구. 서로 발견한다.

"웬일로 내비가 이 복잡한 길을 제대로 안내했지? 전에는 방문객들이 내비를 켜고도 이 길을 못 찾아 여러 차례 왔다 갔다 하며 헤맸는데, 얼마 전 지붕에 카메라를 단 차가 왔다 갔다 하는 것 같더니, 그새 내비가 더 정확해진 것 같구만."

양정고등학교를 같이 다녔고, 고려대학을 같이 다녔다. 영문학을 전공했다. 사업을 오래 했고, 여유가 있고, 강남에 사는데, 역사와 사회를 보는 눈이 깊이가 있다.

아내는 생전 처음 보는 친구들이 부담스럽다고 했지만 그래도 제주도까지 왔는데 얼굴은 봐야지, 하고 찾아갔다. 서울에서 못 본 지도 꽤 됐다. 내가 광주로 내려간 후에는 한 번도 못 만났다.

큰 창고 옆 작은 집. 살림집이라기보다는 농사일을 하며 묵는 집으로 간단히 지었다.

안에서 다른 친구가 나온다. 양기혁. 고등학교 졸업하고 아마 처음 아닌가 싶다. 1976년에 졸업했으니 얼마만인가.

"얼굴은 기억나는 것도 같네만, 반갑네."

"3학년 때 10반 아니었나?"

"아니, 난 1반이었는데."

어떻거나 반가운 해후다.

집안. 장작을 때는 난로가 놓여 있다. 베어낸 귤나무 가지들이 땔 감이다. 바닥은 전기 난방이란다. 주방과 거실, 방, 그리고 화장실. 몇 평이나 될까. 창문을 통해 멀리 서귀포 바다가 보인다. 그 앞에 볼록 솟은 봉우리.

"무슨 섬인가?"

친구 홍순석은 3천평짜리 밭에서 귤농사를 한다. 귤밭 옆에 작은 숙소와 커다란 창고가 있다.

"섬이 아니라, 제지기오름이야."

이름이 재밌다. 무슨 뜻일까.

제주도엔 정말로 오름이 많다. 모두 합해 360여개라는데, 오름, 산, 봉, 악 등으로 불리는 것들도 다 오름이다. 원래 한자어 산(山)을 쓰기 전 전국의 모든 산은 오름이라고 불렀다. 제주도에서 산이라는 이름이 붙은 오름은 주로 관청 주변에 있다. 한자 쓰면 격이 있는 듯해 그리했을 것이다. 민초들은 오름이라 불러왔다. 오름이란 말은 제주도에만 남았다.

오름은 한라산의 기생화산, 현무암질 스코리아다. 스코리아는 구멍이 많이 뚫린 돌덩어리라는 말이다. 점재하는 오름들이 만들어내는 풍경은 육지에서는 보기 힘든 신기한 것이다. 새별오름에 올랐을 때의 느낌을 잊을 수 없다. 광활한 대지 위 여기 저기 솟아오른 오름들. 고대 권력자들의 무덤 같다. 요즘엔 오름을 찾아다니며 오르는 사람들도 적지 않단다. 트레킹과 힐링에 최적이다.

양기혁은 제주시에서 놀러 왔다. 러시아를 좋아해 기차를 타고 러시아를 여러 번 여행했다. 책도 써냈다. '기차타고 러시아 순례'. 한 번은 홍순석과 같이 갔다. 여행에 필요한 러시아어는 독학으로 익혔다. 순석이가 책이 나왔다고 보내줘 다 읽었다. 내 꿈은 광주MBC 사장 퇴임 후 블라디보스톡으로 오토바이를 싣고 가서 스페인까지 달리는 것이었다. 코로나로 물거품이 됐다. 코로나가 끝나도 힘들 것 같다.

"가면 되지 뭘 그래. 응주가 뒤에서 SUV 타고 따라가겠다던데."

이응주. 고교, 대학을 같이 다녔고 MBC까지 한 날에 입사했다. 우정의 무대 등을 만든 유명한 예능피디였다. 몇 년전 은퇴해 SUV를 사 캠핑카로 개조해 매주 토요일이면 정처없이 떠난다. 혼자 차박을 하며 불멍을 하고 바람소리 파도소리를 벗삼아 지낸다. 내가 시베리아 횡단 여행을 가면 백업요원으로 따라가겠다고 진작부터 말해왔다. 오토바이 같이 타자 해도 무섭단다. 오토바이가 무서운 건지 아내가 무서운 건지 알 수 없다.

홍순석과 양기혁은 아삼육(2×3=6)이다. 홍순석이 일하는 귤밭에서 양기혁도 일한다. 홍순석 장인장모가 평생 일구던 땅이다. 양기혁이 말한다.

"여기서 난 귤로 내가 대학을 다녔지."

엥? 아! 그렇지. 전에 한 번 들은 적이 있었는데 까맣게 잊고 있었다.

거대한 돌 공원과 친구의 귤밭

홍순석과 양기혁은 처남 매부지간이다. 양기혁 여동생이 홍순석 아내다. 같이 귤농사를 짓고, 같이 술을 마시고, 같이 러시아여행을 갔다왔다. 처남 매부지간이라고 이러기 쉽지 않다. 직업도 다르고 사고방식도 다르고 지지하는 정당도 다르기 십상이다. 둘은 잘 통하는 모양이다. 친구이면서 사이좋은 처남매부. 부럽다.

홍순석이 말한다.

"강남 사는 개, 머시기 있잖아. 완전 태극기부대야. 돈 좀 벌더니 애가 어째 그렇게 됐는지 몰라. 전엔 가까운 데 있어서 종종 보고 살았는데, 하두 헛소리만 해대서 안 만난 지 제법 됐어."

나도 아는 친구 얘기다.

"나이도 들고, 지킬 것도 많아지고, 정보는 그저 맨날 극우보수매체 아니면 고급아파트에 같이 사는 동류의 인간들에게서만 섭취하니 그러기 쉽겠지."

말은 이렇게 하면서도 씁쓸하다. 하긴 지킬 게 전혀 없는 사람들이 주력 태극기부대이니 재산은 주원인이 아니다. 아무리 나이가 들어도, 식사든 정보든 균형 있는 섭취, 주체적 판단, 공적 마인드가 중요할 것이다.

아내가 말한다.

"작년에 너무 좋으셨겠어요. 코로나 한창일 때 여기 와 있으면 세상 편하고 힐링되고."

"예. 그래요."

귤농사는 취미로 하는 정도란다. 귤이 쏟아져 나오는 겨울에 온실에서 재배한 딸기들과 다양한 종류의 수입산 과일들이 시장에 넘쳐 경쟁하기가 너무 어렵다. 귤나무 한 그루면 자식 한 명 대학까지 보낸다고 해서 대학나무로까지 불렸는데, 지금은 옛날 얘기가 되었다. 그렇다고 천혜향이니 한라봉이니 하는 것들을 재배하려니, 시설투자, 일손 구하기, 재배기술 등 너무 어려움이 많은데다, 굳이 그런 고생을 하지 않아도 그럭저럭 지낼 만하니, 생각하지 않는단다.

제주도에서 태어난 양기혁은 귀향한 지 오래라 귤농사에 제법 익숙하다. 순석이는 "나는 가을에 귤 딸 때 돕는 정도지. 농약 치고 하는 건 다 기혁이가 하고."라고 말한다.

원래 중국 온주에서 들어와 제주도 서귀포 지역에서 재배하기 시작한 재래종 귤은 갑신정변 후 제주도로 유배된 박영효가 일본에서 들여와 심은 개량종 귤로 바뀐다. 관광지 쇠소깍이 있는 효돈동 일대가 예로부터 귤재배지역으로 유명하다. 감귤박물관이 있다.

고려시대와 조선시대 진상품이었던 귤에 얽힌 얘기가 많다. 1년에 무려 스무차례 제주귤은 진상품으로 왕궁으로 올라갔다. 제주목사는 진상할 귤을 마련하기 위해 농민들을 닦달했다. 진상할 귤의 수에 맞추기 위해 일일이 나무에 달린 귤 수를 세어 관리했다. 혹시라도 떨어지거나 썩어서 개수가 모자라면 채우기 위해 온갖 수를 다 썼다. 시달리다 못한 농민들이 밤에 귤나무 뿌리에 뜨거운 물을 부어 고사시키기도 했을 정도로 귤은 제주 농민들에게 고통이었다. 특별히 동지에 맞춰 제주목사가 귤을 진상하면 임금은 상을 내리고, 특별 과거인 황감과를 실시하고, 유생들에게 귤 하나씩을 선물로 나눠줬단다. 귤, 전복, 표고버섯… 제주도의 특산물은 오늘날엔 왕실 진상품이라는 이름으로 프로모션하는 상품이지만, 과거엔 제주도민들에게 고통을 가져다주는 애물이었다.

거대한 돌 공원과 친구의 귤밭

제주도 한 달 살기가 얼마 남지 않았다. 한 달이라고 해서 꼭 한 달은 아니고 며칠 더 있을 예정이지만, 한 달 가까운 시간이 눈깜짝할 사이에 지나가버렸다. 법환을 떠나기 전에 저녁 같이 하자는 말을 끝으로 두 친구와 헤어진다.

배고프다. 점심으로 라면 하나 먹고 아무 것도 먹지 않았다. 그렇다고 양이 많은 건 싫다. 귀가 길에 칼국수 집이 있었다. 차를 세우고 가보니 문이 닫혀 있었다. 장사가 안 돼 폐업한 건가.

조금 떨어진 곳에 콩나물국밥집이 보인다. 여러 가지 다양한 콩나물국밥이 있다. 기본으로 주문한다. 5,900원. 전복을 추가하거나 매생이를 추가하거나 한 건 7,900원이다. 광주에 살 때 사택 근처에 24시간 콩나물국밥집이 있었다. 아침부터 밤까지 항상 손님들이 많았다. 나도 자주 갔다. 기본 3,900원. 가성비 최고였다. 물론 차돌배기나 황태를 섞은 국밥도 있었다. 5,900원이었을 것이다. 회사 차를 운전하는 김향식 기사도 싸고 맛있는데요, 하고 먹었다. 나중에 들으니 아내를 데리고 일부러 멀리 떨어진 집에서 봉선동까지 와 가끔 사먹고 있다고 한다. 값이 문제가 아니라 정말 맛있어요, 라고 말했다. 맛있는데다가 값도 싸니 더 맛있었을 것이다. 봉선동 콩나물국밥에 비할 순 없지만 간단한 저녁 한 끼로는 좋았다.

기대가 컸던 본태박물관

본태박물관

세계 3대 건축가 중 한 명이라는 안도타다오의 설계로 유명한 본태박물관. 서귀포시 안덕면 상천리에 있다. 내가 있는 법환에서 거리로는 13킬로, 차로는 30분이 걸린다.

현대가 고 정주영회장의 넷째 며느리인 이행자 씨가 설립했다. 이 씨는 평생 우리 전통 미술품 공예품 보자기 소반 같은 것들을 수집해왔단다. 본태는 본래의 형태란 뜻이란다. 변태와 대비되는 말이겠다. 이행자 씨가 직접 지은 이름이란다. 인류 본연의 아름다움을 추구하는 것이 박물관의 목적이란다. 전시 작품 감상도 감상이지만 한국 최초로 안도타다오가 설계한 박물관으로 유명한지라 직접 가서 보고 싶었다.

모두 다섯 군데 전시관이 있는데 5전시관에서 시작해 1전시관에서 마치는 순서로 돼 있다. 5전시관은 불교예술 유교예술, 4전시관은 전통 상여와 꼭두들, 3전시관은 점박이 호박으로 유명한 쿠사마야요이의 호박과 무한거울방, 2전시관은 안도 주택구조와 현대미술, 명상의 방, 마

본태박물관은 세계 3대 건축가 중 한 명이라는 안도타다오의 설계로 유명하다. 노출 콘크리트 건물에 물, 햇빛, 그림자, 바람 등 자연을 끌어들여 인간과 자연, 공간의 합일점을 찾고, 건물 바깥보다는 내부에서의 체험을 중시하는 안도타다오의 건축철학을 보여준다.

지막으로 1전시관은 소반타워, 조각보 등을 전시하고 있다.

전시관을 옮겨 다니는 도중에 안도타다오 건축의 특징을 감상할 수 있다. 독학으로 건축을 공부해 건축계의 노벨상이라는 프리츠커상을 수상한 안도타다오 건축의 특징은 노출 콘크리트 건물에 물, 햇빛, 그림자, 바람 등 자연을 끌어들여 인간과 자연, 공간의 합일점을 찾고, 건물 바깥보다는 내부에서의 체험을 중시하는 것이란다. 본태박물관도 그런 안도타다오의 건축철학을 보여주는 건물이었다.

제임스 터렐의 전시는 볼 수 없었다. 좁은 공간에서 감상해야 하는데 코로나 위험 때문에 출입금지 상태였다.

3전시관은 쿠사마야요이* 전시관이다. 호박작품은 노랑 바탕에 크고

---

* 설명문에 쿠사마야요이(1929년 나가노 마추모토 출생)라고 쓰여 있다. 나가노현 마츠모토시,

작은 까만 점들을 무수히 박아넣은 것이다. 들어가자마자 있는 호박은 바로 감상할 수 있으나, 무한거울의 방은 한꺼번에 여러 사람이 들어갈 수 없어서 앞의 사람이 감상하고 나올 때까지 기다려야 한다. 감상 시간은 한 팀당 2분이 주어지는데 줄이 길었다. 그렇다고 안 볼 수는 없어 의자에 앉아 한참을 기다렸다. 한 번 더 보겠다고 다시 줄끝에 서는 사람들이 있었다.

바닥은 물, 사방 벽은 거울로 된 방에 작은 엘이디 전구들을 무수히 달아 놓았다. 별들이 반짝이는 무한한 우주 공간 속으로 들어간 듯한 느낌. 이런 작품을 처음 봤다면 와아 하고 환호성을 질렀을지도 모르겠지만, 대단한 감동은 없었다. 빛의 벙커, 아르떼뮤지엄, 팀랩 전시회 등에서 이미 비슷한 미디어아트 작품들을 많이 봤기 때문일 것이다. 쿠사마야요이가 맨 처음 이런 작품을 만들었는지는 모르겠다.

쿠사마야요이는 젊었을 때 호박에 꽂혀 평생 호박을 테마로 작품활동을 해왔고 호박으로 세계적인 작가가 되었다. 3전시관은 호박 한 점과 '무한거울의 방-영혼의 광채'가 전부였다. 야요이의 호박은 세월이 가면서 점점 더 커졌는데, 호박 위에 찍은 무수한 검은 점들은 반복과 집적이라는 쿠사마야요이 특유의 표현방식이고, 그녀가 끊임없이 고민해온 영원성을 생각하게 한다고 설명문에 쓰여 있었다. 음. 썩 와닿지

라고 쓰는 게 훨씬 이해하기 좋을 것이다. 일본에는 나가노현(県)도 있고, 나가노현 나가노시(市)도 있다. 나가노시 마츠모토쵸(町)나 마츠모토무라(村)가 아니라면 나가노현 마츠모토시,라고 써야 한다. 대다수 한국인 관람객들이 그렇게까지 일본을 잘 아는 게 아니다. 마'츠'모토는 또 뭔가. 영어 표기(MATSUMOTO)를 그대로 옮긴 것인데 이상하다. 마'츠'모토로 써야 한다. 전시의 정보 전달은 간단·명료·정확해야 한다.

기대가 컸던 본태박물관

쿠사마야요이의 '무한거울의 방-영혼의 광채'.

않았다. 어릴 적부터 자신을 괴롭혀온 환각증세를 치유하기 위한 수단으로 예술을 시작했다는 쿠사마야요이. 머릿속 환상을 밖으로 쏟아내는 작업으로, 세계적으로 유명한 예술가가 되었다. 작품이 좀 더 많았더라면 이해도가 높아졌을 텐데, 아쉽다.

본태미술관 2전시관에서 전시 중인 현대미술작품들. 피카소도 있고 달리도 있는데, 전시작품 수도 적고 아주 유명한 작품은 없었다. 미디어아트의 창시자 백남준 방에는 'TV첼로', '금붕어를 위한 소나티네' 같은 유명 작품들이 전시돼 있다. 모두 네 작품이었다.

현장 매표소에서 티켓을 구입했는데 한 사람당 입장료가 2만 원, 둘이 4만 원이었다. 사전에 인터넷을 통해 예매를 하고 가면 1만 7,000원이면 되는데, 게으름과 무지 탓에 또 손해를 봤다. 인터넷쇼핑몰에는 입장권이 8,500원이라고 떠 있는데, 이건 또 무슨 말인지 모르겠다. 하여간, 제주도에서 어딜 갈 때는 반드시 사전예약 필요 유무, 티켓 할인 구매 가능 여부 등등을 체크해야 한다. 알면서 깜박하고, 모르면서 무작정 찾아갔다 손해만 보고 있다. 제임스 터렐의 전시는 보지도 못하고, 입장료는 풀로 다 지불하고.

백남준의 'TV첼로'.

안도타다오와 쿠사마야요이라는 이름에 끌려 찾아간 본태박물관. 전시작품 교체 주기가 너무 먼 건지, 아예 교체를 안 하는 건지, '피안으로 가는 길의 동반자' 전시회는 2015년 기사에서도 소개된 적이 있었다. 중간에 다른 걸 전시하다가 최근에 다시 하는 건지는 모르지만 박물관 소장 작품들이 많은 것 같지는 않다. 한 번 관람으로 충분할 것 같다.

안도타다오가 그렇게 대단한 건지도 잘 모르겠다. 그의 건축철학이 현대건축에 새로운 방향을 제시했다는데 과연 그런가. 건축 문외한이라 무식해서 그렇다는 소릴 들어도 할 수 없다. 사실 우리 전통 건축은 원래 자연과의 조화를 추구하면서, 주변 경치를 배경으로 삼고, 바람과 햇

기대가 컸던 본태박물관

빛을 집안으로 적당히 끌어들이거나 차단하는 것 아닌가. 이미 오래전부터 우리 조상들이 지켜온 건축철학은 안도타다오의 그것과 어떻게 다른 것인가. 우리나라 건축가 중에는 안도타다오 정도 되는 인물이 한 명도 없다는 말인가.

전시물과 건물을 감상하느라 시간이 많이 흘렀다. 가까운 곳에서 점심을 하자. 본태박물관 옆에 디아넥스호텔이 있다. 말 그대로 박물관의 부속건물(The Annex)이다. 호텔로 가는 쪽 길가에 서 있는 홍보용 입간판. 돌솥밥과 파스타 사진이 인쇄돼 있었다. 일순 호텔에 가서 먹을까 생각했지만, 근처에서 찾아보기로 했다. 카카오맵에서 검색하니 현재 위치에서 가까운 순서로 음식점들이 나온다.

모록밭이라는 음식점이 눈에 띈다. 1킬로도 안 되는 곳에 있었다. 우리 같은 관람객들이 많았다. 비빔밥을 시켰다. 먹을 만했다.

입술과 뺨 한 군데가 근질근질한 게 느낌이 이상하다. 허피스가 준동하기 시작하는 것 같다. 피곤해서 면역력이 떨어지면 활동을 시작해 피부에 집합성 수포를 일으키는 급성염증성바이러스다. 하루도 쉬지 않고 제주도 여기저기를 돌아다녔더니 피로가 누적된 모양이다. 오래지 않아 입술과 뺨이 부르틀 것이다. 이럴 땐 쉬는 게 상책이다. 오늘은 이걸로 끝내야겠다.

제주 세 성씨의 조상, 여기서 결혼하다 서른날째

일출랜드　김영갑갤러리두모악　혼인지　초도제과　북메난소라

예감대로 윗입술, 아랫입술 오른쪽 아래 피부에 물집이 잡혔다. 일찍 집에 돌아와 연고를 바르고 쉬었지만 염증을 가라앉히지는 못했다. 어릴 적부터 허피스와 평생을 같이 살고 있다. 여차하면 바를 요량으로 항상 연고를 준비해 다닌다. 일단 물집이 잡히면 딴 도리가 없다. 연고를 계속 바르면서 가라앉길 기다리는 수밖에. 죽을 때까지 이별은 불가능하다. 어차피 박멸은 불가능하니 탈나지 않게 달래며 함께 공생하는 수밖에 없다. 맘에 안 들어도 같이 살아야 하는 것이 어찌 허피스바이러스뿐이겠는가.

오늘로 제주도 살이가 서른날째가 되었다. 꼭 한 달만 있어야 한다는 법은 없으니 며칠 더 있을 예정이다. 허탕을 친 다음 사전예약을 한 거문오름 탐방일이 다음 주 월요일, 4월 19일로 잡혀 있다. 그 후 하루 이틀 더 있다 상경할 생각이다. 오늘은 제주도 동쪽에서 그동안 못 갔던 곳들을 가보자.

우선 일출랜드. 미천굴이라는 자연동굴이 있고, 엄청나게 넓은 야외 정원에 다양한 식물들, 분재원, 조각들, 동백나무들, 잔디밭, 천연염색과 도자기 체험관, 카페, 기념품점, 제주 전통 초가집 등 볼거리가 가득한 곳이다. 요즘엔 각종 놀거리 볼거리 먹을거리가 넘치는 제주도지만, 일출랜드는 그런 것들이 많지 않았던 시절부터 있어온, 제주도에서도 고참격인 관광지다.

주차장에 차들은 제법 서 있었지만 입장객들은 많지 않다. 주차장도, 야외 정원도 너무 커서 그렇게 보이기도 할 것이다.

입구를 들어서자 오른쪽에 있는 커다란 인물상. 포대화상이다. 기원 10세기 중국의 오대십국시대, 항상 긴 막개기에 포대를 걸치고 돌아다니며 탁발을 하고 불쌍한 중생을 도왔다는 후량(後梁)의 고승, 본명이 계차(契此)다. 민간에서 미륵보살의 화신으로 알려졌고, 재신으로 받들어모셨다. 포대화상은 중국 전래의 칠복신 중 한 명이다. 칠복신 신앙은 한국에서는 별 게 없지만, 일본에

일출랜드는 제주도에서도 고참격인 관광지다.

서는 성하다. 일본의 맥주 브랜드인 에비스(YEBISU)는 칠복신 중 하나인 혜비수(惠比壽)의 일본식 발음이다. EBISU라고 해도 될 것을 Y를 추가했다. 일본말로는 에비스이나 영어로 읽으면 예비수이니 예스를 연상시킨다고 생각한 걸까. 이유가 있을 것이다. 설명문에 배꼽을 만지면 포대화상이 환하게 웃는데 착한 사람은 웃음소리를 들을 수 있다고 쓰여 있다. 살짝 배꼽을 만져봤지만 웃음소리는 들을 수 없었다.

일출랜드는 하나의 거대한 정원이다. 구역별로 여러 테마로 나뉘어 있어 다 돌아보는 데 상당히 시간이 걸린다. 충분히 시간을 갖고 느긋하게 산책하고 쉬다가 가기에 좋다.

정원 한 쪽에 서 있는 비석이 눈길을 끈다. 정조실록 권541에 실린 지평(持平) 강성익의 상소문을 요약한 글이 한자, 일어로 새겨져 있다. 강성익이 제주도에 흉년이 들어 말이 많이 굶어 죽은바, 조정이 원하는 만큼의 진상마(馬) 수를 채울 형편이 못 된다는 사정을 상소문으로 호소하여 제주 백성들을 곤경에서 구했다는 내용이다. 정조 때 종오품 지평 벼슬을 한 강성익은 일출랜드를 설립한 강씨 집안의 조상인 듯하다.

분재원의 작은 석상들. 현무암으로 거칠게 다듬은 얼굴 표정들이 너무 재밌다.

제주도 전통 초가집 한 켠에 재현해 놓은 돗통시도 재밌었다. 과거 제주도에서 이른바 똥돼지를 키우던 곳인데, 엉덩이를 까고 볼일을 보는 아이의 자세와 표정이 너무 리얼하다. 아하. 제주도에서는 이런 식으로 돼지를 키웠구나,라고 한눈에 알 수 있게 해놨다. 어디서도 보지 못했던 것을 여기서 봤다.

조각의 거리. 이중섭의 그림을 모티브로 한 것, 생각하는 돌하르방,

제주 세 성씨의 조상, 여기서 결혼하다

제주도 전통 초가집 한 켠에 재현해 놓은 돗통시. 과거 제주도에서 이른바 똥돼지를 키우던 곳인데, 엉덩이를 까고 볼일을 보는 아이의 자세와 표정이 너무 리얼하다.

자유의 돌하르방… 돌하르방의 변신이 재밌다.

너른 정원 여기저기를 구경하며 돌아다니다 방향을 잃었다. 일출랜드의 핵심 볼거리인 미천굴로 가고 싶은데 못 찾고 헤맸다. 빙빙 돌다 기념품 가게 주인인 듯한 여성에게 물었더니 의아한 표정을 짓는다. 손가락으로 이쪽이라고 가리킨다. 미천굴 불과 몇 미터 앞에서 미천굴이 어디냐고 물으니 한심했을 것이다.

화산학적으로 중요한 가치를 가진 동굴이면서도 민간 소유인 미천굴. 실제 길이는 1,695미터지만 개방된 곳은 360미터 정도다. 들어갔다 나오는 데 걸리는 시간이 얼마 안 된다. 만장굴은 들어가다 지루해서 중간에 나왔는데 여기선 그럴 일 없다. 종유석이 발달한 석회암 동굴에 비하면 구조가 단순하고 볼거리가 많지 않다. 동굴 자체의 빈약한 구경거리를 다양한 미디어아트 작품들로 보완하고 있다. 색색깔의 조명등이 동굴 안을 수놓고 있었다. 사진 찍기에 좋았다.

코로나 때문에 염색과 도자기 체험관 같은 곳 여러 군데는 문을 닫아

놓았다. 전에 출장 왔다 김지은 피디랑 잠깐 방문했을 때 선물로 받은 커피잔 한 쌍을 아내는 이쁘다고 좋아했다. 흔한 기념품하고는 달랐다.

엄청난 규모의 시설을 유지하는 데 드는 비용을 생각하면 현재 수준의 입장객으로는 수지타산을 맞추기가 어렵지 않을까. 제주도를 찾는 관광객이 코로나 전의 8할 이상을 회복했다고는 하지만, 악화된 한일관계, 싸드사태로 줄어든 중국인 관광객 등을 감안하면 제주도 관광은 여전히 침체 국면을 벗어나지 못하고 있다고 할 것이다.

일출랜드에서 현재의 어려움을 상징적으로 보여주는 장면이 있었다. 런닝맨 촬영지임을 설명하는 입간판의 사진들은 빛이 바랜 지 오래고, 다른 설명문들도 갈라지고 뜯겨져 있어서, 경영이 어려운 건가, 아니면 관리가 소홀한 건가 하는 생각이 들게 했다. 정교하고 깔끔하게 손질된 정원과는 반대로, 건물의 벗겨진 칠, 벽에 붙여 놓은 설명문의 사라지거나 퇴색된 글자들도 마찬가지였다. 코로나가 종식되고 국제관계가 개선되어 제주도 관광업계가 예전의 활기를 되찾을 날이 빨리 왔으면

일출랜드의 핵심 볼거리인 미천굴. 색색깔의 조명등이 동굴 안을 수놓고 있어 사진 찍기에 좋았다.

좋겠다. 중국인들이 넘칠 때에 비해 요즘 외려 더 여행하기 좋다는 얘기들도 하지만, 역시 관광지는 사람들로 북적여야 제맛이다.

여러 나라 국기들이 바람에 펄럭이고 있었다. 유난히 눈에 들어온 중국 일본의 국기가 낯설게 느껴졌다.

실은 일출랜드는 MBC 후배 강지웅 PD 아버지가 설립하고 가족들이 운영하고 있는 곳이다. 앞에 말한 커피잔은 강 피디 큰 누님 작품이다. 강지웅 PD. 알고 보니 제주도에서 오래된 뼈대 있는 가문 출신이다. 괜스레 번거롭게 할 것 같아 알리지 않고 살짝 구경하고 나왔다.

"이 정도로 가꾸려면 오랜 시간 어마어마한 노력이 들어갔을 거야."

아내의 소감이다.

입구에 있는 매점에서 커피를 한 잔 하고 싶었으나 참기로 한다. 점심 전이다.

세찬 바람이 불었다. 오전 내내 하늘을 뿌옇게 흐려놓고, 한라산을 볼 수 없게 한 황사를 밀어내는 바람이었다. 배가 몹시 고팠다. 근처에 음식점이 있을까. 휴대폰에서 맛집 정보를 검색하며 차의 시동을 걸었다.

2 ————

맵에서 일출랜드에서 가까운 음식점을 찾았다. 메밀국수집이다.

○○소바집. ○○메밀집 하면 안 되는 것인가.

메뉴판에 있는 메밀돈까스가 뭐냐고 물었더니, 종업원이 주문하는 줄 착각하고 "메밀돈까스 하나요?" 해서 당황했다. 발음을 들으니 중국인 여성 같다.

"메밀돈까스가 어떤 음식이냐고요?"라고 중국어로 물으니 당황한다. 중국사람 아닌가. 안으로 들어가 주방장을 데려 온다. 오너 셰프인 듯하다.

"그냥 양지국밥 하나 주세요" 했다.

아내는 메밀온소바를 시켰다.

메뉴의 음식명들. 메밀온소바, 메밀냉소바, 메밀비빔소바, 메밀냉비빔소바. 메밀이 일본말로 소바(蕎麥)인데 메밀소바라니. 온메밀국수, 냉메밀국수, 비빔메밀국수, 냉비빔메밀국수라고 쓰면 좀 좋은가. 온과 냉을 '따뜻한' '찬'으로까진 안 쓰더라도.

맛집으로까지 적극 추천하긴 좀 그래도 간단하게 한 끼 때우기엔 괜찮을 것이다.

음식점에서 불과 300미터 떨어진 김영갑갤러리 두모악 미술관으로 간다. 두모악은 여러 가지로 불린 한라산의 옛 이름이다. 2002년에 개관했으니 벌써 20년 가까이 됐다. 20여 년 동안 제주도에서 살며 사진을 찍다가 루게릭병으로 세상을 떠난 사진작가 김영갑의 작품들이 폐교를 리모델링한 갤러리에 걸려 있다. 8개 교실을 이어 만들었다는 미술관에는 사진작품들과 김영갑 작가가 쓰던 물건들이 전시되어 있다.

갤러리로 바뀌기 전 이곳은 30여년 동안 29회에 걸쳐 701명의 졸업생을 배출한 학교였다. 1967년 삼달국민학교로 개교, 학생들이 점점 줄어들자 1996년 신산초등학교 삼달분교로 바뀐 다음, 1998년 2월말에 문을 닫았다.

나는 아주 오래전에 방문한 적이 있다. 정확히 기억나지 않지만 이렇게 잘 가꾸어지진 않았던 것 같다.

학교 마당이었던 정원엔 김영갑 사진가의 벗인 김숙자 작가의 토우 작품들이 전시되고 있다. 토속적인 표정과 자세를 한 작은 토우들이 정원에 어느 동화 속 공간 같은 분위기를 불어넣고 있었다. 전시장 안에 걸린 사진들은 오래전 본 것들이 많았다. 똑같이 본 풍경이라도 사진작가의 앵글에 포착된 제주도는 몰라보게 근사하다.

폐교를 리모델링한 김영갑갤러리두모악.

1957년 충남 부여 출생. 나랑 동갑이다. 제주도에 정착한 후 주로 바람, 오름, 들판, 바다를 찍었다. 제주도 생활 20여 년. 2005년 병마를 이기지 못하고 저승으로 떠났다.

어느 제주도인보다 제주도를 사랑했던 사진작가 김영갑. 제주도인들에게 전해지는 상상의 섬 이어도, 그 유토피아의 꿈을 이루기 위해서는 일상생활 속에서 절약, 성실, 절제, 인내, 양보의 삶을 살아야 한다는 사실을 제주도인들에게 배웠다는 작가의 말이 건물 벽 높이 새겨져 있었다.

갤러리 밖 정원 여기저기에 카메라를 겨냥하는 여성이 있다. 저런 걸로 찍으면 훨씬 잘나올 텐데, 잠깐 생각했디. 요새 휴대폰 카메라가 얼마나 좋은데. 서툰 장인이 공구를 탓하는 법이다.

제주도 어디나 그렇지만 김영갑갤러리 역시 전시된 사진들을 감상하고 바깥 벤치에 앉아 바람소리 새소리를 들으며 조용히 사색하기에 좋은 곳이다.

다음 목적지도 일출랜드와 김영갑갤러리에서 가까운 곳이다. 성산읍에 모여 있어 한꺼번에 둘러보기 편하다.

3 ————

4,300여 년 전 한라산 기슭 모흥혈(삼성혈)에서 솟아난 제주도 고·양·부세 성씨의 시조들인 고을나 양을나 부을나는 활을 쏘아 떨어진 곳을 중심으로 사이좋게 제주도를 삼분하여 다스렸다. 을나는 우두머리란 뜻

김영갑갤러리두모악의 정원.

제주 세 성씨의 조상, 여기서 결혼하다

이다. 어느 날 서귀포 온평리 앞 바다에 떠밀려온 목함 속에서 나온 세 공주와 혼인한다. 공주들이 나온 목함 속에는 오곡의 씨앗들과 망아지 송아지가 들어 있었다. 동물을 사냥하며 살던 세 성씨의 시조들이 공주들과 혼인하고 정착한 것은 제주도가 수렵채집 사회에서 농경사회로 전환한 것을 의미한단다. 이들이 결혼 전 목욕재계하고 식을 올렸다는 연못이 혼인지(婚姻址)다. 지자가 연못 지(池)자인 줄 알았더니 터 지(址)자였다. 연못은 작고, 깊어 보이지 않았다.

혼인지는 크게 둘로 구분돼 있다. 연못과 전통혼례관. 넓은 마당이 있는 전통혼례관에서는 전통 결혼식만이 아니라 매년 혼인지축제도 열리는 듯 사진이 들어 있는 입간판들이 서 있다. 흔히 세 공주가 벽랑국에서 왔다고 설명문에는 적혀 있지만 고씨 집안 족보인 영주지의 기록을 인용한 것이고, 정식 역사서인 고려사에는 일본국에서 왔다고 기록돼 있다. 일본에 대한 국민감정을 고려해 그 사실을 숨기고 벽랑국으로 통일하고 있는 것이다. 세 성씨가 결혼했다는 4천여년 전에 일본이라는 나라는 없었고, 왜도 없었다. 고려사를 편찬할 당시의 이름이 일본이었으므로 그리 적었을 것이라고 보는 설이 있다.

먼 옛날 고대, 섬나라 탐라국은 조선반도 이상으로 일본, 대만, 류구(오키나와) 같은 섬나라들과 활발한 교류를 했을 것이고, 오늘날과 같은 국가와 민족 개념도 없었을 터이니 고·양·부 세 성씨와 결혼한 공주가 왜에서 왔든 바다 건너 어디 다른 나라에서 왔든 전혀 문제될 게 없는데도 일본국을 숨기고 벽랑국으로 적고 있다. 더 당당해도 되는데, 쓸데없는 콤플렉스다.

그냥 바다 건너서 왔으니 일본국이라 했을 가능성도 있다. 세 공주

제주도 세 성씨의 시조 고을나·양을나·부을나가 서귀포 온평리 앞 바다에 떠밀려온 목함 속에서 나온 세 공주와 혼인했다는 혼인지의 연못.

가 일본말로 '콘니치와'라고 인사하고 자기소개를 했다든가 하는 건 기록에 없다. 먼 옛날 고대조선어와 고대일본어는 거의 같았다고 하는 언어학자들의 주장을 받아들인다면 의사소통에 아무런 문제가 없었을 테지만.

탐라국 건국신화를 삼성시조로 부르지 말고 탐라건국신화, 삼을나신화로 불러야 한다는 주장도 있다. 탐라국의 존재를 무시하려는 뭍의 정권이 건국신화를 세 성씨의 시조신화로 격하했다는 것이다.

특히 조선시대. 굿을 하는 등 매년 무속으로 지내던 삼성혈 제사를 유교식으로 바꾼 것도 제주도의 지배계층을 체제 안으로 끌어들이기 위한 권력의 의도였단다. 무속신앙은 민중의 것이고, 유교는 지배이데올로기였으므로 둘은 길항적 관계에 있었다. 조선시대에 진행된 제주

제주 세 성씨의 조상, 여기서 결혼하다

도 무속 탄압, 본향당 등 신당 파괴, 유교 교육 강화, 박정희가 강압적으로 추진한 새마을운동 미신타파 역시 같은 맥락에서 이해할 수 있다.

혼인지 신화. 일체의 편의주의적 아전인수적 해석을 벗어나 좀 더 객관적으로 이해하려는 노력이 필요한 시점이 아닐까 생각했다. 공식 명칭을 삼성시조 신화가 아니라 탐라건국신화, 삼성혈이 아니라 모흥혈로, 벽랑국을 일본국으로 아니면 벽랑국과 일본국을 같이 소개하는 방식으로 바꾸는 것까지 포함해서.

흔히 고양(량)부라는 순서로 불리는 제주도 세 성씨. 순서를 놓고도 갈등과 충돌이 있다고 듣는다. 조선 정조 때도 제주목사가 임금께 올린 장계에도 나온다니 역사가 꽤 오래다. 특히 고씨 양씨 두 집안이 삼성혈에 적는 성씨 순서를 놓고 법적 분쟁까지 벌였다는 말에는 말문이 막힌다.*

신화가 전하는 이야기를 추론해 역사적 진실을 캐내는 일은 중요하다. 하지만 신화는 신화일 뿐이다. 그 후 들어선 권력과 사회의 변화에 따라 계속해서 변용되어 온 것이기도 하다. 그러니 세 성을 돌아가며 부르든 어찌 하든, 사이좋게 지내야 할 것이다. 먼 옛날 활을 쏘아 제주도를 삼분해 살았다는 신화 속 조상들에게 부끄러운 일이 아닐 수 없다.

혼인지에 엄청나게 센 바람이 불었다. 전깃줄이 윙윙 울고 나뭇가지들이 심하게 떨었다. 오전 내내 하늘을 뿌옇게 뒤덮었던 황사가 물러가고 하늘이 맑아졌다.

---

* 신화와 관련해서는 『새로 쓰는 제주사』, 『네이버지식백과』, 『한국민속신앙사전』을 참조했다.

4

혼인지에서 법환으로 돌아오는 길. 늘 지나치기만 했던 제과점이 있다. 호도제과. 이런 곳에 호도과자를 만드는 전문점이 다 있네. 오늘은 꼭 사먹어 봐야지.

길가에 잠시 정차하고 아내 보고 호도과자 한 봉지 사오라고 부탁한다. 한참 후 돌아온 아내. 호도과자가 아닌 식빵과 크르와상을 들고 있다. 어떻게 된 시츄에이션?

전말은 이랬다. 문을 열고 들어가 가게 안을 휙 둘러보니 호도과자가

없다. 호도과자 다 떨어졌어요? 하고 묻는다. 내 또래 아니면 좀 더 젊게 보이는 남자가 벙찐 표정으로 쳐다본다. 예? 호도과자는 안 만드는데요.

벙찐 아내. 예? 호도제과라고 써 있어서.

아, 그거요. 남자가 어이없는 얼굴로 설명한다. 호도라는 이름은요….

그랬다. 호도제과의 호도는 호도과자의 호도(胡桃)가 아니었다. 매일 아침 일어나면 창밖으로 보이는 섬. 반란을 일으킨 원나라 국립말목장의 관리인 목호들이 새별오름에서 싸우다 도망쳐 들어갔다가 최영 장군에게 토벌당한 섬. 범섬의 한자 이름이 호도(虎島)란다. 범섬 앞에서 한 달을 살았는데도 모르다니. 당황한 아내는 예정에 없던 크르와상과 식빵을 사서 돌아왔다.

법환동 법환포구 가까운 곳에 있는 빵집은 다미안과 호도제과다. 어

쨌든 두 군데 빵 맛을 다 본 셈이다. 다미안의 팥빵, 자기가 좋아하는 옛날 팥빵 맛이라고 이민 작가가 말했다. 지난번 만났을 때 아침에 드시라고 몇 개 사서 선물했다. 혼자 있는 레지던시 작가 생활. 나도 광주에서 3년을 거의 혼자 살았다. 안 봐도 비디오다. 두 곳 중 다미안 빵이 좀 더 클래식하다. 커피와 곁들여 먹은 호도제과의 크르와상도 맛있었다.

저녁. 토평동 귤밭 일을 마친 홍순석 양기혁 두 친구가 법환포구로 왔다.

법환동어촌계에서 운영하는 식당 '부에난 소라'로 가는 길. 최영장군 승전비가 우뚝 서있다. 호도로 도망친 목호 지도자들을 밧줄로 연결한 배다리로 건너가 소탕한 공적을 기리기 위해 세운 비. 황혼이 내리는 범섬을 말없이 응시하고 있었다.

뭣땜에 화가 났는지 알 길이 없으나, '화난 소라'라는 뜻의 '부에난 소라'에서 구운 소라와 해물파전에 막걸리를 마신다. 싱싱하고 맛있다. 법환의 잠녀(해녀)들이 앞바다에서 잡은 것들이어서 그럴 것이다.

한 남자가 가게 안으로 들어와 말한다.

"소라 3킬로만 살 수 없습니까?"

"그렇겐 안 팔아요."

주방에서 일하는 할망이 대답한다.

"서노….".

남자가 다가가 제주도 말로 말한다. 대충 여

환동어촌계에서 운영하는 식당 '부에난 소라'
로 가는 길

기 어디서 장사하는 사람인데 소라가 필요해서 사러 왔다는 뜻 같다.

홍순석이 조용히 속삭인다.

"괸당."

제주도 사람들끼리 통하는 끈끈한 공동체다. 모두 다 삼촌 조카 형님 동생 아저씨 아주머니로 얽혀 있다. 외지인이 제주도 사회에 쉽게 녹아들지 못하는 것도 특유의 괸당문화 때문이다.

"멧 킬로 필요하다고?"

나이 든 여자가 주방에서 나와 남자랑 같이 나간다. 없는 소라를 잡으러 바다로 간 게 아닌 건 분명하다.

언제고 친구들과의 수다는 즐겁다. 사회생활을 하며 일로 만난 사람들하고는 질적으로 다른 편안함이다.

올 때는 월드컵경기장 앞에서 내려 걸어오느라 힘들어서 돌아갈 때는 택시로 가겠다며 전화로 콜택시를 부른다. 카톡으로 부르면 되지, 했더니 해본 적이 없단다. 헐. 그렇게 늙어간다. 그러면 안 되는데.

나이가 들어도 디지털기기 사용법은 바로 바로 익혀야 한다. 꼭 꼰대라는 소리를 듣기 싫어서가 아니라 삶의 기본조건이기 때문이다.

제주 세 성씨의 조상, 여기서 결혼하다

거문오름 트레킹을 위한 워밍업

고근산　　고쿠텐　　법환포구 올레길 7코스　　속골　　돔베낭골

내일 거문오름에 간다. 제주도에 온 지 얼마 안 돼 사전예약 안 하고 무작정 갔다가 허탕친 오름이다. 전에 MBC 지역사 사장들과 단체 트레킹을 했을 때 좋았다는 생각에 꼭 다시 한 번 가고 싶었다. 그땐 시간이 없어 짧은 코스를 걸었지만 이번엔 긴 코스를 걷고 싶다. 오름 중에서도 지질학적 생물학적으로 매우 가치가 높은 오름이고 트레킹 코스가 재미있어 사람들이 몰린다. 사전 예약을 하려는데 빈 자리가 없어 보름 이상 기다렸다. 내일 거문오름을 마지막으로, 마음 가는대로 돌아다닌 제주도 탐방은 끝낼 생각이다.

　오늘은 내일을 위한 워밍업으로 집에서 가까운 오름과 올레코스를 좀 걷자. 서귀포 혁신도시를 감싸고 있는 고근산(또는 고공산)은 내가 있는 법환에서 3킬로, 차로 10여 분밖에 길리시 않는 기생화산이다. 산밑에서 꼭대기까지 170여 미터밖에 안 되고 정상 둘레길을 10분대에 돌

수 있어 가벼운 운동에 최적이다.

산 아래 주차장에 차를 세우고 정상으로 올라가는 길을 찾는다. 올레길 리본이 달려 있어 어렵지 않게 찾았다. 시작부터 가파른 계단이 이어진다. 가벼운 평상복 차림의 사람들이 많다. 아래 혁신도시 주민들인 듯하다. 어린 아이를 데리고 온 가족도 있다. 물론 배낭을 멘 올레객들도 보인다. 쭉쭉 곧게 뻗은 나무들이 빽빽하다. 편백나무 숲인가. 삼나무인가.

금세 오른 정상. 바람이 엄청 세다. 쌀쌀하다. 일기예보의 기온만 봐가지곤 가늠하기 힘든 게 제주도 날씨다. 바람을 감안해야 한다. 더우면 벗더라도 집을 나서기 전 여분의 옷을 껴입을 필요가 있다.

고근산 정상으로 올라가는 길. 쭉쭉 곧게 뻗은 나무들이 빽빽하다.

고근산 정상. 한라산 설문대할망이 손에 잡힐 듯 가깝고 아래쪽으로 혁신도시의 아파트 숲과 바다에 떠있는 섬들이 보인다. 정상 부근 제법 넓게 움푹 파인 곳이 있다. 분화구인 듯하다. 물은 없고 마른 풀들에 덮여 있다.

서귀포전망대라는 팻말이 붙은 곳. 망원경이 설치돼 있다. 망원경으로 범섬을 본다. 맨눈으로는 잘 보이지 않는 범섬 정상과 뒷부분이 흐릿하게 보인다. 깎아지른 절벽으로만 이루어진 뾰족한 섬인 줄 알았는

거문오름 트레킹을 위한 워밍업

고근산 정상에서는 한라산 설문대할망이 손에 잡힐 듯 가깝다. 정상 부근 올레길에는 올레객들을 위한 기념 스탬프 상자가 마련돼 있다.

데, 뒤쪽으로 제법 평평한 곳도 있는 것 같다. 반란을 일으킨 목호 지도 자들이 범섬으로 도망쳐 10일을 버텼다는 말이 언뜻 이해되지 않았는 데, 지형을 보니 그럴 수 있었을 것 같다. 그래 봤자 범섬에서 목호들은 독안에 든 쥐였고, 최영의 군대에게 참살당하거나 사로잡혀 탐라에서 원나라 세력은 완전히 소멸되었다.

고근산은 서귀포 혁신도시 뒷동산이다. 올레길 7-1 코스에 들어 있 어, 정상 부근 올레길 도중에 올레객들을 위한 기념 스탬프 상자가 마 련돼 있다. 스탬프를 꺼내 손바닥에 찍어본다. 가볍게 정상 부근 둘레 길을 한 바퀴 돌고 내려온다.

차를 집 주차장에 세워두고 법환포구에서 속골을 지나 돔베낭골까 지, 해안의 절경을 보며 걷는 올레길 7코스 구간 일부를 걸어갔다 돌아 오기로 한다.

먼서 섬심. 법환포구 가까운 골목길에 있는 고구텐(黑天)이라는 일 본식 튀김덮밥(天婦羅井, 텐뿌라 돈부리＝줄여서, 텐동)집이다. 수요미식횐가

하는 프로그램에 나온 고쿠텐이라는 음식점이 여기 법환에 지점을 낸 모양이다. 프랜차이즈일 수도 있겠지만 물어보지 않는다.

고쿠텐덮밥과 새우튀김덮밥을 주문한다. 점수를 매긴다면 80점 정도 줄 것 같다. 일본식 튀김덮밥맛을 근사하게 내고 있는데, 튀김, 밥, 밥 위에 뿌리는 간장베이스의 소스, 뭔가 조금씩 부족하다. 도쿄 신주쿠에 살 때, 아케보노바시의 튀김덮밥집에 자주 갔었다. 그때 먹은 텐동 맛을 기억한다.

과거, 초밥도 일본에서 먹다가 한국에서 먹으면 차이가 많이 났었는데, 요즘엔 많이 비슷해졌다. 여전히 뒤처지는 건 숙성시킨 회보다 외려 쌀밥(샤리 또는 스시메시)이다. 일본에서 한국음식을 먹으면 뭔가 부족하듯 반대도 마찬가지다. 고쿠텐의 튀김덮밥은 조금 더 분발해야 할 것 같다.

다른 것도 보완할 필요가 있다. 하나밖에 없는 남녀공용 화장실이 사용 중인지 아닌지 알 수 없게 돼 있다든가, 화장실 내 세면기에서 씻은 손을 닦을 종이타월이 없다든가, 된장국을 미리 갖다 놓아 정작 밥이 나올 땐 다 식어버렸다든가, 하는 것들이다. 고급음식점이 아니더라도 서비스는 일류여야 한다. 일류와 이류의 차이는 디테일에 있다.

청춘 남녀들이 주방과 홀에서 열심히 일하는 모습이 보기 좋았다. 친절했다. 손님들이 많았다. 응원과 격려의 마음을 조언으로 대신한다.

자, 이제 배도 채웠겠다, 속골을 거쳐 돔베낭골까지 걸어 가볼까.

법환포구 방파제에 캠핑카가 서 있다. 설마 친구인 이응주 PD일 리는 없을 테고. 캠핑카 끌고 다니는 사람들 정말 많아졌다.

거문오름 트레킹을 위한 워밍업

2

법환포구에서 해안 오솔길을 따라 걷는다. 올레길 7코스다. 오른쪽으로 바다와 섬들을 보며 길을 걷는다는 건 정말 기분 좋은 일이다. 제주도에 온 이후 바람 잘 날이 거의 없었지만 역시 바닷가 바람은 세다. 몸에선 땀이 나는데도 머리엔 캡, 그 위에 점퍼에 달린 모자까지 이중으로 뒤집어쓴다. 아내는 선캡을 쓰고 다시 손수건을 빙 둘러 묶는다. 고근산에 올랐다가 다른 올레객들이 하는 걸 보고 따라하는 것이다. 여자도 남자도 그렇게 하고 있었다. 진작 이렇게 할걸. 한 손으로 모자를 붙잡고 걷지 않아도 됐을 것을.

7코스는 특히 절경으로 유명하다. 제주올레여행자센터에서 월평포구를 지나 월평마을 아왜낭목쉼터까지 17.6킬로를 걷는 길이다. 원래는 없던 길을 세번째 코스 개척 때 올레지기 김수봉이라는 사람이 염소가 지나가는 걸 보고 그걸 따라 삽과 곡괭이로 길을 만들었단다. 아하. 그래서 속골 근처 팻말에서 본 자연생태길 이름이 수봉로였구나.

법환포구에서 속골 가는 길. 바닷가 수풀이 무성한 곳에 작은 안내판이 있다. 아무 것도 없는데 뭐지? 일냉이라는 곳이다. 이렛날마다 다니던 당인 일냉이당이 있어서 붙은 이름이란다. 법환 동쪽 끝 낮은 해안, 여기서 보는 일출이 장관이라 법환일출봉이라 불리기도 한단다. 근처 서쪽엔 공물깍, 남쪽엔 일냉이여도 있다. 공물은 천둥과 벼락이 치면 솟아나는 민물샘, 깍은 끝, 여는 바다에서 솟아오른 땅이란 뜻이다. 제주도 이름들 참 재밌다.

계속 걸어가자 전에 얘기했던 카페 벙커하우스가 있다. 수자빈 자늘이 많다. 카페 안팎에 사람들이 가득하다. 일요일이라 더 그런가.

올레길 7코스를 걷다 보면 지나가게 되는 공물깍. 공물은 천둥치고 비가 오면 솟아나는 민물샘, 깍은 끝, 여는 바다에서 솟아오른 땅이란 뜻이다.

벙커하우스 앞마당보다 낮은 올레길을 조금 더 가자 올레 안내표지가 바다쪽을 가리킨다. 제법 큰 돌들이 가득한 해변을 지나가는 길이다. 돌 위를 딛다 발이 미끄러져 하마터면 발목을 삘 뻔했다. 조심조심 걷는다. 여행 중 부상은 치명적이다. 젊었을 때면 뛰어다녔을 텐데, 아, 흘러간 세월이여.

"야, 이 길 정말 좋네."

나는 제주MBC 이승염 사장과 함께 전에도 걸은 적이 있다. 너른 유채꽃밭이 나온다. 올레객들을 위해 일부러 조성해놓은 것이다. 아직도 유채꽃이 가득 피어 있다. 높이 자란 야자수들과 노랑 유채꽃밭. 셔터를 누르지 않고는 배길 수 없다. 올레길을 걷다 보면 다양한 꽃들을 만난다. 크고 탐스런 꽃들은 아니고, 작은 들꽃들이지만 형형색색 아름답다. 노란 산괴불주머니, 자주괭이밥, 어릴 적 반지를 만들며 놀던 토끼

거문오름 트레킹을 위한 워밍업

풀꽃, 무꽃… 사진을 찍는다. 다 늙은 남자가 무슨 꽃을 그리 좋아하느냐고 아내는 핀잔이지만 상관없다. 각자의 매력으로 필사적으로 어필하는 모습이 사랑스럽고 짠하지 않은가.

범섬은 걷는 내내 계속 따라온다. 한 곳에 서있는 작은 입간판. 영어로 시크릿가든이라고 써 있다. 그 뒤로 보이는 범섬을 프레임에 넣어 찰칵. 비밀의 정원. 이곳 올레길을 말하는 건가.

조금 더 가자 야자수들이 숲을 이루고 있는 곳이 나타난다. 숲 안에 얼기설기 지어놓은 건물이 보인다. 큰 선인장들이 담장을 대신하는 야자수숲 앞 공터에 천막이 쳐져 있다. 모자지간으로 보이는 사람 둘, 해삼 멍게 소라를 팔고 있다. 천막 아래 제법 사람들이 앉아 있다. 싱싱한 해산물에 시원한 맥주 한 잔, 맛있겠다는 생각은 찰나에 그치고, 그냥 지나간다.

작은 계곡이다. 속골이다. 아치형 작은 나무다리 건너 정자에 사람들이 쉬고 있다. 그 위 주차장에 차들이 보인다. 다리를 건너기 전 왼쪽으로 올라가는 오솔길이 있다. 영어로 시크릿가든이라는 작은 입간판이

서있다. 아하, 여기가 시크릿가든이었구나.

왼쪽 언덕 위에 정자가 있다. 나무데크로 된 전망대도 있다. 작은 오솔길을 올라간다. 정자에 커다란 텐트가 쳐져 있다. 한 남자가 텐트 안 의자에 누워 음악을 듣고 있다. 음악소리가 밖으로 울린다. 사람들이 공동으로 이용하는 정자. 혼자 독점하고 있다. 매너가 아니다.

이런 사람들이 있다. 전에 오토바이를 타고 남쪽을 다녀오다 일몰 구경하기 좋다는 무안 어딘가 길가 주차장에 들렀다. 일몰 구경을 하려는 사람들이 여럿이었다. 그런데, 한쪽에 있는 정자. 떡 하니 텐트가 쳐져 있다. 정자 아래는 오토바이가 주차돼 있다. 정자 마루에는 버너와 그릇들이 놓여 있다. 젊은 친구 한 명이 텐트 안 의자 위에 비스듬히 누워서 바다를 바라보고 있다.

이런 ×××. 입에서 욕이 튀어나오려는 걸 가까스로 참았다. 도대체 어떤 정신상태길래 공공시설을 이딴 식으로 독점한단 말인가. 일몰을 기다리는 사람들 누구도 이러면 안 되지 않느냐고 말하지 않았다. 나도 말하지 않았다. 좀 더 젊었으면 했을 것이다.

정자 앞 나무데크에 잠시 올랐다 내려온다. 머무르며 바다를 조망할 기분이 들지 않는다. 작은 나무다리를 건넌다. 높은 바위 밑 비석이 서 있다. 무슨 비석이지?

바르게살기운동비다. 전국 여기저기서 눈에 띄는 것이다. 볼 때마다 냉소하지 않을 수 없게 만든다. 도대체 왜 이런 비석을 세워야 하는 것인지 이해불가다. 이런 데 쓸 돈 있으면 사람들한테 인성교육부터 좀 시킬 일이다.

속골에서 돔베낭길로 가는 올레길. 바닷가를 따라 갈 수 없다.

거문오름 트레킹을 위한 워밍업

3 ————

속골에서 돔베낭골로 가는 해안 올레는 끊겨 있다. 길을 낼 수 없는 절벽이거나 통과를 허락하지 않는 사유지가 있다. 속골에서 포장도로를 따라 빙 둘러 다시 바다쪽으로 내려가야 한다.

인도를 걷는데 오른쪽에 서귀포여고가 있다. 교정에 서 있는 큰 비석. 교훈이 적혀 있다. 독지 역학(篤志 力學). 뜻을 착실하게 세우고 학업에 힘쓰자. 교훈들이 대개 비슷비슷한데, 이런 한자어를 쓰는 경우는 드물지 않을까. 개성 있다. 1963년에 개교했고, 만4천명이상의 졸업생을 배출했다. 제주도 가로수로 많이 심어져 있을 뿐만 아니라 여기저기 많이 눈에 띄는 먼나무가 학교의 상징나무다. 둥글고 붉게 익은 열매는 중용과 인내를, 훈훈한 향기는 덕을, 늘 푸른 잎은 청운의 꿈을 상징한단다. 제주도에서 자생하는 먼나무에 이런 깊은 뜻이 있을 줄 몰랐다.

참, '여명의 눈동자' '모래시계'를 쓴 송지나 작가가 제주도 어느 고등학교 출신이라던데, 혹시 서귀포여고?, 하고 잠시 생각했으나, 송지나 씨는 동쪽에 있는 세화고등학교 출신이다. 1980년대 중반 MBC에서 만든 휴먼다큐멘터리 인간시대가 인기를 끌기 시작하던 때 작가를 했는데, 나중에 김종학 PD가 연출한 드라마의 대본을 써서 성공했다.

돔베낭골로 꺾어지는 길. 너른 귤밭이 있고 그 아래 주홍색 기와를 한 유럽풍 건물에 레스토랑이 있다. 눈에 익다. 아하, 그렇지. 전에 제주 MBC 이승염 사장이랑 올레길을 걷다가 점심을 먹은 곳이다. 가을이었는지라 너른 귤밭에 샛노란 귤들이 주렁주렁 가득했다. 멀리 한라산이 배경이었다. 뭍에서 볼 수 없는 환상적인 그림이었다. 노랑노랑한 귤밭이 보이는 창가에 앉아 종업원이 권하는 메뉴를 먹었다. 비싸고 맛없었다고 기억한다. 그도 그럴 것이, 이것저것 잔뜩 들어있는 서양식 대형 샐러드 같은 음식이었다. 한식으로 먹을걸, 하며 나이 든 사내 둘이서 점심(이라기보다는 안주) 먹는 내내 후회했다. 괜히 감성적이어 갖고. 안주와 곁들인 맥주 한 잔은 시원하고 맛있었다.

올레길로 되돌아가 잠시 걸으니 다시 우회하라는 표지가 나온다. 사유지다. 양쪽의 높은 돌담 사이로 난 좁은 길을 빠져나와 우회전, 다시 우회전. 올레 표시 리본을 따라 가니, 흰 목재 주택 뒤로 잘 단장된 정원에 많은 조각품들이 놓여 있고, 사람들이 많고, 안쪽에 낮은 건물이 있다. 카페 60빈스다. 사유지지만 소유자인 바닷가하얀집펜션과 카페 60빈스의 협조로 통과할 수 있게 되었으니 감사한 마음을 가지시라, 는 안내문이 달려 있다. 지나온 하얀 목재주택이 바닷가하얀집펜션이었다.

대평리 박수기정 정상부의 땅 수만 평 밭을 소작 주면서 집도 별장도 없는 바닷가 올레길을 막고, 있지도 않은 개 조심하라고 큼지막한 말뚝 간판을 세워놓은 것과 비교하면, 고마운 일이다. 커피라도 한 잔 마셔 줘야지. 종이컵에 나온 커피값을 듣고 놀란다. 블랙커피 6,000원, 라떼

7,000원이란다. 호텔 빼놓고 제주도에 온 이래 가장 비싼 커피다. 맛은? 음. 올레길을 개방해준 주인에게 감사한 마음이 조금 줄어들었다. 맛은 둘째 치고 예쁜 잔에라도 담아주었으면 나았을 것이다.

바닷가하얀집펜션에서 카페 60빈스에 이르는 부지는 매우 잘 정돈되어 있고, 많은 조각품들이 놓여 있어, 야외 미술관에 온 느낌이 난다. 소유주가 한 사람일 수도 있겠다. 찬찬히 보니 돔베낭골은 속골에 비하면 부자들이 모여 있다는 냄새가 물씬 난다. 큰 저택들이 많이 보이고, 저 위로 고급일 것 같은 아파트 공사가 한창이다.

건너편 절벽이 장관이다. 박수기정을 닮았다. 절벽 오른쪽 멀리 문섬과 새끼섬이 보인다. 그 앞 해안에 외돌개, 황우지해안, 폭풍의 언덕이 있고, 외돌개휴게소가 있다.

외돌개 해안은 전에 갔으니 오늘은 여기까지만 걷자. 커피 마시며 쉬긴 했지만 다리는 여전히 뻣뻣하다. 집은 버스 탈까 걸을까? 다시 걸어 돌아가기로 한다. 살 빼야지.

쥐 한 마리가 쪼르르 달려가다가 은폐물 뒤에 숨어 쥐 죽은 듯 웅크리고 있다. 갑자기 발가락에 쥐가 난다. 거문오름 탐방에 대비해 워밍업으로 조금 걷자고 한 것이 본격적인 올레길 트레킹이 되고 말았다.

서귀포농협 법환지점 옆 골목길로 접어들어 100여 미터만 가면 한 달 살기를 하고 있는 아파트다. 좁은 골목길이 한쪽에 주차된 차들로 더욱 좁아졌다. 반대편에서 차가 오면 비켜서거나 뒤로 물러나야 한다. 돌담에 한 치의 빈틈도 없이 딱 붙어 있는 차가 있었다. 기가 막힌 주차 솜씨다. 집에 차고는 없고 골목에 주차는 해야 하고. 그래서 요령이 늘었을 것이다.

바닷가하얀집펜션에서 카페 60빈스에 이르는 부지는 매우 잘 정돈되어 있고, 많은 조각품들이 놓여 있어, 야외 미술관에 온 느낌이 난다.

그런데도 여기저기 아파트 공사가 한창이다. 완성되어 다 입주하면 교통 혼잡은 불을 보듯 뻔하다. 무질서한 개발로 보이지만 허가가 났으니 지을 것이다. 법환포구 바로 앞에도 거대한 주상복합 건물이 들어섰다. 전세입자 임차인 구매자를 구하는 광고물이 붙어 있었다. 며칠 전 제주도 사는 이가 "법환도 베레부렀수다. 너무 난개발이단마심."이라고 말했다. 모레 떠나지만 한 달을 살면서 정이 들었다. 언제가 될지 모르지만 다시 찾아왔을 때 좋은 쪽으로 발전해 있기를 바란다.

거문오름 트레킹을 위한 워밍업

대망의 거문오름을 오르다

거문오름   충세흑돼지

거문오름. 한 달 제주도 탐방 마지막 목적지다. 전에, 바람 엄청 센 날 왔다가 보기 좋게 허탕친 곳이다. 앞서 검은오름으로 잘못 갔다가 허탕 치고 차를 돌려 다시 거문오름으로 왔었다. 연속으로 두 번 허탕을 쳤으니 한 달 살기 끝나기 전에 기어코 와야만 했다. 제주도를 떠나기 이틀 전에 겨우 자리가 나서 예약을 했다. 오늘은 바람도 잔잔하다.

구불구불한 산길을 달려오느라 도착이 예약 시간 열시에서 오분 늦었다. 티켓을 사고, 출입증을 받아 가슴에 단다.

"배낭 안에 혹시 먹을 것 있으면 전부 꺼내놓고 가세요."

엥? 토마토와 바나나 몇 개, 그리고 생수 한 병을 가져왔는데, 전부 로커에 넣어두고 가라고?

색소 음료는 안 되지만 생수는 갖고 가도 된단다. 먹는 선 초콜릿도 안 된단다. 당이 떨어지면 곤란한 환자는 어떡하라고, 세시간 반을 걸어야 하는 3코스 희망자는 또 어떡하라고. 물어보고 싶지만 참는다. 쓰레기 걱정 때문이겠지만, 조금 지나치다. 사전예약을 받고 신분을 전부 확인하고 인솔자가 있고, 이런 번거로운 절차를 거쳐서까지 거문오름을 오고 싶어한 사람들이라면 교양도 있을 텐데, 이렇게까지 해야 하나. 의문은 맘속으로만 품고, 순순히 따른다. 천생 모범생이다. 로커 안에 토마토와 바나나를 넣고 임의로 네 자리 번호를 누르니 잠긴다.

그런데, 기다렸다가 열 시 30분 팀하고 같이 들어가야 한단다. 열시 팀은 이미 떠나고 없다. 그동안 전시관에 가서 구경하고 오란다. 그 전에 매표소에 가서 전시관 관람용 무료 티켓을 따로 받아야 한단다. 전시관 안에 있는 작은 원형극장. 제주도의 사계, 화산 폭발과 용암에 의해 만들어진 제주도의 지질과 지형 등을 소재로 한 영상물이 상영 중이다. 바닥 의자에 앉아서 구경한다.

탐방은 한 팀당 30명, 30분 간격을 두고 9시부터 시작한다. 오후 1시 출발이 마지막이다. 세계자연유산해설사 명찰을 단 인솔자를 따라 가면 된다.

거문오름 탐방 코스는 모두 세 종류인데, 1, 2코스까지 해설사가 안내하고 3코스는 희망자에 한해 인솔자 없이 자율적으로 걸으면 된다.

1코스=정상코스=약 1.8km. 약 1시간.

2코스=분화구코스=약 5.5km. 약 2시간 반.

3코스=전체코스, 태극길=약 10km. 약 3시간 반.

거문오름의 거문은 신을 뜻하는 말이다. 금, 검, 곰, 감. 모두 같은 말이다. 단군왕검의 검, 동물 곰. 임금의 금.

일본어로 곰을 의미하는 쿠마, 신을 의미하는 카미. 모두 어원이 같

대망의 거문오름을 오르다

다. 사람 모습을 한 신이라는 천황을 일컫는 말, 현인신(現人神)의 발음은 아라히토가미다. 가미, 즉 단군왕검의 검이다. 쿠마(熊)는 곰이라는 뜻인데, 조선민족의 어머니는 곰=신이다. 쿠마는 크고 힘세다는 뜻으로 명사 앞에 붙여 쓰기도 한다. 대형종 매미인 말매미는 쿠마제미(熊蟬)라고 읽는다. 쿠마=곰은 크고 힘이 세다. 발음이 변했을 뿐 어원이 한국어인 일본어 단어들이 정말 많다. 신을 의미하는 말인 카미도 한국에서 건너간 것이다. 천황도 백제계니 실제로 현인신(아라히토가미)도 조선대륙에서 일본열도로 건너간 것이다. 거문오름(=신오름)이 오름 중에서도 특별히 신령스러운 오름인 까닭이다.

탐방소 입구. 거문오름의 한자 표기는 拒文岳이다. 중국어 발음으로는 전혀 비슷하지 않으나 뜻은 절묘하달 수 있겠다. 글을 거부하는 산. 너무 아름답고 신비해서 글로 표현할 수 없는 산. 그럴 듯하다.

해설사가 입구에서 얼마 올라가지 않은 곳에 멈춘다. 길가, 숲 가장자리에 동그란 돌이 있다. 해설사가 탐방객들에게 묻는다.

"이게 뭔지 아시나요?"

2

"화산탄입니다. 화산이 폭발할 때 날아와 박힌 겁니다. 제주도 말로는 불칸돌이라고 합니다."

거대한 불기둥이 치솟으면서 시뻘건 불덩이들이 수도 없이 하늘을 날아 사방으로 떨어신다. 식으년 돌이시만 무시무시한 파괴력을 가진 탄환이다. 총알만한 것도 있고 거대한 포탄도 있다. 수월봉 해안절벽에

유네스코세계자연유산해설사 강경수 씨가 거문오름 입구에서 얼마 올라가지 않은 곳에 멈추고 화산이 폭발할 때 날아와 박힌 불칸돌(화산탄)에 대해 설명한다.

무수히 박혀 있는 돌들이 화산탄이다.

화산탄＝불칸돌. 제주도에서는 불탄다를 불칸다라고 한다. 불에 탄 돌이니 불칸돌이다. 불에 탄 나무는 불칸낭이라고 한다. 불칸, 영어로 VULCAN. 불카누스(VULCANUS)에서 왔다. 고대 로마시대, 화산의 불과 대장일(fire and metalworking)을 관장하는 신이다. 그리스에서는 헤파이스토스(Hephaestus)라고 부른다. 손에 대장장이 망치를 든 조각상으로 묘사된다.

재밌지 않은가. 불칸돌. 불칸이 만들어낸 돌. 엉뚱한 생각을 한다. 모든 언어의 어원은 한국어 아닌가. 어불성설이다. 그런데, 실제로 그렇게 주장하는 이들이 있다. 말이라는 게 서로 섞이게 마련이지만, 지나친 억지다. 그래도 그런 상상을 해보는 건 재미있는 일이다.

불칸(VULCAN)의 영어 발음은 벌컨에 가깝다. 미국이 개발한 벌컨포.

대망의 거문오름을 오르다

여섯 개의 포신이 회전하면서 1분에 벌건 탄환 6천발을 발사하는 가공할 대공 무기다. 사람 죽이는 무기에 자기 이름을 붙인 걸 알면 불카누스신이 뭐라고 할까. 열불이 나서 술 한 잔 마시고 불콰한 얼굴로 불같이 화(火)를 내지 않았을까.

화산탄 옆에 연두색으로 자라난 풀.

"천남성이란 겁니다. 절대 만지거나 먹으면 안 됩니다. 독성이 강해 사약에 쓰는 겁니다."

잎사귀가 보드랍게 생겨 나물로 알고 잘못 먹었다가는 큰일이 생길 수 있다. 산에 가서 함부로 모르는 풀이나 버섯 따다 먹는 건 절대 해선 안 된다. 해설이 이어진다.

"아주 묘한 풀입니다. 성별을 지맘대로 바꿀 수 있습니다. 살아갈 조건이 안 좋으면 남성, 좋으면 여성을 스스로 선택합니다. 가운데 끝이 아래쪽으로 꺾여 있는 게 뱀대가리를 닮았다고 해서 사두초라고도 합니다."

유네스코세계자연유산해설사 강경수 씨다. 나중에 물어봤더니 교직을 마치고 해설사로 봉사한 지 4년째라고 했다. 제주도 억양의 담담한 해설이 귀에 쏙쏙 들어온다. 화산, 생물, 지질… 공부를 많이 해야 할 것 같다. 해설사로 일해서 밥 먹고 사는 건 안 되지만, 나이 들어 보람 있는 일이라고 말했다. 교사 출신이라면 더욱 잘 맞을 것이다. 서울 경복궁 같은 역사문화유산에도 해설사들이 배치돼 있는데, 교사나 여행 가이드 출신들이 많다.

해설을 들으며 입구에서 시작된 경사길을 한참 오르자 갈래길이 나온다. 왼쪽은 1코스 전망대로 가는 길, 오른쪽은 3코스까지 끝낸 사람들이 내려오는 길이다. 당연히 1코스쪽으로 가야 한다. 바로 가파른 계단이 시작된다.

"모두 243갭니다. 그래봤자 오분이면 됩니다. 여기만 올라가면 나머진 힘들 게 전혀 없습니다."

해설사의 말이 그렇다는 것이지 계단은 힘들다. 탐방이 끝날 때쯤 이런 계단이 있다면 더 힘들 것이다.

"저건 제주도에서 자생하는 금새우란이라는 겁니다."

푸른 잎들 가운데 솟은 줄기 주위에 작은 노랑 꽃들이 고개를 숙이고 잔뜩 매달려 있다.

"무슨 냄새 안 나요? 구린내 같기도 하고 향기 같기도 하고. 상산나무라는 겁니다. 상산 조자룡 할 때 그 상산."

길가에 많이 자라고 있다. 가느다란 줄기에 나뭇잎이 무수히 달려 있고, 작은 꽃으로 보이는 것들이 잔뜩 달려 있다.

"만지면 냄새가 더 강해집니다. 구린내 같다고 싫어하는 사람도 있고, 강한 향을 좋아하는 사람도 있습니다. 똥파리들이 꼬이는 게 냄새 때문입니다."

코를 대고 맡아보니 강하긴 한데 밤꽃 냄새만큼은 아니다. 구린내 같지도 않다. 상산나무가 발산하는 피톤치드 냄새라니 더 많이 들이마시면 좋은 것 아닌가.

옛날 학질에 걸린 스님이 탁발을 나갔다. 오들오들 떠는 걸 보고 시주하는 이가 죽을 써주었다. 먹고 나니 학질이 씻은 듯이 나았다. 스님이 무슨 죽이냐고 물었더니 상산나무 뿌리를 넣고 썼다고 말했다. 실제

로 상산나무에서는 말라리아 치료에 효과가 있는 성분이 들어 있단다. 이래저래 사람에게 좋은 나무다. 똥파리가 꾀는 것도 이유가 있어서일 것이다.

정상에 오른다. 456미터라는 표지석이 있다. 해수면에서 그렇다는 것이고 오름 아래서부터 따지면 110미터 정도밖에 되지 않는 낮은 동산이다. 요즘엔 해발이라는 말을 사용하지 않는단다. 온난화로 해수면이 조금씩 상승하니 더 이상 안 맞는단다.

조금 더 가니 나무 데크가 있다. 멀리 바다가 보인다. 하늘이 더 맑은 날엔 추자도, 보길도까지 보인단다. 초장에 힘든 계단을 주파하고 나니 내려가는 건 일도 아니다. 흙길도 있고 긴 나무 계단도 있다. 1코스가 끝나는 지점까지 내려간다. 완전 평지다. 갈래길이 있다. 왼쪽으로 가면 탐방안내소, 오른쪽으로 가면 2코스다.

"여기까지 하실 분들은 왼쪽으로 가시면 됩니다. 돌아가실 분 안 계신가요?"

3 ———

1코스만 끝내고 돌아갈 사람은 한 명도 없다. 다 같이 2코스를 걷는다. 아이를 데려온 가족도 있고, 제법 나이든 부부도 있고, 혼자 온 젊은 여성도 있다. 음, 모르긴 해도, 우리가 제일 나이 들었을 수도 있겠다. 이런 델 찾아다닐 날도 많이 남지 않았다는 건가.

제주도 온 이후 매일 걸어서 다리가 많이 튼튼해졌다. 한라산 영실코스도 스무날쯤 지났을 때 가서 큰 문제 없었다. 거문오름을 마지막으로 한 것도 잘 한 일이다. 한 달 살기를 시작한 직후에 힘든 코스에 도전했더라면 중도 포기를 했을지도 모른다.

1코스 1.8킬로 정도 산길을 걸은 정도로는 아무렇지 않다. 다리도 전혀 떨리지 않는다. 1, 2, 3코스 합해 총 10킬로쯤 되는 거문오름 코스를 전부 걸을 수 있겠다.

2코스 중간 중간 용암협곡(용암붕괴도랑)을 만난다. 용암이 흐를 때 찬 공기와 접촉하는 윗부분은 빨리 식어 굳어지고 그 밑을 흐르는 용암은 빠져 나가면서 동굴을 만든다. 시간이 지나 동굴이 무너지면 계곡이 만들어진단다. 한 곳에 이르렀을 때 해설사가 참가자에게 발로 지면을 세게 밟아보라 했다. 쿵쿵 울리는 소리가 났다.

"이 아래 동굴이 있을 확률이 큽니다. 무너지면 옆에 보는 것처럼 이런 계곡이 되는 겁니다."

거문오름 탐방은 다채로운 코스를 걷는 즐거움만이 아니라 풀, 나무,

대망의 거문오름을 오르다

화산, 지질을 배우는 재미도 있다.

뿌리가 뽑힌 채 자빠져 있는 커다란 나무를 만난다.

"몇 년 전 태풍 때 넘어진 겁니다. 넘어진 그대로 놔둬야 합니다."

길 옆에 바짝 붙어 나무데크를 찌그러뜨린 큰 바윗덩어리도 있다.

"지난 태풍 때 위에서 굴러 떨어진 겁니다. 바위를 받치고 있던 흙이 빗물에 쓸려내려가니 제자리에 있을 수 없었던 거지요."

"거문오름에서는 자연보호도 해서는 안 됩니다. 그냥 그대로 놔둬야 합니다. 자연을 훼손하면 5,000만 원 벌금에 구속까지 될 수 있습니다."

그런데, 군데군데 잘린 나무들이 있다. 앞뒤가 안 맞는데, 하고 생각하려는데

"여기 쭉쭉 뻗은 나무들 있지요. 이건 삼나무입니다. 1970년대 인공적으로 조림한 숲입니다. 그때는 이게 좋다고 일본에서 들여와 심었습니다. 그런데, 유네스코에서도 이건 좀 베어내는 게 좋겠다는 권고가 있었습니다. 자연적인 식생이 아니라는 것이지요. 앞으로 20년에 걸쳐서 조금씩 베어낸답니다. 일부 베어낸 곳에 금세 다른 나무들과 풀들이 자라서 회복되는 걸 확인했습니다."

아하, 그런 것이었구나.

일본에 엄청나게 많은 삼나무. 우리 땅에는 없는 나무였다. 목조 건물을 지을 때 곧은 나무를 구하기 어려워서 대궐이나 큰 절이 아니면 약간만 다듬거나 굽은 나무를 그대로 썼다. 일본은 얼마든지 있는 쭉쭉 뻗은 나무를 베어 직선으로 다듬어 썼다.

'료마가 간다', '언덕 위의 구름' 등을 쓴 일본이 유명한 소설가 시바 료타로가 한국기행(韓のくに紀行)에서 한국의 옛 목조건물들을 빈틈없

는 일본 건물 이전의 것, 그리운 옛날 건축 운운했다는 내용을, 아주 오래 전에 NHK 다큐멘터리에서 본 적이 있다. 아마 도쿄특파원으로 있을 때였을 것이다. 가소로운 일이다.

중국 황토고원에 사는 이들을 일본에 사는 이들이 목욕도 제대로 안 하고 사는 미개한 사람들이라고 비웃는 것이 가당치 않듯 언어도단이다. 물이 풍부하고 고온다습한 기후에 사는 이들과 물도 부족하고 메마른 대지에 사는 이들을 단순비교한다면 우스운 일일 것이다. 문화는 대부분 자연환경의 소산이다.

물론 그 민족 특유의 미의식 차이도 있다. 부정하지 않는다. 일본인들은 빈틈없는 치밀함을 좋아하지만 한국인들은 빈틈이 없으면 숨막혀한다. 파격의 미에 가치를 둔다. 두 나라 정원을 비교하면 알 수 있다. 요즘 유행하는 분재도 한국보다는 일본에서 발전했다. 나무를 비틀고 꼬아서 자라지 못하게 한다. 작은 화분에 억지로 자연을 들어앉힌다. 정원도 그렇고 분재도 그렇다. 기형을 보고 즐거워한다. 지금은 다 같아졌지만 꽃꽂이도 일본과 한국은 달랐다. 결정적 차이는 자연스러우냐 부자연스러우냐다. 어느 것이 절대적으로 낫다는 건 물론 없다.

쭉쭉 곧게 빨리 자라 삼나무가 좋아보였지만 지금은 베어내야 할 처

대망의 거문오름을 오르다

지다. 미국의 산림이 산불에 취약한 건 쭉쭉 뻗은 나무들 사이로 바람이 빠르게 통과할 수 있기 때문이다. 산불 고속도로다. 반면 제주도 곶자왈은 나무들과 덩굴식물들이 얼크러져 산다. 땅속에서 올라오는 습기를 머금은 공기와 미로처럼 얽힌 숲은 불에 잘 타지도 않고 빠르게 번지지도 않는다. 산불의 입장에서 보면 장애물이 많은 비포장 자갈길이다. 옛날엔 거저나 다름없는 값으로 팔고 샀다는 곶자왈은 다른 데서 볼 수 없는 제주도의 보물이다. 그 넓은 곶자왈이 엄청나게 훼손되고 파괴되고 있다. 중국자본이 100만 평이 넘는 땅을 사들여 개발하고 있는 신화월드가 그렇다고, 해설사가 말했다. 돈 욕심에 가장 제주도를 제주도답게 만들고 있는 곶자왈을 없애버린다면 제주도는 더 이상 제주도가 아니게 될 것이다. 사람들도 더 이상 찾지 않을 것이다. 당장 눈앞의 이익인가 영구적으로 가치를 생산해줄 자연인가. 깊이 생각해봐야 한다.

"전국에서 제주도민들 아토피 발병률이 가장 높습니다. 삼나무 꽃가루 때문입니다. 일본 사람들 중에 아토피를 앓고 있는 비율이 높은 것도 삼나무 때문입니다. 봄이면 삼나무꽃가루 예보를 할 정돕니다."

자연은 예로부터 있어온 그대로 있는 게 최고다. 물론 환경근본주의는 옳지 않다. 인간에게 이롭게 이용하되, 개발은 최대한 신중하게 해야 한다. 한 번 파괴된 자연을 복원하는 일은 지난한 일이다.

4 ————

진밍대에서 분화구를 내려다본다. 지역민들이 거널장이라고 부르는 거문오름 분화구는 제주도에서 가장 크다. 한라산 백록담의 두 배 반이나 된다. 분화구에 용암이 흘러내려간 자국이 보인다. 화산에서 분출한 용암은 월정리포구까지 14킬로를 흘러갔다. 구불구불 곡선으로 재면 25킬로에 달한다.

용암은 흘러가면서 여러 개의 동굴을 만들었다. 뱅뒤굴, 김녕굴, 만장굴, 용천동굴이 그것이다. 합해서 거문오름동굴계라고 한다. 그 중 만장굴은 세계에서 가장 긴 용암동굴로 길이가 13,422미터에 달한다. 입구에서 1킬로 정도까지만 공개되어 있고 나머지는 비공개다.

만장굴 최초 발견자는 고 부종휴 선생이다. 1946년 김녕국민학교 부종휴 교사는 제자 30명으로 탐험대를 꾸려 동굴을 탐사했다. 깜깜한 동굴 속을 횃불을 켜들고 한 발 한 발 전진하며 높이, 길이, 폭을 재고 기록했다. 작년인가, 제주도 출장 후 만장굴을 방문했을 때 부종휴 선생과 어린 제자들의 탐험 모습을 표현한 부조물을 봤다. 부종휴 선생은 1962년 한라산에서 왕벚꽃 자생지를 발견하여 발표했는데 한라산과 제주도를 누구보다 사랑하고 연구한 분이다. 한라산 식물의 90%는 부종휴 선생이 처음으로 발견한 것이라고 한다. 일찍이 1963년에 한라산 보호의 필요성을 제기한 선각자이기도 하다. 1969년에는 자신이 발견한 만장굴 속에서 결혼식을 올렸다. 삼성혈이란 구멍에서 솟아난 고양부 세 성씨 중 하나인 부씨의 후손으로서, 굴에서 태어난 조상을 둔 사람이 한국 최초로 동굴에서 결혼식을 올린다고 화제가 됐다. 대대적인 언론보도 덕에 만장굴은 일약 전국적으로 유명해졌으며 이후 관광객이 급증했다.

깊이가 35미터에 달하는 수직동굴이 있었다. 위아래 두 개의 동굴이 있었는데, 위의 동굴이 무너져 밑의 동굴과 합쳐진 탓에 깊은 굴이 생

대망의 거문오름을 오르다

졌다. 시커먼 굴 입구를 쇠막대기 격자로 봉쇄해 놓았다. 과거, 수직동굴에서 간혹 소나 말 울음소리가 들릴 때가 있었단다. 놓아 먹이는 가축이 이동하다 빠져서 나오지 못하고 울부짖는 소리였단다. 가족 중에 오름에 갔다가 수직굴에 빠져서 실종된 경우도 있었단다. 의문이 들었지만 물어보진 않았다.

거문오름 곶자왈에는 숨골이나 수직굴 같은 구멍들이 많은데, 인공적으로 뚫은 굴도 있다. 일본군이 열개의 갱도진지를 팠다. 2차대전 말기 일본은 6천명의 군대를 제주도에 주둔시키고 미군과 최후의 결전을 준비했다. 섬 도처에 비행기 격납고, 인간어뢰 기지, 포진지, 갱도진지를 만들어 섬 전체를 요새화했다. 원자폭탄 두 발이 아니었으면 제주도도 오키나와 꼴이 날 뻔했다. 엄청나게 많은 제주도민들이 희생되었을 것이다. 일본이 세계에서 유일하게 원자폭탄에 당한 피해국가라는 점을 부각시키며 전쟁 책임을 희석시키려 기노하지만 별 공감을 얻지 못하는데는 다 이유가 있다. 108여단이 주둔했던 곳의 굴 입구에 일본군 갱도

진지라는 팻말이 있었다. 일본군은 또 마차가 지나갈 정도의 길을 내기 위해 제주도민들을 강제 동원했다. 흙이라고는 없는, 파도 파도 돌뿐인 곳이니 그 고생이 어떠했을지 짐작이 간다. 아름다운 제주도 풍경 속 도처에 일본이 할퀸 상처가 이렇게나 많다는 사실에 거듭 놀란다.

거문오름은 식생의 보고다. 중국 일본에 이어 세 번째로 발견되었다는 주걱비름이 노란 꽃을 달고 바위 위에 군집을 이루고 있다. 흔한 야생화로 알고 지나쳤을 작은 풀이 설명을 듣고나기 새삼 귀하게 느껴진다. 금새우란처럼 눈에 띄지 않지만 제주에만 자생하는 새우란도 있다.

"가장자리가 흰 줄로 둘러쳐진 키 작은 대나무 보이시죠. 한라무늬 조릿대라는 겁니다. 어찌나 번식력이 강한지 한 번 퍼지면 다른 식물들을 자라지 못하게 합니다. 너무 퍼지면 안 되는데 걱정입니다."

거문오름 한 곳에서 나무데크길 양쪽을 온통 뒤덮고 있는 조릿대숲을 발견했다. 과연 다른 나무나 풀들은 없고 전부 조릿대뿐이다. 이럴 경우 그냥 내버려두는 건지 궁금하다. 인공으로 조림한 삼나무는 서서히 벌목하고 있다는데.

좋은 점도 있다. 조릿대잎은 차로 만들어 마신단다. 고혈압에 좋단다.

옛날 자연유산보호 개념이 없었던 시절. 거문오름 안에는 숯가마터가 있었다. 숯일꾼들은 가마를 만들고 그 앞에서 몇 날을 묵으며 숯을 구웠다. 가마터에 팻말이 있다.

2코스가 끝나는 지점. 해설사는 여기까지 동행한다.

"3코스 더 걷고 싶은 분은 이 길로 가시면 됩니다."

우리 빼고 희망자가 한 명도 없다. 모두들 탐방을 끝내고 돌아간다.

지금까지 약 5.5킬로를 걸었다. 힘들다. 속으로는 이쯤 했으면 충분하지 않나 생각하지만, 말을 꺼낼 분위기가 아니다. 거문오름 타령을 한 아내는 2코스로 끝낼 생각이 전혀 없다. 시간을 보니 열 두시가 넘었다. 꼬르륵. 배고프다. 생수 빼고 먹을 건 전부 로커에 넣어두고 왔다. 3코스를 더하면 모두 10킬로를 걸어야 하는데, 어쩔 수 없다.

거문오름에는 분화구를 둘러싸고 모두 아홉 개의 봉우리가 있다. 1코스 시작하자마자 가파른 계단을 올라 도착한 첫 번째 봉우리 이후로 봉우리를 넘은 적이 없다. 남아 있는 여덟 개의 봉우리는 모두 3코스에 있다.

내려갔다 올라갔다 끝없이 되풀이 되는 산길. 생각하면 아득하다. 하지만 언제나 그렇듯 눈과 머리는 게으르고 발은 부지런하다. 묵묵히 걷다 보면 끝이 있겠지.

흙을 밟고 걷는 건 기분 좋다. 끝도 없이 계속되는 나무 계단길은 너무 싫다. 그런데, 계단이 굉장히 많다. 길을 내기 어렵고, 오름을 보호하기 위해서일 테지만 나무계단 대신 다른 방법은 없는 것인가. 없으니까 이렇게 하는 것이겠지.

오르락내리락. 중간 중간 철퍼덕 주저앉아 한참을 쉬고 다시 걷는데도 기력이 거의 다 빠져나갔다.

아이고, 더 이상 못 가겠다. 다리 힘도 없지만 무엇보다 허기가 져서 남아 있는 에너지가 하나도 없다. 죽을 지경으로 배고프다. I'm starving to death. 영국인들도 똑같은 표현을 쓴다.

평평한 나무데크 위에 벌러덩 눕는다. 새소리 바람소리 말고 다른 소음은 들리지 않는다. 평화롭다. 높이 치솟은 나무들이 하늘에 머리를 맞대고 모여 있다. 시합 전 손을 내밀어 화이팅을 외치려는 것 같이도 보인다. 부는 바람에 금세 몸이 식는다. 춥다. 벗은 점퍼를 몸 위에 덮는다.

"다 왔어. 여기가 끝이야." 멀리 계단 아래서 아내가 부른다. 모습은 보이지 않고 목소리만 들린다.

"진짜로?"

일어나서 계단을 내려간다. 나무들 사이로 작은 집이 보인다. 초소다. 1코스가 시작되는 지점, 1코스 시작지점과 3코스 종점이 만나는 갈래길이다.

"마스크 써주세요."

초소 근무자가 말한다. 우리밖에 없는 3코스에서 마스크를 벗고 자유로웠다. 도대체 마스크에서는 언제쯤 해방될 것인가.

경사진 길을 따라 한 무리의 사람들이 올라오고 있다. 탐방을 시작하는 사람들이다. 허기지고 지친 몸에 갑자기 힘이 솟는다. 10킬로 산길을 세시간 반에 주파했다. 죽어도 더 이상 못하겠다고 생각했을 때 종착지가 눈앞에 있었다. 마치고 나니 스스로 대견하다. 꼬르륵. 늦은 점심은 또 얼마나 맛있을 것인가.

거문오름 탐방은 눈귀코입이 즐거운 체험이다. 눈으로 아름다운 경치를 보고, 귀로 재미있고 유익한 해설을 듣고, 코로 숲과 꽃의 향내를 맡고. 입은? 끝나고 나가서 식사를 하면 그렇게 맛있을 수 없으니 입이 즐겁지 않겠느냐. 강경수 해설사의 말이다.*

눈·귀·코가 즐거운 체험은 끝났고 이젠 입이 즐거울 차례다.

---

* 거문오름 탐방기 내용 중 상당 부분은 강경수 해설사님의 설명에 기반한 것임.

대망의 거문오름을 오르다

5 ────────

거문오름을 내려와 점심을 먹기 위해 제법 떨어진 곳까지 차를 몬다. 가까운 데서 먹어도 되는 것을 왜 굳이 그러는지 아내는 잘 모르겠다는 표정이다. 맛집으로 소문난 데를 찾아가는 것도 아니니 자세한 연유를 모르면 의아해할 만하다.

거문오름이 있는 선흘리와 목표로 한 음식점이 있는 조천리는 모두 조천읍에 있다. 20분 가까이 바닷쪽을 향해 달려 도착한다. 도로변의 특별할 것 없는 흑돼지 전문 음식점이다.

오후 두 시가 넘은 시각. 문을 열고 들어간다.

왼쪽에 커다란 냉장고. 부위별로 진공포장한 돼지고기들이 들어 있다. 카운터 뒤 벽에 표창장 자격증 같아 보이는 패와 액자들, 사진이 들어 있는 액자들이 무수히 많다. 김영삼 대통령 모습도 눈에 들어온다. 신문기사를 액자에 넣어 걸어둔 것들도 있다. 보통 돼지고기음식점에서 보기 어려운 광경이다.

홀에는 젊은이들이 두 테이블을 차지하고 고기를 굽고 있다. 대낮부터 고기를 굽고 싶은 마음은 없다. 불고기를 시킨다. 서울에서 흔히 보는 보들보들한 돼지불고기 하고는 달리 육질이 쫄깃쫄깃하다. 배도 고픈데 거문오름 가까운 데서 먹을 것이지 굳이 멀리 어딜 찾아가느냐 못마땅해 하던 아내가 상추에 싸서 한 입 먹더니 말한다.

"쫄깃쫄깃 맛있네."

"그렇지. 나를 따라 다녀서 손해볼 것 없잖아."

"맨 닐 허탕만 치시는 분이…"

분위기가 좋다. 굳이 왜 조천읍 조천리 충세흑돼지집까지 찾아갔는가 하면...

열흘쯤 됐을까. 광주에서 지인이 전화를 해왔다. 광주MBC를 퇴직한 최 모 국장 미술대학 동기인 여성화가가 제주도에서 흑돼지 식당을 하는데 꼭 가보시라. 제주도 여행 갔다가 흑돼지사업으로 유명한 남편을 만나 재혼을 했는데, 그 스토리가 드라마틱하다. 그런 내용이었다. 전혀 안면이 없는 분을, 딱히 이유가 있는 것도 아닌데, 서귀포에서 군이 찾아갈 것까진 없고 가까운 데 갈 기회가 있으면 한 번 들러봐야지 생각하고 잊고 있었는데, 며칠 후 휴대폰에 모르는 번호가 떴다.

"정혜인이라고 합니다. 광주MBC ○○○ 국장 아시지요? 오랜만에 나한테 전화를 해서는 좋아하는 분이 제주도 한 달 살기 갔는데 꼭 한 번 만나보라대요. 워낙 송 사장님 칭찬을 많이 하는 통에 안 만나면 안 될 것 같아서 전화했습니다."

성격이 화끈할 것 같은 목소리였다.

"예. 확언은 못 드리겠지만, 형편 봐서 한 번 들르겠습니다."

그렇게 된 것이었다.

그런데, 평범한 시골 흑돼지집으로 보이는 이 식당. 알고 보니 대단한 곳이었다. 오늘의 제주흑돼지를 만들어 전국에 알린 김충세 씨가 운영하는 음식점이었다.

자그마한 체구에 마스크를 쓴 남자 분이 우리 자리로 와 더 필요한 것 없느냐 묻는다. 혹시 정혜인 대표 계시느냐 물으니 우리 집사람이란다. 여차저차해서 광주에서 꼭 한 번 가보라 해서 들렀다고 하니 반갑다며 지금 아내는 여기 없다고 한다. 그러면서 내가 바로 제주흑돼지를 처음 만들어낸 사람이란다.

대망의 거문오름을 오르다

김충세 대표는 제주도 재래종 돼지를 개량해 새로운 흑돼지를 만들어냈고, 도뚜리라는 브랜드로 상품화해 본격적으로 알리고 판매했다.

충세영농조합 김충세 대표. 제주도의 재래종 돼지를 개량해 상품성 있는 새로운 흑돼지를 만들어낸 주인공이다. 1990년대 초반 제주도양돈협회장이었을 때 제주도축산진흥원이 제안한 새 품종 개량 프로젝트를 맡아 수행했다. 재래종 제주흑돼지는 껍질이 너무 두껍고 뼈가 굵고 몸집이 작아서 고기 생산량이 적었다. 2년 가까운 개량 사업 끝에 새로운 흑돼지를 만들어냈다. 1993년 도뚜리(돗과 우리를 합한 말. 돗은 제주말로 돼지)라는 브랜드로 제주흑돼지를 본격적으로 알리고 판매했다. 오래지 않아 소비자들의 입맛을 사로잡아 속된 말로 대박이 났다. 이후 승승장구.

"신한국인이라고 대통령한테 초대받아 청와대에서 칼국수도 먹었어요." 자부심이 깃든 목소리다.

"나이가 드니까 지금은 업계에서 존재감이 많이 약해졌어요."
쓸쓸함이 깃든 목소리다.

"아내하고 만나신 게 드라마틱하다고 들었습니다만."

"아, 그거요."

둘은 재혼이다. 김충세 씨가 홀로 돼 있을 때 역시 홀로 된 정혜인 씨를 만났다. 이미 도뚜리로 성공해 돈을 많이 벌었던 때라 제주도에서 몇 대 없는 큰 차를 몰았다. 친구들과 제주도 여행을 하던 아내가 몰던 렌터카랑 제주 시내에서 접촉사고가 났다. 사고 처리 과정에서 알게 됐다. 그러고 헤어졌는데, 얼마 후 제주시내 한 식당에서 다시 마주쳤다. 그렇게 하다 결국 결혼까지 하게 됐다. 벌써 20여 년 전 일이다.

"우리 집사람이 그린 그림들입니다. 미대를 졸업한 화가예요."

목소리에 아내 자랑이 묻어난다. 음식점 안에 아내가 그린 그림 여러 점이 걸려 있다.

"이 식당은 부업이고요, 주업은 흑돼지고기 판매업입니다. 전국의 제주도 흑돼지 식당들에게 고기를 공급하고 있어서, 나이 들어 힘들어도 그만둘 수가 없네요."

아들들이 있지만 모두 다른 분야에서 성공해 아버지 일을 이을 생각이 없다. 조천읍 선흘리에 돼지를 키우는 농장이 있다.

"우리집에선 사실 불고기보다는 구이로 드셔야 되는 데요."

"대낮부터 고기 구워 먹기가 좀 그래서 불고기로 시켰는데 쫄깃한 게 정말 맛있네요."

1인분에 8,000원. 가성비도 좋았다.

참, 이걸로 선물하면 좋겠다. 항스페샬, 함박살, 특정살. 부위 별로 하나씩 산다. 냉동포장해서 적어준 주소로 보내달라 부탁한다.

"제주흑돼지 선물로 좋습니다. 소고기처럼 비싸지도 않지요. 뭍에서

대망의 거문오름을 오르다

충세흑돼지정육식당 안에는 정혜인 대표의 그림들이 걸려 있다.

보기 힘들지요. 가성비 최고 선물입니다.”

충세흑돼지 충세영농조합법인 대표 김충세 씨. 뜻밖에 유명한 제주
흑돼지를 개발한 주인공을 만났다.

“‘제주도에서 할 건 다했네. 마지막으로 충세흑돼지까지. 못 만나서
아쉬운 사람들이 있지만, 다음에 기회가 있겠지. 제주도 한 달 살기는
이걸로 끝.”

모레. 드디어 서울집으로 간다.

제주도에서 할 일은 다 했다고 생각했는데, 그게 아니었다. 윤봉택
선생한테 문자가 왔다.

나주에서 건너온 또 다른 뱀신

조천 새콧할망당   조천포구   범환미을

제주도의 전설 신화 역사를 잘 아는 윤봉택 선생에게 지난주 조천 새콧 할망당의 위치를 물어봤다. 알아봐서 연락해주겠다고 하더니 문자가 왔다. 주소, 사진, 그리고 새콧할망당 전설과 함께.

새콧할망당 전설은 나주에서 역사에 정통한 후배에게 들은 적이 있으나 제대로는 책에서 확인했다. 책 『제주도신화』(현용준 지음)에는 이렇게 나온다.

제주도에 7년 가뭄이 들었다. 백성이 다 죽게 생기자 제주목사가 부자 선주인 안씨에게 협조를 구한다. 안씨가 일군들을 데리고 곡창인 전라도로 배를 몰고 가서 여기저기 곡식을 사러 돌아다녔으나 구하지 못한다. 어떤 사람을 만났는데, 나주 기민창의 묵은 쌀을 처분하지 못해 살 사람을 구하는 중이었다. 끌고 간 배들에 쌀을 가득 싣고 제주도로 돌아오는데 조천 앞바다에서 돌연 풍랑이 일더니 배 밑바닥에 구멍이 뚫려 가라앉기 시작했다. 하늘님에게 살려 달라 간절히 빌었더니 배가 둥둥 떴다. 큰 구렁이가 구멍을 막고 있는 게 아닌가. 배는 무사히 포구에 닿았다.

구렁이가 틀림없이 자손들을 보살피는 조상이라고 생각한 안씨 선주는 집으로 내달려 목욕재계하고 향불을 피워 들고 술상을 차려 포구로 달려갔다. 집으로 같이 가자는 애원에 드디어 몸을 움직인 뱀은 안씨 집까지 따라가 집안을 한 번 둘러본 후 새콧알로 내려갔다. 뱀 옆에서 깜박 잠이 들었다. 꿈속에서 뱀은 원래 자기가 나주 기민창을 지키던 조상인데, 창고가 비어 갈 데가 없어져 배를 따라왔으니, 정해준 날짜에 제물을 바치고 잘 모시면 큰 부자가 되게 해주겠노라고 말했다. 꿈에서 깨어보니 뱀은 스르르 새콧알의 구멍 속으로 몸을 감추었다.

조천 포구를 드나드는 배들, 해녀들을 보호하는 신이 된 뱀을 조천 사람들은 새콧할망당을 세우고 극진히 모셨다. 안씨 선주는 이 뱀을 고방(곳간)에 부군칠성으로 모시고 대를 이어가며 지극정성을 다해 모셨다. 자손들이 번창하고 더 큰 부자가 되었다.(요약)

나주에서 와 제주도에 정착한 뱀신을 모시는 신당. 흥미가 솟지 않을 수 없다. 한때 제주도가 나주목에 속했다는 사실을 생각하면 이런 전설은 나주와 제주도의 밀접했던 관계를 나타내는 증거라 할 수 있을 것이다.

삼산 나른 얘기들 하사년, 선실과 신화에 나오는 뱀, 용, 지렁이는 사실 같은 계통이 아닌가 하는 생각이다. 보통 사람들 꿈에도 뱀과 지렁이는 많이 등장하는데, 특히 위인들의 태몽에 많다.

가령, 삼별초의 김통정 장군. 과부였던 어머니가 지렁이와 정을 통해 아들을 낳았다. 피부에 비늘이 덮여 있었고 겨드랑이 밑에 작은 날개가 돋아 있었다. 나중에 아버지가 지렁이라는 말을 듣고 담밑을 파 그 안에 있던 지렁이를 밟아죽인다. 아버지를 죽인 것이다. 원나라에 항복하기를 거부한 후, 삼별초를 이끌고 탐라로 들어간다. 항파두리성을 쌓고 해상왕국을 자처하면서 전라도에 출몰하며 세력을 떨치지만 결국 몽골 고려 연합군에 패배한다. 사로잡힌 부하들은 나주로 이송된 후 졸개들을 제외한 측근들 수십 명이 처형당한다. 김통정 장군이 싸우다 죽으면서 흘린 피로 오름이 붉게 물들었다. 붉은오름이다. 한참 싸우던 중 꿈을 꾸었는데, 지렁이가 나타나 말했다. 나는 네가 밟아죽인 지렁이다. 안 그랬으면 얼마 안 있어 지룡이 되었을 터인데 너 때문에 그러지 못했다. 내가 지룡이 되었다면 너는 대권을 쥐었을 터인데, 나를 죽인 탓에 너의 운은 여기까지다. 대충 이런 얘기를 했단다.

맨 처음 거문오름 대신 잘못 찾아갔다가 허탕친 오름은 검은오름이었다. 지도를 보다가 검은오름도 있고 붉은오름도 있네, 한 적이 있다. 김통정 장군이 최후를 맞았던 오름이라는 건 몰랐다. 김통정 장군의 최후에 관해서는 여러 가지 설들이 있고, 붉은오름의 피에 관해서도 다른 설이 있다. 김통정 장군이 출정하기 전에 자신의 손으로 죽인 아내와 자식들이 흘린 피로 오름이 붉게 물들었다, 라는 것이다.

얘기가 곁길로 샜지만 어쨌든 뱀은 잘 모시면 재물과 재복을 가져다주는 신이다. 제주도에서 뱀을 수호신으로 모시는 곳이 있고, 대표적인 곳이 토산2리 본향당이고, 조천 새콧할망당도 한 곳이다. 모두 나주에

나주에서 건너온 또 다른 뱀신

서 온 뱀이라는 데 끌려 토산리도 찾아갔었고 조천포구도 찾아왔다.

윤봉택 선생이 찍어준 주소에서 내비는 안내를 멈춘다. 조천리 2730. 좁은 동네 골목길을 지나 바닷가로 간다. 더 이상 갈 수 없는 막다른 곳에 이른다. 돌담이 있고 집이 있고 입구에 트럭이 서있다. 사람은 보이지 않는다. 해변가에 작은 돌집이 있다. 신당 같지 않다. 바닷가 검은 바위돌들을 살핀다. 신당처럼 보이는 것은 없다.

지팡이를 짚은 할머니가 걸어온다. 중얼중얼 혼잣말을 하고 있다.

"이 근처에 혹시 할망당 어딨는지 아세요?"

쳐다보지도 않고 뭐라 중얼거리더니 지나쳐 간다. 약간 이상해 보인다.

차를 세워두고 지나온 주택가 쪽으로 걸어가려는 순간, 뒤에서 큰 소리가 들린다.

"저기 쓰레기통 보이지요. 그 앞에 집 사람한테 물어보시오. 그 짝 어디 있을 거우다."

뒤를 돌아보니 할머니는 길에서 막 바닷가로 내려서는 참이다. 내가 잘못 생각했나. 정상인 분인가.

차를 몰고 돌아가니 짧은 골목 끝에 등대가 보이고 그 앞은 너른 항구다. 내비가 조천포구 쪽으로 통하는 길이 아니라 비좁은 골목길로 안내했던 것이다. 방파제 가장자리에 주차하고 걸어간다.

윤봉택 선생이 보낸 사진 속 바위를 찾는다. 트럭을 세워 놓고 일하는 남자가 있다.

"새굣할망낭이 혹시 여기 어니 있는시 아십니까?"

"예? 여기 이것인데요."

있었다. 집으로 들어가는 골목길 입구, 한 주택의 담벼락 앞, 주차된 트럭 옆에. 주위를 온통 시멘트로 발라놔서 바위인지 아닌지 얼핏 봐서는 알기 어려운 바윗덩어리가 있었다.

"어째 바닷가가 아니라 주택가 골목에 있당가요?"

"여기 전부 매립지여요. 예전엔 바로 바위 앞까지 바닷물이 들어왔어요. 매립해노니깐 바위가 동네 안으로 들어와분 거라요. 새마을 운동한다고 전부 시멘트로 포장해부렀고요."

그렇다고 바위까지 시멘트를 바를 이유가 뭔가.

"우리 아부지가 건축 일을 했는디 할망당 보호한다고 깨끗하게 시멘트로 바른 거여요."

바닷가에 있었을 땐 밑까지 다 드러나 제법 큰 바위였단다. 매립해서 땅이 높아지니 바위 아랫부분이 묻혀버렸다.

그나저나 이런 데서 마을 수호신인 뱀이 산다고?

"지금도 매년 설날 하고 추석에 동네에서 제사를 지냅니다. 옛날엔 정성스레 모셨는데 요샌 안 그래요. 평소엔 보름에 한 번 꼴로 무속인이 와서 제사를 지내고요."

"여기서 굿을 한다고요?"

아니란다. 절은 하지만, 소리나는 일은 바닷가로 내려가서 한단다.

박홍도 씨. 예순다섯이다. 할망당 뒤 왼쪽 집에서 산다. 어릴 적 여기서 가까운 곳에서 태어나 평생을 조천에서 살았다. 어렸을 때부터 할망당 얘기를 들었고, 아버지가 시멘트로 바르는 것도 봤고, 할망당에 사는 뱀신도 직접 목격했단다. 아직 할망당이 바닷가에 있을 때였다.

"큰 바위 밑 조그만 돌들 틈사이에 또아리를 틀고 있었어요."

나주에서 건너온 또 다른 뱀신

한 주택의 담벼락 앞, 주차된 트럭 옆에, 주위를 온통 시멘트로 발라놔서 바위인지 아닌지 얼핏 봐서는 알기 어려운 바윗덩어리가 새콧할망당이었다.

"아니, 제주도에 원래 뱀이 많은데 그 뱀이 할망당신이라는 걸 어떻게 알아요?"

"보면 알지요. 느낌이 다르드라니께요. 한참을 보고 있었더니 스르르 구멍 속으로 사라졌어요."

크기를 물어봤더니 그다지 크지 않았단다. 배 밑창에 난 구멍을 막을 정도의 구렁이가 아니고?

"작은 뱀이었다면, 나주에서 온 구렁이 후손일까요? 대가 바뀌었을 수도 있었겠네요."

"그럴 수도 있었지요."

박씨에게 들은 얘기는 책에 나와 있는 내용과는 조금 달랐다.

여기 있는 할망당은 장씨네가 오래 섬겨왔단다.

"예? 안씨 선주가 아니고요?"

"장씨라요. 선주는 안씨고, 장씨는 같이 간 사람. 안씨네는 따로 자기네 집안에서 모셨어요."

엥? 책에서 읽은 거하고 다르네.

안씨네 후손은 멀지 않은 곳에 산단다. 전설 속 선주 안씨가 할아버지란다. 후손은 지금 70대인데, 할머니가 배에서 내린 뱀을 얼른 치마폭으로 받아서 집으로 모셔왔다는 얘길 직접 할머니한테 들었다고 얘기하더란다. 집안 수호신으로 정성을 다해 모셨는데, 그때 살던 집을 팔아버려 이제는 더 이상 모시지 않는다.

박씨에 의하면 안씨 후손들은 모두 잘됐단다. 반면 장씨네는 집안에 변고가 생겨 사람이 죽는 등 집안이 몰락했단다.

"부모 때는 할망신에게 치성을 드렸는데, 자식들이 전혀 신경을 안 써부렀거든. 교회를 댕기는 것도 아닌디 그래."

정리해보면 배를 타고 온 뱀은 선주 안씨 부인이 치마폭으로 받아 집안의 칠성신으로 모셨고, 새콧바당 바위 틈으로 사라진 뱀은 안씨랑 배를 타고 나주를 다녀온 장씨네가 모셨으며, 동네 사람들도 마을 수호신으로 삼아 제사를 지내고 마을의 안녕을 빌어왔다, 는 것인데…. 전설이라는 것이 원래 이 사람 저 사람 입으로 전해지는 것이다 보니 서로 다를 수밖에 없을 것이다.

생각했던 것과는 전혀 다른 모습의 새콧할망당 앞에서 박동호 씨로부터 재미있는 얘기를 많이 들었다. 요즘에도 적잖은 사람들이 새콧할망당을 찾아온단다. 민속학자, 인류학자, 향토사학자, 아니면 취미로 제주도 전설이나 신화를 공부하는 사람들, 아니면 공무원?

새마을운동, 기독교 확산, 미신타파, 경제개발 등으로 오래 전부터 전해오는 전설과 신화와 관련된 곳들이 파괴되거나 자연소멸되고 있다. 안타까운 일이다. 전설과 신화 속에는 그 민족의 꿈과 이상, 생활, 철학, 세계관이 담겨 있다. 제주도의 전설과 신화를 통해 제주도인들이 어떤 세계관을 갖고 살아왔는지 추론할 수 있다. 제주도의 전설과 신화는 우리 민족이 정체성, 꿈, 이상, 철학, 세계관이기도 하다. 발굴하고 기록하여 전하는 것 못지않게 실생활 속에서 지키고 전승해가는 일도 중요하다. 혹세무민 미신의 관점에서만 바라볼 것이 아니다.

새콧할망당을 떠나 조천포구를 둘러본다. 제법 규모가 있다. 아주 큰 요즘 배는 들어오지 못하겠지만, 옛날의 배들은 얼마든지 들고나던 포구였을 것이다.

7년 가뭄에 시달리던 제주 백성들. 나주에서 미곡을 가득 실은 배가 도착하기만을 손꼽아 기다리고 있다. 멀리 여러 척의 배가 깃발을 휘날리며 모습을 드러낸다. 모두 바닷가로 몰려나와 환호한다. 뱃가죽이 등에 달라붙은 아이들도 기운을 차려 강아지들하고 같이 팔짝팔짝 뛰었을 것이다.

조천포구는 옛날 금당포였다. 전설에 의하면 진시황의 명령을 받고 불로초를 찾아나선 서복(또는 서불)이 대규모 선단을 이끌고 맨처음 도착한 곳이란다. 하루를 묵고 난 아침 천기를 보고 조천(朝天, 아침하늘)이란 글을 바위에 새겨 놓았단다.

서귀포는 서복이 돌아가기 전에 바위에 서불과지라고 써놨다고 해서

제법 규모가 있는 조천포구.

서귀포가 됐다고 하고, 조천은 서복이 하룻밤 자고 바위에 그렇게 새겨놨다고 해서 조천이고. 전설인 줄 알면서도 이런 걸 볼 때마다 개운치 않다. 도대체 중국인이 찾아오기 전에는 이름도 없는 땅이었단 말인지. 서복은 석공을 데리고 다녔던 모양이다. 가는 데마다 바위에 바로바로 글자를 새겼으니. 요즘 기준으로 보면 낙서광에 자연훼손범이다. 당시로 보면 문명대국에서 왔으니 칙사 대접을 했을 것이다. 서복 덕분에 서귀포에 서복공원과 전시관을 크게 세워 중국 관광객을 끌어들일 수 있으니 고마워해야 할 일인가. 생각이 꼬리를 물고 이어진다. 생각의 끝은 떫다.

조천포구에 배들이 정박해 있다. 오징어잡이 배인 듯 집열등이 잔뜩 매달린 배도 보인다. 이름이 재밌다. 대박호.

할망당에 치성을 드린 이들은 대박은 아닐지라도 바다에 나간 어부

나주에서 건너온 또 다른 뱀신

들이 무사히 돌아오기를, 자식들이 병나지 않고 건강하기를, 복 많이 주시기를 기도했을 것이다. 대박이 나도 혼자만 잘 살지 않았다.

제주도 거상 김만덕. 양인과 기생의 신분을 오가며 여성의 몸으로 객주가 되어 엄청난 재산을 축적한 거부가 되었다. 18세기 말 정조대왕 때 태풍과 오래 계속된 가뭄으로 백성들이 굶어죽을 위기에 처하자 전 재산을 들여 뭍에서 곡식을 사와 베풀었다.

새콧할망당 스토리의 주인공 선주 안씨도 김만덕처럼 재산을 털어 뭍에 나가 곡식을 사와 백성들을 살렸다. 제주판 노블레스 오블리주다.

사실 구례 운조루 타인능해(他人能解) 뒤주 스토리, 경주 부자 최씨네 이야기처럼 우리나라에도 서양의 노블레스 오블리주에 뒤지지 않는 전통이 있다. 더 가진 이들이 그렇지 못한 이들과 나누고 같이 살아가는 문화. 돈밖에 모르는 천민자본가들이 득시글대는 요즘과는 달랐다. 아니다. 요즘에도 실은 나눔을 실천하는 이들이 많다. 그런 사람들은 대개 드러나는 걸 꺼려하는지라 널리 알려지지 않았을 뿐이다.

조천포구에는 조천진성이 있다. 제주도에 있는 총 아홉 개의 진성 중 하나다. 삼면이 바다라 문은 딱 한라산 방향으로 한 군데만 나있다.

그 위에 연북정이 있다. 북쪽에 계신 임금을 사모하는 정자. 유배온 이들은 이제나 저제나 북쪽에서 올 해배 소식을 기다리며 먼 바다를 바라봤을 것이다. 대정에 위리안치된 추사는 여기까지 오지도 못했을 테지만.

조천진성 옆에는 장수물이 있다. 물이 많고 제법 넓은 용천수다. 설문대할망이 한 발은 장수물에 딛고 또 한 발은 관탈섬에 딛고 빨래를 했다는 전설이 전해진다. 그 위로 다리가 놓여 훼손되었지만 용천수를 둘러싸고 있었던 옛날 돌담의 흔적이 약간 남아 있다.

조천포구는 올레길 18코스가 지난다. 올레객으로 보이는 이들이 몇 명 지나간다. 조천진성 성벽에 꽂힌 올레길 리본이 바람에 펄럭이고 있었다. 멀리 등대 아래 바위에서 낚시꾼이 바다를 향해 낚싯줄을 힘차게 던지고 있었다. 아지랑이인지 황사인지 모를 것에 가려져 한라산 꼭대기가 흐릿하게 보였다. 설문대할망의 뒷모습이다. 수많은 관광객들이 몰려오는 시대, 제주도의 전설과 신화는 사라지고 있다. 설문대할망은 무슨 생각을 하며 제주도를 내려다보고 있을까. 새콧할망신은 아직도 계신 것일까.

나홀로 조천 새콧할망당 탐방을 끝내고 내비에 법환을 찍는다. 한 시간 이상 산길을 달려야 한다. 도중에 성판악휴게소에 들른다. 세 시가 넘은 시간. 등산객들이 타고 온 차는 상당수 빠져 나갔고 주차장에 여유가 있다. 한쪽에 주차된 오토바이를 구경한다. 경북 구미 번호판이 붙어 있다. 부럽다. 제주도 한 달 살기. 혼자가 아니라 오토바이를 가져

조천포구에는 제주도에 있는 총 아홉 개의 진성 중 하나인 조천진성이 있다.

오지 못했다. 제주도에서 빌려 타볼까 생각했지만 여의치 않았다. 오토바이 라이더를 위한 글을 쓰고 싶었는데 그러지 못했다. 아쉬워도 다음을 기약하는 수밖에.

내일 아침은 제주항으로 가야 한다. 오늘 저녁은 마지막으로 법환마을을 돌아볼 것이다. 놓친 것들을 챙겨보고 작별을 고할 것이다. 그리울 것이다.

3 ─────

안녕! 법환마을, 범섬.

내일은 떠나는 날이니 서귀포 법환에서 지낸 제주도 한 달 살기는 실질적으로는 오늘이 마지막이다.

내가 한라산을 넘어가 조천읍 조천리의 새콧할망당을 탐방하고 돌아온 사이 아내는 집안 청소와 빨래를 모두 마쳤고, 크고 작은 트렁크와 가방들에 모든 짐을 다 정리해두었다.

자, 마지막으로 법환마을 산책이나 할까. 지나가면서 보기만 했는데, 포구 쪽 가는 길에 돔베고기와 고기국수를 하는 작은 식당이 있는데, 거기서 마지막 만찬을 하자.

법환포구 쪽으로 걷는다. 그새 익숙해진 거리와 건물들. 이제 작별이다. 목표로 한 노란 집 앞에 이른다. 어라, 근데 불이 꺼져 있네. 혹시… 가까이 가서 본다. 아니나 다를까, 매주 화요일은 정기휴일입니다라고 써있다. 헐. 마지막날까지 허탕이다. 매주 월요일 아니면 화요일에 문을 열지 않는 식당들이 많다. 일률적으로 정해진 건 없는 듯하다. 물론 문을 연 곳들도 있다.

포구 광장으로 가는 도로 끝 왼쪽에 작은 짬뽕집이 있다. 불을 유난히 환하게 켜놓고 있고 선전이 요란하다. 여러 번 지나가면서도 들어가지 않았다. 붙어 있는 사진을 보니 짬뽕도 여러 가지다. 차돌고기가 듬뿍 올라가 있는 짬뽕. 갑자기 입맛이 돈다.

"짬뽕 먹을까?"

일언지하에 거절당한다. 제주도에 와서 먹은 짬뽕만 몇 번째야. 그렇다고 양이 많은 다른 걸 먹고 싶은 생각도 없단다.

슬슬 어둠이 내려앉기 시작하는 포구. 아름답고 씩씩한 해녀상이 지나가는 사람들을 내려다보고 있다. 멀리 섶섬, 문섬, 가까이 범섬이 보인다.

"그럼, 콩나물국밥이나 먹을까?"

마지막 만찬으로는 좀 그렇다고 생각하면서 던진 말인데, 아내가 반색한다.

"그럴까."

서귀포 혁신도시 아파트 단지 앞에서 법환으로 꺾어져 들어오는 도로 입구, 커다란 바위에 법환마을이라고 쓰여 있는 곳 가까이까지 걸어야 한다. 1킬로가 넘는 거리다. 천천히 걸으면 되지 뭐.

길가에 여러 개의 비석들이 서 있다. 이곳 출신 재일동포들을 기리는 것들이다. 어려운 시절. 제주도 출신 재일동포들이 제주도 경제에 기여한 바는 엄청나다. 4.3사태로 많은 제주도 사람들이 일본으로 밀항했다. 오사카 고베 같은 지역에 모여살며 악착같이 일해 기반을 잡았다. 딱히 부자가 아닌 동포들도 워낙 가난한 고향 사람들이 보기엔 잘사는

　　　　　　　나주에서 건너온 또 다른 뱀신

법환마을 길가에는 재일동포들을 기리는 비석들이 여러 개 서 있다.

사람들이었다. 못사는 가족들과 친척들을 위해 일본제 물건과 돈을 보냈다. 고향 마을을 위해 기부도 하고 장학금도 냈다. 일본에서 들어오는 돈이 상당 기간 제주도 경제를 지탱했다. 그런 재일동포들에게 고마움을 표시하기 위해 세운 비석들. 제주도 여기저기에 많다.

제주도만 재일동포들 덕을 본 것도 아니다. 나라에서 세계적 이벤트를 개최할 때마다 재일동포들이 큰돈을 냈다. 서울에서 열린 아시안게임, 올림픽 때, 일본에서 고생해 번 돈을 아낌없이 조국을 위해 희사했다. 1950년대 스위스에서 열린 월드컵축구대회. 워낙 가난한 나라라 선수단을 보낼 형편이 안 되었다. 일본에서 공부한 축구협회 인사가 일본에 있는 재일동포 인맥을 동원하여 자금을 구하지 않았다면 참가도 못 했을 것이다. 나랏돈은 한 푼도 안 쓸 테니 보내만 주십시오, 하고 이승만 대통령한테 간청해서 겨우 스위스행 비행기에 오를 수 있었다. 지금

대한민국은 일본 못지않게 잘 사는 나라가 되었지만, 그렇게 되기까지 해외동포들, 특히 재일동포들의 기여를 잊어서는 안 된다.

콩나물국밥집 맨도롱. 보통 콩나물국밥 하나와 매생이 콩나물국밥 하나를 시킨다. 어떤 맛인지 궁금해서다. 지난번에 쓴 대로, 맛도 가성비도 광주 봉선동 24시간 콩나물국밥집에 비할 수 없지만, 그런대로 괜찮다. 부담없이 한 끼 때우기엔 충분하다.

그새 완전히 어두워졌다. 다시 1킬로 이상을 걸어 집으로 돌아오는 길. 방향만 염두에 두고 안 가봤던 골목길을 걷는다. 화악. 달콤한 향기가 코를 찌른다. 라일락인가? 라일락 향기는 아니다. 뭐지?

옆에 귤밭이 있다. 잎사귀들 사이로 하얗게 빛나는 것들이 있다. 귤꽃이다. 향기는 바로 거기서 나오고 있었다.

야아, 귤향기가 이렇게 강하고 달콤했어? 전혀 몰랐다. 낮엔 별로 느껴지지 않는데. 밤이 되어 찬 공기가 가라앉으니 향기도 강해진 모양이다. 돌담 너머로 상체를 들이밀고 코를 킁킁거린다.

"누가 보면 도둑인 줄 알겠네."

개의치 않고 한참 냄새를 맡는다. 가슴 깊이 숨을 들이쉰다. 가슴 가득 귤꽃 향기가 들어찬다. 와아, 좋다.

제주도에선 봄을 대표하는 향기가 라일락이 아니었네. 귤꽃 향기야.

달콤한 향기가 마을 골목을 가득 채우고 있다. 그 속을 걷는다. 황홀하다. 제주도 한 달 살기. 서귀포 법환마을에서의 마지막 밤. 귤꽃향기에 취했다.

나주에서 건너온 또 다른 뱀신

서른네날째

제주도 한 달 살기,
눈 깜짝할 새 끝나다

제주항   목포항   서울

드디어 마침표.

오후 1시 40분 출발 목포행. 배는 퀸제누비아호다. 소형차 13만 5천 160원, 이코노미실 1인당 요금은 3만 2,000원이다. 사전 예매해두었다. 자면서 가고 싶다거나 호젓하게 별실에서 시간을 보내고 싶은 사람은 더 많은 돈을 주고 가족실, 침대실, 브이아이피실 티켓을 구입하면 된다. 모두 19만 9천 160원을 낸다. 인터넷에서 사면 싼 티켓들도 있는 것 같고 시간대에 따라 조금씩 달라지는 것도 같다.

오전 아홉시 서귀포 법환을 출발해 제주항까지 1시간 20분 정도 달린다. 먼저 4부두가 어딘지 확인한다. 배를 이용할 땐 한꺼번에 차와 사람을 싣는 게 아니기 때문에 번거롭다. 먼저 배가 정박한 부두로 가서 신분증을 보여주고 차량을 싣는다. 차량을 싣기 전 선사측 근무자가 차량선적확인서를 끊어준다.

차량을 싣고 난 후 미니버스를 타고 여객터미널로 간다. 사전 예매는

제주항에서 목포까지 갈 때 이용한 퀸제누비아호.

했지만 모바일승선권을 받지 않은 사람은 종이 티켓을 받아야 한다. 나는 미리 휴대폰으로 모바일승선권을 신청해 받아놓았기 때문에 종이 티켓을 받을 필요가 없다. 사전 예매를 하지 않은 사람은 창구에서 승객과 차량 티켓을 구매하고 차량을 싣고, 나머진 똑같이 하면 된다.

여객터미널이든 어디든 시간을 보내다가 출발 전 여객을 실어나르는 버스가 운행을 시작하면 그걸 타고 배 타는 곳으로 간다. 계단을 올라 배안으로 들어간다. 에스컬레이터를 타고 객실과 각종 편의시설이 있는 데크로 올라간다. 여객실은 5층과 6층에 있다. 5층에는 빵집, 커피숍, 음식점, 오락실, 안마의자, 맥주홀…. 온갖 게 다 있다.

우와아. 배 좋다. 퀸제누비아는 무슨 크루즈선 같다. 작년에 취항한 새 배다. 건조비용으로 800억이 들었다는 얘기를 들었다.

이코노미실을 끊었다고 좁고 더운 방에 머무를 필요가 없다. 밖으로 나와 각종 편의 시설을 이용하거나, 여기저기 많은 의자에 앉아 쉴 수도 있다. 친구들끼리, 가족들끼리 어울려 이 배를 타고 여행하면 최고

제주도 한 달 살기, 눈 깜짝할 새 끝나다

일 것이다. 웃고 떠들고 먹고 마시는 사이 네시간 반이 훌쩍 지나갈 것이다. 혼자서 여행하는 이에겐 조금 지루할 수도 있겠다. 바다 구경, 섬 구경, 심심하면 지참한 책이라도 읽으면 되니 별 게 아닐 수도 있겠다.

완도항을 이용하는 경우엔 배를 타는 시간이 반으로 줄어든다. 하지만, 값도 싸지 않고, 퀸제누비아 같은 편의시설을 갖춘 배는 없다. 결국은 선택의 문제다.

물론 다른 배들도 있다. 목포, 완도, 고흥, 여수, 부산을 왕복하는 노선도 있다. 얼마 전엔 인천에서 제주 가는 배가 운항을 재개했다. 세월호 사건 이래 중단되어 있었다.

차를 싣기 전, 4부두 위치를 확인하고 가까운 곳에서 점심을 하기로 한다. 그러고 보니 전에 왔던 고씨 책방과 우연히 발견한 가성비 최고의 맛집 곤밥2가 멀지 않다.

부두 가까운 곳에 제주가 낳은 여걸, 거상 김만덕 객주가 있다. 제주

작년에 취항한 새 배로 건조 비용으로 팔백억이 들었다는 퀸제누비아호는 마치 크루즈선 같다.

전통 초가집이 여러 채 들어서있다. 길가, 언덕으로 올라가는 입구에 있어 금방 눈에 띈다.

곤밥2 옆 공영주차장에 차를 넣는다. 제주도는 11시반부터 1시반까지는 길가에 주차해두어도 단속하지 않는다. 음식점들의 영업을 도와주기 위해서일 것이다. 11시 좀 넘었는데 곤밥2 앞에는 벌써 사람들이 기다린다. 테이블이 모두 7개 있는데, 우리가 여섯 번째 손님이다.

지난번처럼 정식 2인분을 시킨다. 그런데, 지난 번 왔을 때보다 값이 올랐다. 1인분 7,000원이던 것이 그새 8,000원이 됐다. 재료비가 올라 4월 6일부터 어쩔 수 없이 인상했다는 설명문이 붙어 있다. 바깥에 대기하는 사람들 숫자가 금세 불어난다.

정식은 여전히 맛있고, 가성비는 좋다. 문제는 밥이 나올 때까지 너무 시간이 많이 걸린다는 점이다. 정확히 35분 걸렸다. 옥돔을 굽고 두루치기를 만드는 데 시간이 걸리는 것일까. 인력이 부족한 것일까. 시스템을 개선하면 훨씬 많은 손님들을 대응할 수 있을 텐데. 하긴, 그래서 2인분에 세 마리 나오는 옥돔구이가 맛있는지도 모르겠다. 바삭바삭 맛있는 건 시간과 정성이 들어가서일 것이다.

예전 여의도 회사에 다닐 때 알려지고 장사가 좀 되니 매년 가격을 인상하는 음식점이 있었다. 여름철, 점심 때만 되면 그 가게에서 콩국수를 먹으려는 사람들이 장사진을 쳤다. 몇십 분씩 기다리는 건 예사였다. 주인이 친절하지도 않았다. 그래도 사람들은 그 집 콩국수를 먹겠다고 줄을 섰다. 기다리기 싫은 사람들은 이웃하는 가게에 들어가서 예정에 없던 메뉴로 식사를 했다. 재료비가 오르고 인건비가 올라 어쩔 수 없이 가격을 인상하는 것을 뭐라 할 수 없을 것이다. 그 콩국수집은

가성비 최고 맛집 곤밥2. 11시 좀 넘었는데 앞에서 벌써 사람들이 기다린다.

그렇지 않았다. 지나치게 돈욕심을 낸다고 느껴졌다. 거의 매년 값을 올렸다. 지금은 얼마나 할까. 아마 지금도 엄청나게 많은 사람들이 줄을 서서 기다릴 것이다. MBC 사옥에 사무실이 있는 일본 후지티비 특파원도 단골이었다. 도쿄에도 하나 있으면 좋겠다고 했다. 다른 메뉴도 있었지만 여름철 시원한 콩국수가 제일 인기였다. 주인은 일년 내내 더운 여름이었으면 하고 바랄 것이다. 나는 어느 시점부터 가지 않았다. 제일 먼저는 너무 오래 기다리기 싫었고, 둘째는 떠밀리듯 빨리 먹고 나가야 하는 것이 내 돈 내고 먹으면서 전혀 대접을 못받는 느낌이 들어서였다.

곤밥2가 그렇다는 건 아니다. 손님 접대도 친절하다. 반찬도 음식도 맛있다. 한 달 살기 동안 값이 1,000원 올랐지만, 여전히 가성비는 좋다고 할 수 있다. 맛은 유지하면서도 회전율을 올리는 방법을 찾아내면 좋을 것이다.

맛있게 점심을 먹고 다시 여객터미널로 돌아온다. 커피를 사 마시고 주변을 구경하다 배로 가는 셔틀버스를 탄다. 퀸제누비아호에 오른다.

한 시 40분 제주항 출발, 6시 20분 목포항 도착. 도착하기 전 공지방송을 듣고 미리 차로 가 하선을 기다린다.

목포항에 내려 일로 서울로 달린다. 중간중간 휴게소에 들러 요기하고, 몸을 풀고, 서울 집에 도착한 시간. 밤 11시였다.

3월 18일 서울집을 떠나 다음날 새벽 제주항에 도착했다. 서귀포 법환마을에서 33일을 살면서 여기저기를 탐방하고 사람들을 만났다. 서울을 떠난 지 35일, 제주도 살이 34일째 되는 날, 집으로 돌아왔다.

방송 생활 37년을 마치고 바로 시작한 제주도 한 달 살기. 쉬겠다고 갔다가 쉬지도 못하고 바빴지만, 덕분에 생각지도 않은 결실이 생겼다. 세상사 모를 일이다. 인생도 모를 일이다. 하루하루 매 순간 최선을 다해 살아갈 뿐.

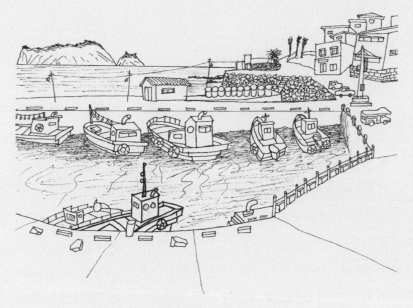

범환포구와 범섬

제주도 한 달 살기를 하고 싶은 이들에게

제주도 한 달 살기 비용이 얼마나 드느냐고 묻는 이들이 있다. 딱히 얼마 든다고 대답하기 곤란한 것은 어떻게 지내느냐에 달려 있기 때문이다. 돈 많은 사람이야 호화 호텔에서 머무르며 한 달에 일이천만 원인들 못쓰겠는가. 대다수 서민들, 월급쟁이로 평생 일하다가 퇴직해서 큰맘 먹고 한 달 살기를 하려는 사람들은 그럴 수 없다. 그렇다고 결국은 한 달 머무르며 제주도 구석구석을 여행하는 것이기 때문에 돈이 안 들 수는 없다. 더구나 평생 고생해온 자신에게 하는 선물이니 조금은 지출할 각오를 해야 할 것이다.

생활비, 입장료, 차 기름값, 멋진 카페에서 마시는 커피값, 맛있는 음식 값, 솔찬히 들어간다. 선택에 따라 달라지는 것들은 뭐라 얘기해줄 수 없다. 알아서 예산에 맞춰 쓰면 될 일이다.

필수적인 건 집 임차료다. 이것도 천차만별이다. 차를 타고 지나다니면서 여기저기 건물에 한 달 살기 세놓는다는 플래카드나 팻말을 본다. 박수기정을 갔다 오는 길에 알록달록 천연색이 칠해진 건물에 붙은 광고물을 봤다. 전화를 걸었다. 한 달 살기로 빌려주는 집은 스무평 스물두평 두 가지가 있다. 모두 방은 두 개다. 작은 건 한 달 월세가 35만 원, 큰 것은 40만 원이다. 관리비는 따로 내야 하는데 혼자 살면 7만 원

내외, 둘이 쓰면 한 10만 원 안팎이면 될 거란다. 여긴 의외로 싼 집이다. 그렇다고 낡고 오래된 집이 아니라 지은 지 얼마 안 된 아파트다. 물론 멋진 단독 주택을 빌릴 수도 있다. 더 크고 좋은 위치의 펜션이나 아파트를 빌릴 수도 있다. 한 달에 150만 원, 200만 원을 달랄 수 있다. 평균적으로는 100만 원 내외면 괜찮은 데를 빌릴 수 있다. 물론 70~80 정도 주면 되는 데도 많다. 위치에 따라 크게 달라진다. 너무 외지거나 마트 같은 게 없어 불편한 데는 싸다. 내가 있는 동네는 방 하나 거실 하나에 월 75만 원, 관리비 별도란다. 원룸은 50만 원이다.

암튼 시원하게 대답하기 곤란하다. 예산에 맞추어 적당한 데를 고르면 된다. 염두할 것은 어디서 사느냐에 따라 활동 범위가 영향을 받는다는 점이다. 나는 서귀포 법환에 있으니 제주도 북쪽, 제주시를 중심으로 한 지역보다는 아무래도 서귀포 쪽, 제주도 남쪽을 주로 다니게된다. 물론 한라산을 넘어 제주시까지 간다 하더라도 한 시간이면 족하니 맘만 먹으면 어디고 갈 수 있다.

특히 수십 년 가족과 회사를 위해 일하다 퇴직하고 제2의 인생을 시작하는 수많은 베이비부머들. 그동안 고생했으니 스스로에게 주는 선물로 제주도 한 달 살기는 최고다. 물론 다른 지역도 좋다. 제주도 한 달 살기가 끝나면 다른 데 가서 한 달 살기를 또 해도 좋을 것이다. 여유 있는 사람 중엔 해외에 가서 돌아가며 몇달 혹은 1년씩 사는 사람도 있다지 않은가. 실은 내 꿈이기도 하지만, 어려울 것 같다.

내 또래 베이비부머들이여. 제주도 한 달 살기. 생각이 있다면 바로 실행하시라. 가슴이 아니라 다리만 떨리게 될 날이 머지않았다. 움직일 수 있을 때 실컷 여행하시라. 맛있는 것 먹고, 아름다운 경치 보고, 재밌는 취미 생활도 열심히 하시라. 그럴 자격이 있다.